Techficiency Quotient Certification

企業人才技能認證

TQC 2019

企業用才電腦實力評核

-辦公軟體應用篇

（內附本會技能測驗題庫、簡章及模擬試卷）

財團法人中華民國電腦技能基金會
Computer Skills Foundation 編著

全華圖書股份有限公司 印行

如何使用本書

本書內容

分『系統操作篇』、『認證題庫篇』及『模擬測驗篇』三篇，共九章：

系統操作篇：

第一章 **TQCOA** 辦公軟體應用分類題庫練習操作說明：教導使用者安裝操作本書所附的題庫練習系統。

第二章 **CSF** 測驗系統-**Client** 端程式操作說明：介紹 TQCOA 類測驗模擬操作與實地演練，加深讀者對此測驗的瞭解。

認證題庫篇：

第三章 **Word 2019** 認證題庫：可供讀者依照學習進度做平常練習及學習效果的評量使用。

第四章 **Excel 2019** 認證題庫：可供讀者依照學習進度做平常練習及學習效果的評量使用。

第五章 **PowerPoint 2019** 認證題庫：可供讀者依照學習進度做平常練習及學習效果的評量使用。

第六章 雲端技術及網路服務認證題庫：採用 CSF 雲端練功坊線上學習，可供讀者依照學習進度做平常練習及學習效果的評量使用。

模擬測驗篇：

第七章 **Word 2019** 模擬測驗

第八章 **Excel 2019** 模擬測驗

第九章 **PowerPoint 2019** 模擬測驗

本書章節如此的編排，希望能使讀者儘速瞭解並活用本書，而大大增強辦公軟體應用的操作功力！

本書適用對象

- 學生或初學者。
- 準備受測者。
- 準備取得 TQC 專業人員證照者。

本書使用方式

請依照下列的學習流程，配合本身的學習進度，使用本書內之題庫做練習，從作答中找出自己的學習盲點，以增進對該範圍的瞭解及熟練度，最後進行模擬測驗，評估自我實力是否可以順利通過認證考試。

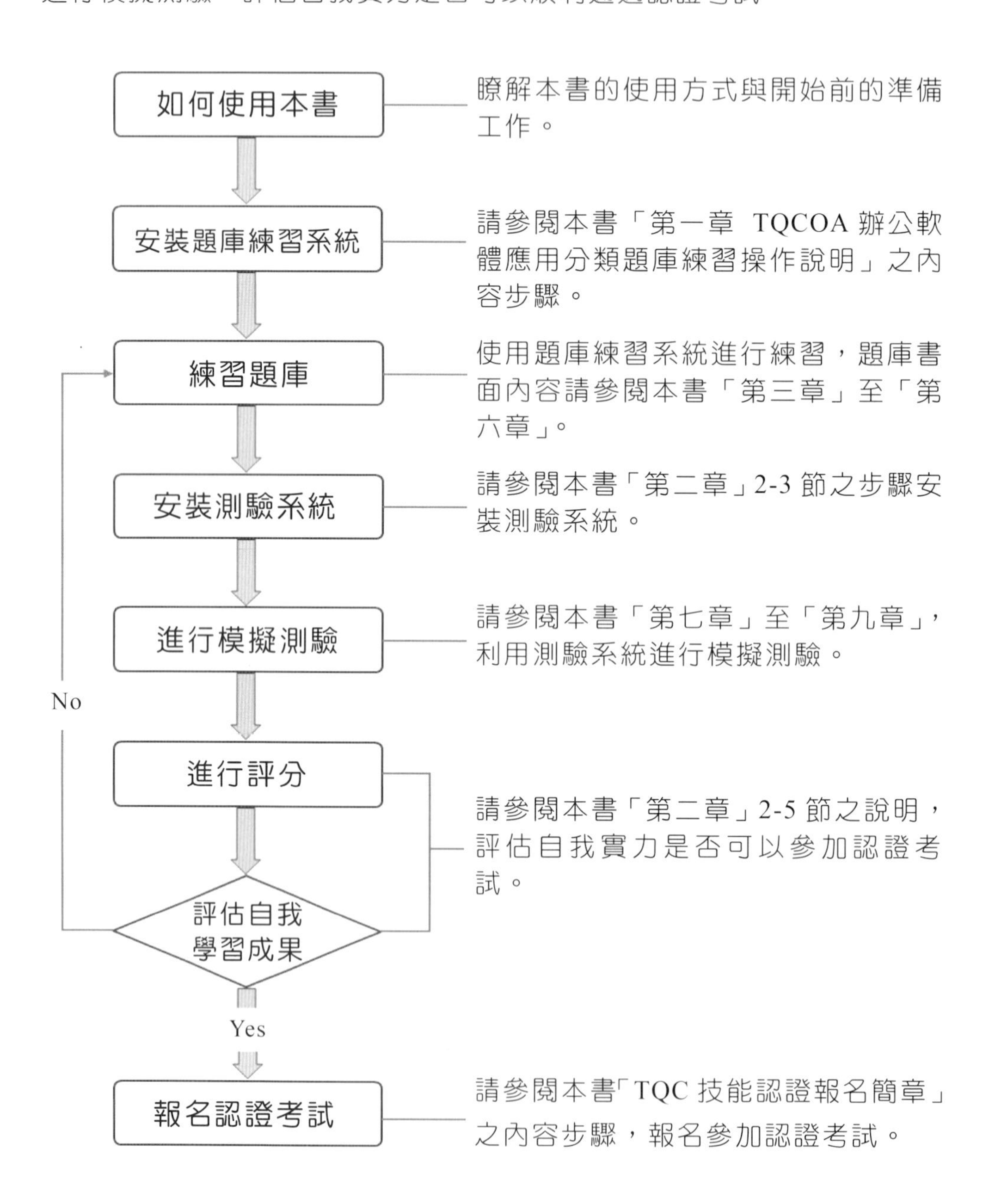

軟硬體需求

本項測驗進行與運行本書的光碟中提供的「TQC2019 題庫練習系統」、「CSF 測驗系統-Client 端程式」，需要的軟硬體需求如下：

硬體部分

- 處理器：1.6 GHz（含）以上的處理器
- 記憶體：4 GB RAM（含）以上
- 硬　碟：安裝完成後須有 4GB（含）以上剩餘空間
- 鍵　盤：標準 104 鍵
- 滑　鼠：標準 PS 或 USB Mouse
- 顯示卡：1280 * 768 之解析度
- 音　效：獨立音效卡或耳機
- 縮放比例 100%

軟體部分

- 作業系統：適用於桌上型電腦、筆記型電腦 Windows 10 中文版。
- 系統設定：作業系統安裝後之初始設定。中文字形為系統內建細明體、新細明體、標楷體、微軟正黑體，英文字體為系統首次安裝後內建之字形。
- 其它元件：Microsoft .NET Framework 4 Client Profile。
- 應用軟體：Microsoft Office 2019 專業中文版，安裝時需完整安裝。

軟體安裝順序

請注意，本書光碟中提供的「TQC2019 題庫練習系統」、「CSF 測驗系統-Client 端程式」，因包含電腦評分程式，為使評分準確無誤，請依建議的軟體安裝順序進行安裝：

- 建議之安裝順序一

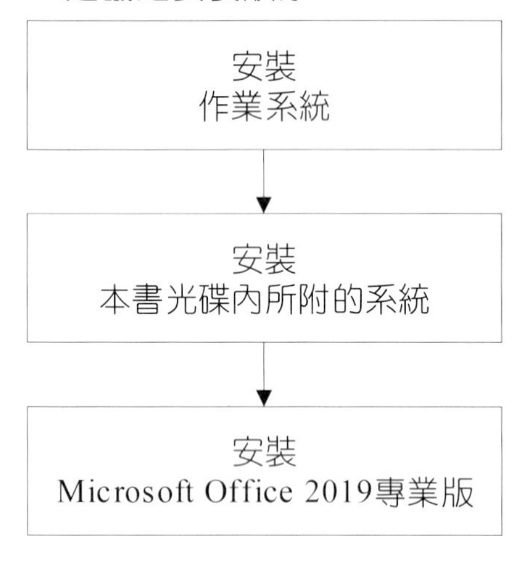

「TQC2019題庫練習系統」
或
「CSF測驗系統-Client端程式」

安裝時請選擇自訂安裝，全選所有項目後安裝

- 建議之安裝順序二

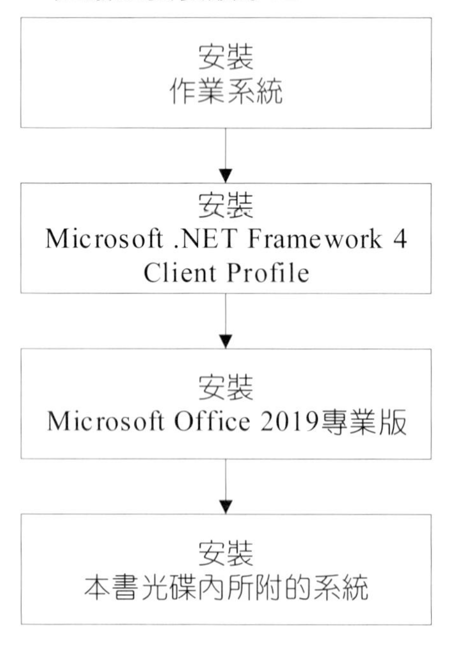

前往Microsoft網站下載
Microsoft .NET Framework 4 Client Profile
檔名：dotNetFx40_Client_x86_x64.exe

安裝時請選擇自訂安裝，全選所有項目後安裝

「TQC2019題庫練習系統」
或
「CSF測驗系統-Client端程式」

商標聲明

- CSF、ITE、TQC 和 TQC+是財團法人中華民國電腦技能基金會的註冊商標。
- Microsoft、Windows、Office 2019、Word 2019、Excel 2019、PowerPoint 2019、Access 2019 是 Microsoft 公司的註冊商標。
- 本書或光碟中所提及的所有其他商業名稱，分別屬各公司所擁有之商標或註冊商標。

注意事項

- 本基金會保留隨時更改書籍（含光碟）內所記載之資訊、題目、檔案、硬體及軟體規格的權利，無須事先通知。
- 本基金會對因使用本產品而引起的損害不承擔任何責任。

本基金會已竭盡全力來確保書籍（含光碟）內載之資訊的準確性和完善性。如果您發現任何錯誤或遺漏，請透過電子郵件 master@mail.csf.org.tw 向本會反應，對此，我們深表感謝。

光碟片使用說明

為了提高學習成效，在本書的光碟中特別提供安裝「TQC2019 題庫練習系統」及「CSF 測驗系統-Client 端程式」，幫助您學習並快速通過 TQC 企業人才技能認證，您可由 Autorun 的畫面上直接點選並安裝上述系統。安裝完成後之使用說明，請參考本書第一章「TQCOA 辦公軟體應用分類題庫練習操作說明」、第二章「CSF 測驗系統-Client 端程式操作說明」。

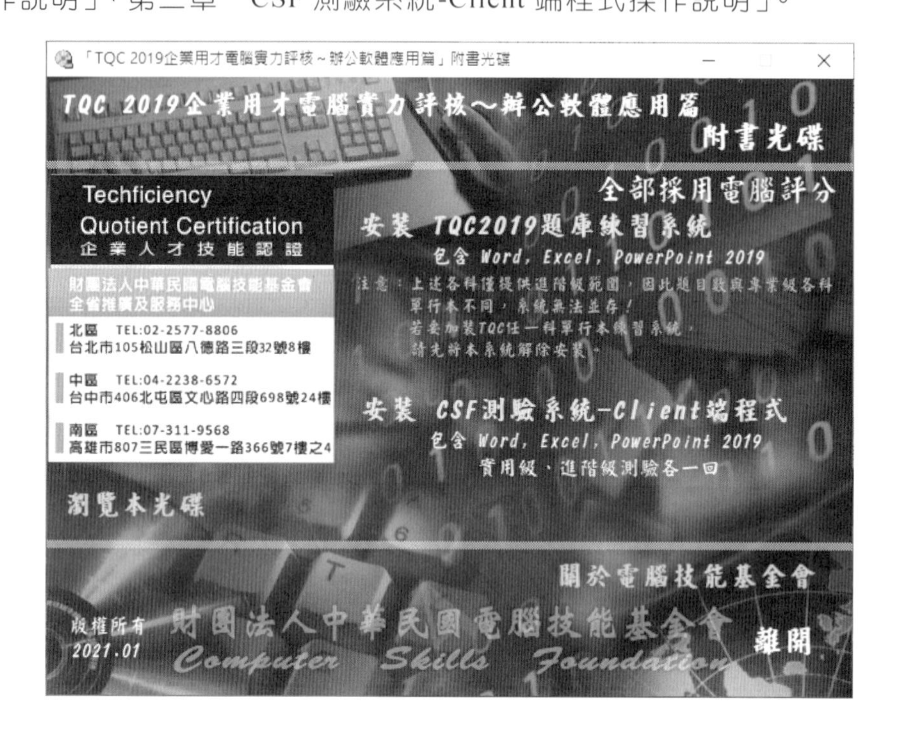

本光碟內各系統 SETUP.EXE 程式所在路徑如下：

- 安裝 TQC2019 題庫練習系統：
  光碟機:\Tqc2019_OA_CAI_Setup.exe
- 安裝 CSF 測驗系統-Client 端程式：
  光碟機:\T3 ExamClient 單機版_OA2019_Setup.exe
- 瀏覽本光碟

希望這樣的設計能給您最大的協助，您亦可藉由 Autorun 畫面的「關於電腦技能基金會」選項，或進入 http://www.CSF.org.tw 網站得到關於基金會更多的訊息！

序

人才是企業最重要的資源,「唯才是用」是企業用才不二法門,面對 3C:競爭激烈(Competition)、急遽變化(Change)、高度複雜(Complexity)的內外在環境,在強調 IQ、EQ 的同時,越來越多的企業更加重視員工的 TQ(Techficiency Quotient),以迎接任何艱難的挑戰。根據本會針對企業調查顯示,絕大多數企業認為員工高水準的 TQ 是企業能否成功跨入二十一世紀的致勝關鍵,而電腦技能(Computer Skills)和資訊技術(Information Technology)則是關鍵因素中的主流。

本會依此一需求所推出的「企業人才技能認證」(Techficiency Quotient Certification,簡稱 TQC),採精進學習、考用合一的精神作為認證主軸,並經產、官、學各界專家設計而成,加上本會執行對於施測的嚴謹管控,多年來已建立高度的公信力。TQC 企業人才技能認證之設計,不僅能準確地評測出員工電腦技能和資訊技術的應用水準,更能幫助員工在預備的過程中迅速找出學習盲點,大幅提升資訊應用能力,並帶動企業整體的學習熱潮,為企業 e 化樹立穩固的根基。

TQC 企業人才技能認證自 1998 年推出以來即獲得人才培訓單位以及企業用才單位之好評,在 104 人力銀行針對企業用才單位之證照採用調查報告中,更連續多年榮獲全國資訊類認證知名度第一名,調查報告中同時顯示就業職場各類專門職務取得 TQC 證照之普及度也是第一名,顯見 TQC 證照之採認已融入各行各業,並成為職場所必備的資訊能力證明。

資訊技術發展的速度一日千里,因應網際網路時代的來臨,新一代的作業系統及應用軟體均有嶄新的應用。「TQC 2019 企業用才電腦實力評核－辦公軟體應用篇」乙書是搭配 TQC 2019 技能認證所出版的系列書籍之一,本書對於認證科目、認證方式、認證題庫、系統操作等,均有詳細的介紹。本書並提供獨步全球之術科電腦評分系統,可以幫助您隨時掌握學習盲點,透過本書的指引,您定能集各方功力於一身,在 e 時代中出類拔萃、崢嶸頭角!

根據 104 人力銀行調查指出，八成企業認為擁有電腦證照之求職者具有優勢，其中有七成企業認為擁有電腦證照之求職者具有「優先面試機會」，並且五成企業在公開應徵訊息時，會加入證照條件。在大家機會均等的新時代，當您擁有肯定自我、展現自我的專業證照，您就向成功的目標再邁進一大步了。

所謂「人生如夢、逐夢踏實」應該就是最貼切的答案！讓基金會以一貫理念不斷推出的各項電腦技能證照，成為您有能力實現理想的最佳佐證，幫助您贏在起跑點上，並進而實現您的夢想。

財團法人中華民國電腦技能基金會

董事長 杜全昌

目 錄

系統操作篇

第一章 ▶ TQCOA 辦公軟體應用分類題庫練習操作說明

第二章 ▶ CSF 測驗系統-Client 端程式操作說明

認證題庫篇

第三章 ▶ Word 2019 認證題庫

第四章 ▶ Excel 2019 認證題庫

第五章 ▶ PowerPoint 2019 認證題庫

第六章 ▶ 雲端技術及網路服務 V2 認證題庫

模擬測驗篇

0

CHAPTER

第零章 ▶

企業人力資源與電腦技能分析

0-1 人力資源三大策略

人力資源是企業成敗的關鍵，企業成功的新定義是擁有多少人才。

人才的網羅是人力資源經理經年累月辛苦努力的大事，但如何以最經濟有效的方式尋得所需，也成為人力資源經理的一大挑戰。

許多人事主管秉持寧缺勿濫的理念，也有極少部分抱持「無魚，蝦也好」的觀念，一個是堅持理想，一個是妥協務實，無所謂對錯。

履歷表、自傳和面談是人事主管常用的徵人技巧。精明的人事主管在這些過程中經常可以非常迅速的畫出應徵者的輪廓，並且遽下判斷應徵者是否就是他所需要的，但通常趨於主觀。

也有越來越多的人事主管使用心理測驗、專業技能測驗和電腦技能測驗等客觀工具來驗證應徵者所謂的 3Q（IQ、EQ 和 TQ）。智力（IQ）和品格、工作態度、性向（EQ），以及專業技能和電腦技能（TQ，Techficiency Quotient），作為面談的先期資訊和選才的佐證。

由於社會價值觀念的轉變，以及外在競爭的激烈，加上資訊技術的發達，三種策略在企業用才上正逐漸形成。

一、將訓練成本導向應徵者

激烈的競爭和低忠誠度（即高流動率），越來越多的企業希望應徵者能夠立即上線不需重新訓練，或者具備基本能力，縮短培養期，專業技能證照便成為他們常用的一項客觀性佐證。

二、將電腦技能視為必備技能

電腦化和自動化是企業邁向二十一世紀必然的趨勢，策略性資訊管理系統（Strategic Management Information System）普遍存在於各大小企業中，任何從業人員幾乎都需要具備一些電腦技能。而其熟練程度的需求則因職務不同而異。

三、人力資源作業電腦化

使用網際網路蒐集應徵者的履歷表、自傳以及其他個人資料已經不再是什麼新聞。使用網路視訊系統進行面談，也是可以預期的事。心理測驗、專業測驗、電腦技能測驗電腦化，更是大勢所趨。

誰能將此三項策略發揮得淋漓盡致，誰的人力資源競爭力就能勝人一籌。基於「推廣電腦技能、普及資訊應用」的主旨，本會亟盼能與業界共同努力，尋求出「贏的策略」。

0-2 人力資源與電腦技能需求調查

0-2-1 調查經過

以下是本會調查完成的「人力資源與電腦技能需求調查」報告。本項調查前後歷時近三個月時間，對象涵蓋全國 3,500 家企業。有效問卷共 288 份，其中企業負責人佔 24%、專業經理 28%、人事主管 26%、企畫主管佔 8%、其他人士 14%。

0-2-2 調查結果

一、電腦普及率

目前業界電腦化程度相當高，PC 或終端機使用率接近一人一機。更顯現企業用人要求應徵者最好具備操作電腦之能力，並非無中生有。

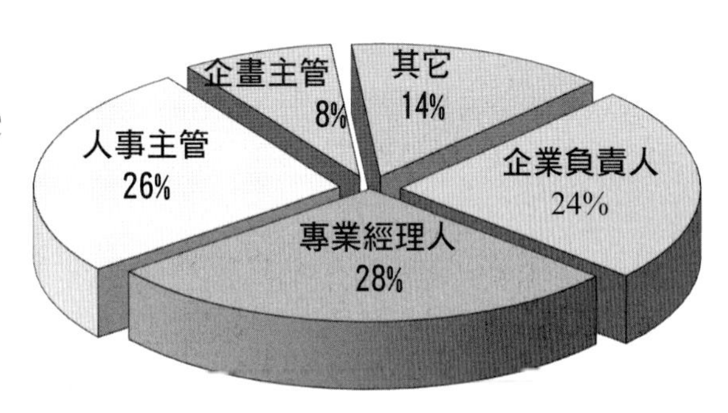

二、用才重點

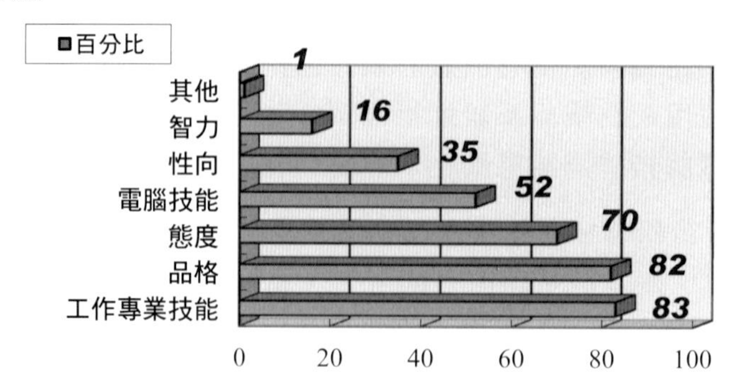

3Q 是企業用才考量的三大重點，受訪對象表示在遴選人才之時，考量的重點依序為工作專業技能 83%，其次為品格 82%、態度 70%、電腦技能 52%、性向 35%、智力 16%以及其他 1%。顯示才德兼備，是大多數企業用人的最高準則。

三、誰需要電腦技能

資訊化和自動化趨勢下，電腦技能已為企業內部人員工作中不可或缺，52% 的受訪者在用人時會要求應徵者必須先具備部分電腦技能。

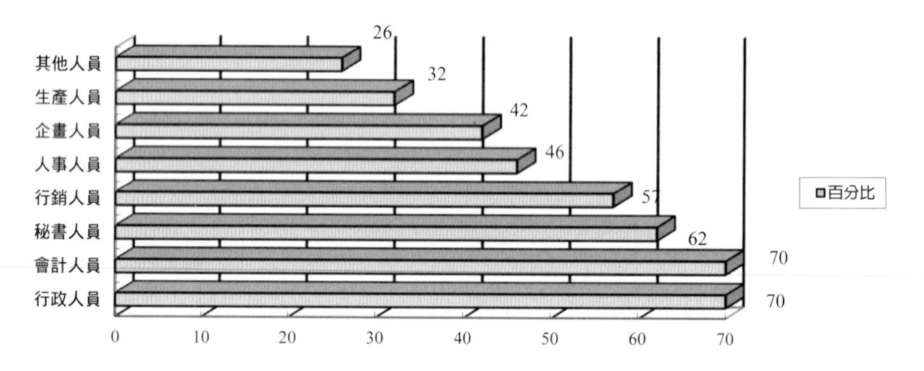

而這項要求會因職缺的不同而異，70%的企業認為行政或會計人員應具備此條件，對秘書人員有相同要求者佔 62%、對行銷人員佔 57%、對人事人員有此要求者佔 46%、對企畫人員佔 42%、對生產人員佔 32%、對其他人員佔 26%，後者包括程式設計師及工程師。

四、他們需要具備哪些電腦技能

企業內部不同職務需要不同電腦技能，例如：中英文輸入、文書處理、試算表、資料庫、簡報、內部網路、網際網路、作業系統等。本研究發現所有職務沒有一種不需要這些技能，也就是說，他們都希望應徵者都能先擁有這些技能。

本研究也有一項有趣的發現，一般人認為中英文輸入屬於非常低階的電腦技能，不足掛齒。然而認為每一種職務都需要中文輸入技能的受訪者卻佔有 75%，英文輸入也高達 68%。顯示在日常電腦的應用上，兩項技能最為基礎，也最被常用。

對於文書工作比重較大的職務如行政和秘書，以及必須構思並草擬企畫案的企畫人員，業者要求他們應該具備更強的中英文輸入及文書處理能力。

對於較需數字運算和報表製作的會計人員、報價和客戶分析的行銷人員，以及資料分析和繪製統計圖表的企畫，會要求具備更佳的試算表操作技巧。

本研究也發現：除了較少與外界接觸之生產人員以外，其他各類職務均有相當程度被要求應該具備簡報製作技能，尤其是必須解說企畫方案的企畫人員、對客戶推銷的行銷人員，以及必須協助總經理或董事長製作簡報的秘書人員。

至於資料庫方面，也有相當程度的（38%）受訪者認為每一種職務都應該具備這類技巧。資料庫是任何大大小小的管理資訊系統的核心，各大中小企業歷經多年的資訊化，任何職務或多或少會接觸應用到資料庫，因此資料庫也被圈選為應該具備的技能，各職務中，又以會計、企畫和秘書人員被認為更應該具備資料庫技能。

以上是就技能別來分析，若以職務別來看，則可以用下列的雷達圖來加以說明：

秘書人員最需要的電腦技能是中英文輸入和文書處理。

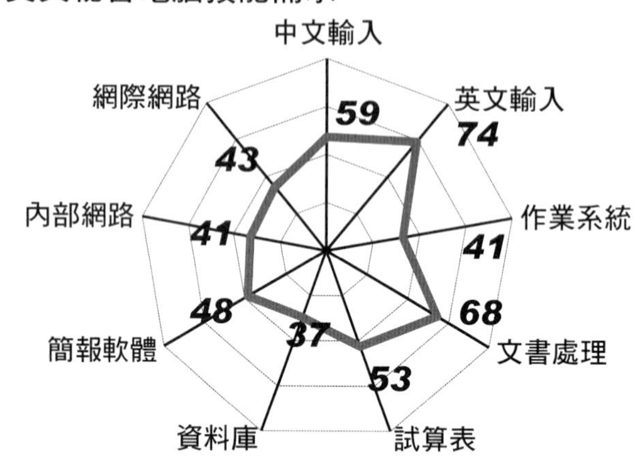

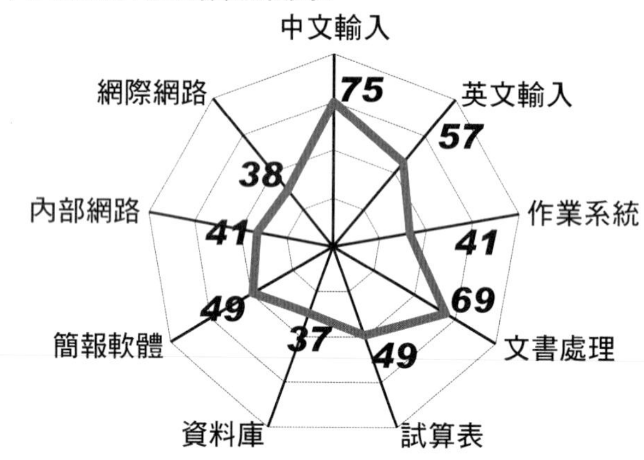

行政人員最需要的電腦技能是中英文輸入和文書處理。

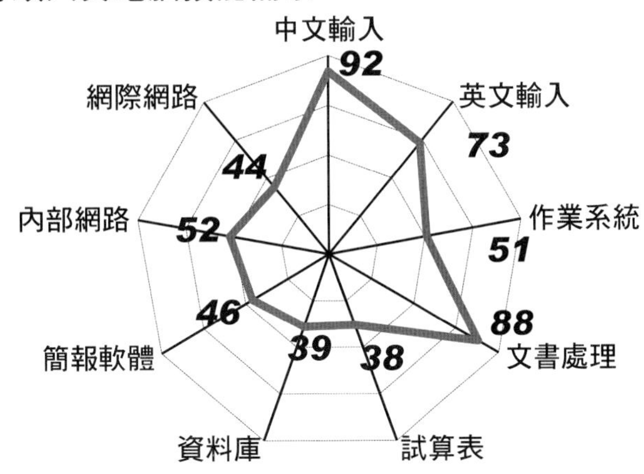

會計人員需要的是中文輸入和試算表。

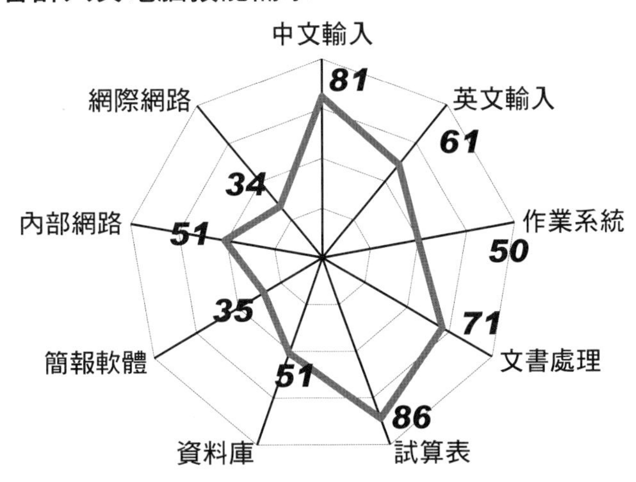

行銷人員（含內外銷）需要中英文輸入、文書處理、簡報軟體和網際網路等技能。

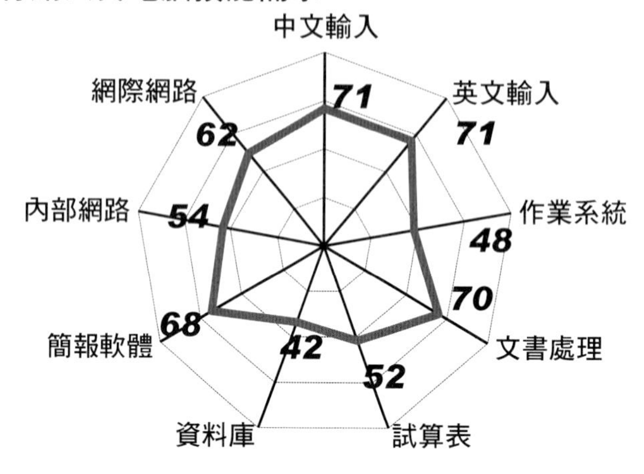

企畫人員需要中英文輸入、文書處理、簡報軟體和網際網路等技能。

企畫人員電腦技能需求

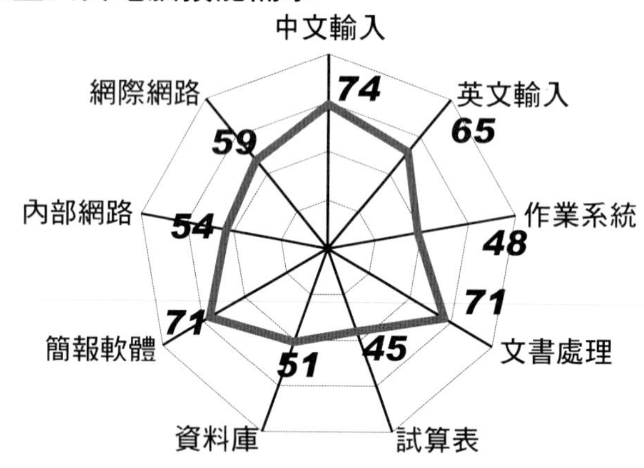

相對於其他職務人員，生產人員所需電腦技能程度稍低，被認為較需具備者依序為中文輸入、內部網路、英文輸入、作業系統。

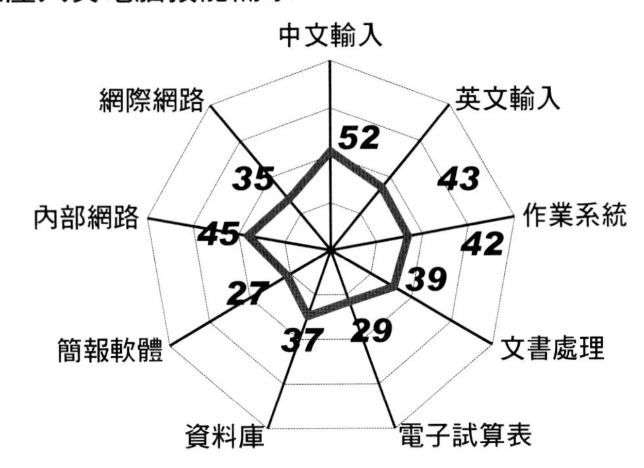

0-3 企業人力電腦技能需求表

綜合前面章節所提的調查報告，我們若以「職務別」為縱軸，以「應具備之電腦技能」為橫軸，並依照各項電腦技能應具備之難易度作一整理，則可以勾勒出如下之「企業人力電腦技能需求表」：

職務別	財會人員	中文秘書	英文秘書	企畫人員	文書人員	人事人員	行銷人員
中文輸入		C2			C2	C1	
英文輸入			E2		E2		
文書處理	R1	R2	R2	R1	R2	R1	R1
試算表	X2	X1	X1	X2	X1	X2	X1
簡報軟體		P2	P2	P2			P1
網際網路		IM1/CI1	IM1/CI1	IM2/CI2		IM2/CI2	IM2/CI2
電腦會計	A2/IA2						
數字鍵輸入	N2						
項目數量	4	5	5	4	4	4	4
加權難度	7	8	8	7	7	6	5

0-4 測驗電腦化的需求

客觀佐證的免費取得是業者追求的理想，如果要做到這個境界，在徵才廣告中明白要求應徵者在遞送應徵函中或面談時，必須檢附具權威和高度公信力單位所核發的證明或證照，是一項精明的做法。美商台灣必丕志公司人力資源協理林憲輝表示：「只要證照的鑑別力足夠，我用人時一定採認，甚至徵才啟事中就會列上此項條件。」

部分企業委託顧問公司或仲介公司為應徵者提供各項測驗，也有部分公司採取自辦方式，然而除極少數公司外，大多數的測驗都還是停留在傳統的紙筆測驗。

83%的受訪者表示，假如有現成足以信賴的證照，他們一定會加以採認，而採認的對象，以專業和權威為依歸，不限定是政府或民間辦理。又有 64%的企業表示：假如能將各項測驗電腦化，並且做到易學易用，那他們會考慮自己辦理。

由以上研究，可以獲得簡單結論：

一、大多數企業幾乎已經人手一機，電腦普及率可以說百分之百。

二、才德兼備的人才是企業爭相網羅的對象。

三、電腦技能的擁有已經是企業用才考量主要重點之一。

四、各類職務都需要具備下列各種電腦技能，這些技能包括中英文輸入、文書處理、電子試算表、資料庫、簡報、內部網路、網際網路及行動通訊和作業系統等。

五、每一種職務所需要的電腦技能項目重點各自不同，但對各職務而言，中英文輸入和網際網路的重要性幾乎相同。

六、越來越多的企業會希望應徵者能提供具公信力的證照佐證實力，而且坊間萬一無此證照，只要有具備公信力單位能提供易學易用的軟體，他們也願意自己辦理。

既然許多企業都需要各類的電腦化測驗，而由某單一企業自行投資開發，經費龐大又不合經濟效益。假如能由有需要的業者大家集資開發、共享資源，應該頗為可行。本會已經著手電腦實力評核，項目涵蓋以上各項，而且均經電腦化，故已無需重複投資。而坊間有關人格、態度和興趣等各項心理測驗都以學生為主，而且又以紙筆方式為多，不合業者需要。或許我們可以由此著手，開發出一套電腦化的心理測驗，讓集資廠商無償享用。

系統操作篇

TQCertified題庫練習系統

TQC題庫練習系統(2019單機版)

TQC題庫練習系統(2019單機版)查...

1

CHAPTER

第一章 ▶

TQCOA 辦公軟體應用

分類題庫練習操作說明

1-1 TQCOA 題庫練習系統安裝說明

下列安裝程序以 Windows 10 作業系統環境說明：

為幫助讀者能依照學習進度循序漸進做練習，本書所附安裝光碟內含 TQC2019 題庫練習系統，其中包含 Word, Excel, PowerPoint 2019 等：

步驟一：執行附書光碟，選擇「安裝 TQC2019 題庫練習系統」開始安裝程序。（或執行光碟中 Tqc2019_OA_CAI_Setup.exe 檔案）

注意：上述各科僅提供進階級範圍，因此題目數與專業級各科單行本不同，系統無法並存！若要加裝 TQC 任一科單行本練習系統，請先將本系統解除安裝。

步驟二：在詳讀「授權合約」後，若您接受合約內容，請按「接受」鈕繼續安裝「TQC2019 題庫練習系統」。

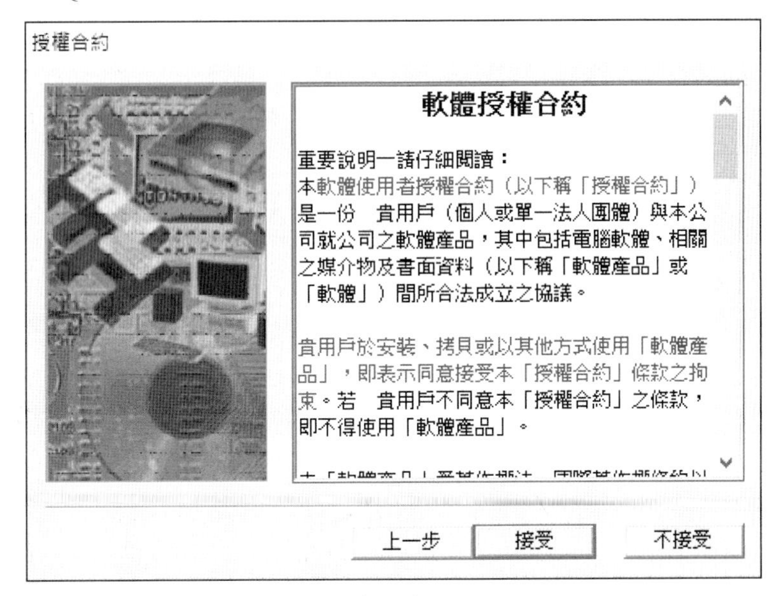

步驟三：輸入「使用者姓名」與「單位名稱」後，請按下「下一步」鈕繼續安裝。

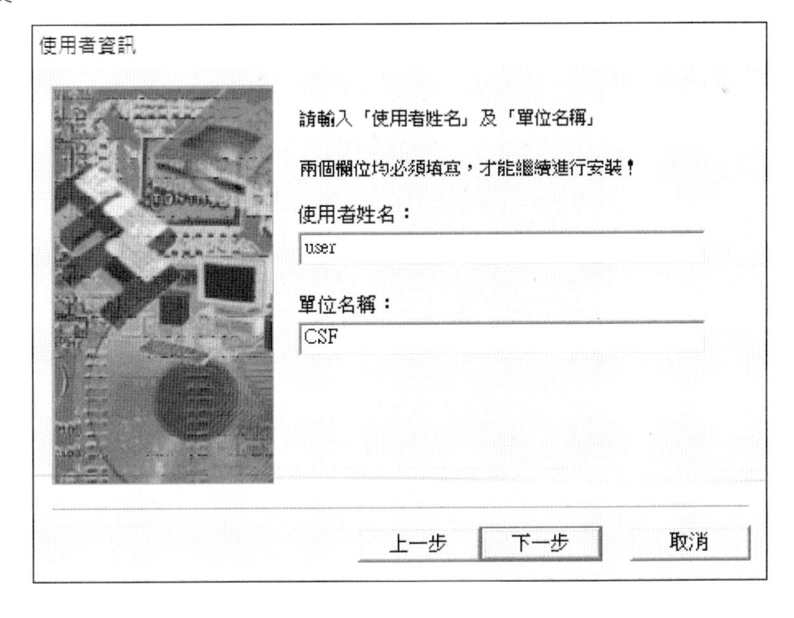

步驟四：系統的安裝路徑必須為「C:\TQC2019CAI.csf」。安裝所需的磁碟空間約 183MB。

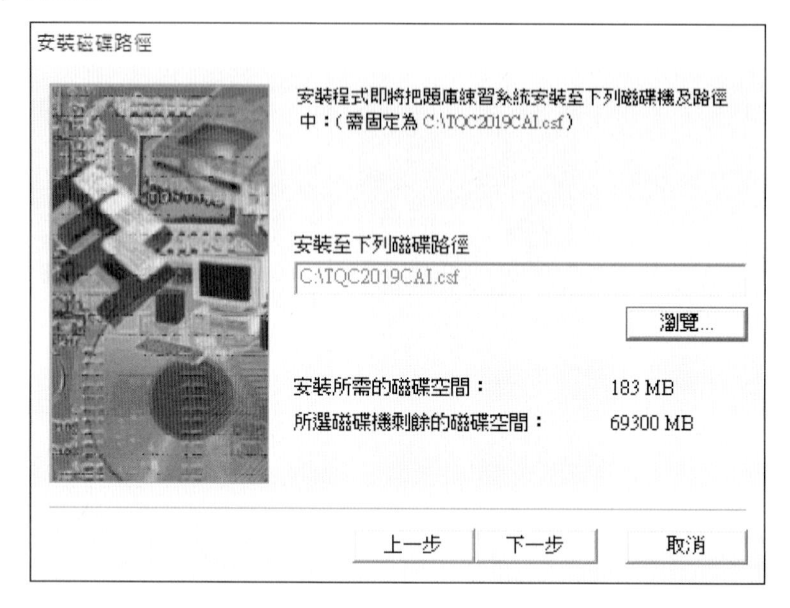

步驟五：設定本系統在「開始/所有應用程式」內的資料夾第一層捷徑名稱為「TQCertified 題庫練習系統」。

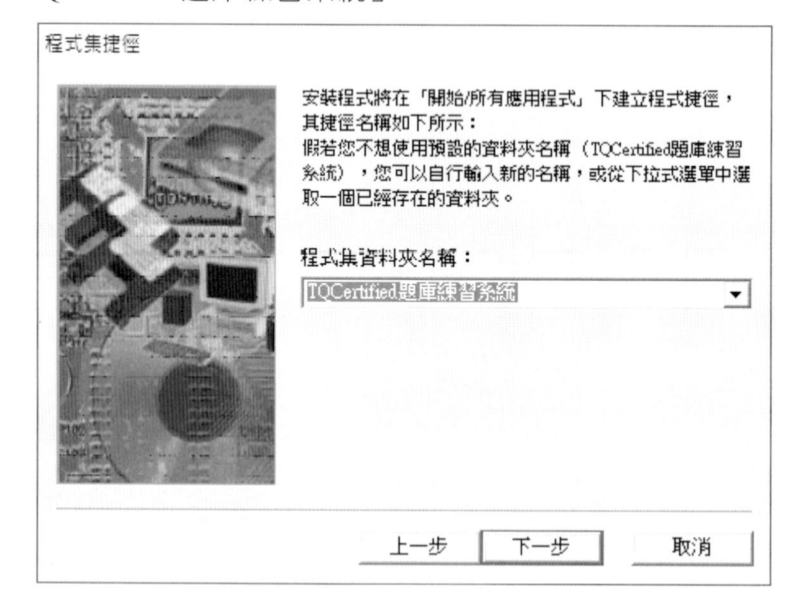

步驟六：請注意！本練習系統包含電腦評分，您必須確認電腦中：

一、已安裝 Access 2019, Excel 2019, PowerPoint 2019, Word 2019 或 Office 2019 專業版以上。

二、上述選項均需選擇「完全安裝」。

三、不得混裝二種（含）以上之 Office 版本。

安裝前相關設定皆完成後，請按「安裝」鈕。

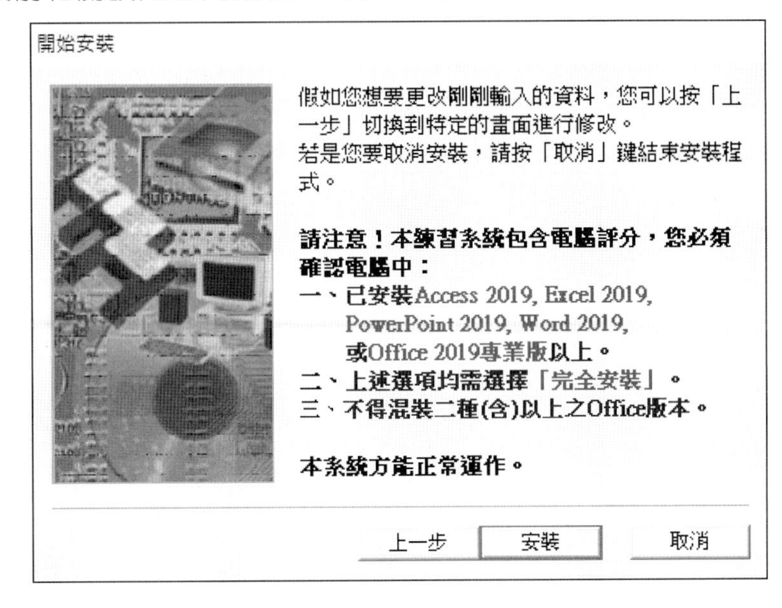

步驟七：安裝程式開始進行安裝動作，請稍待片刻。

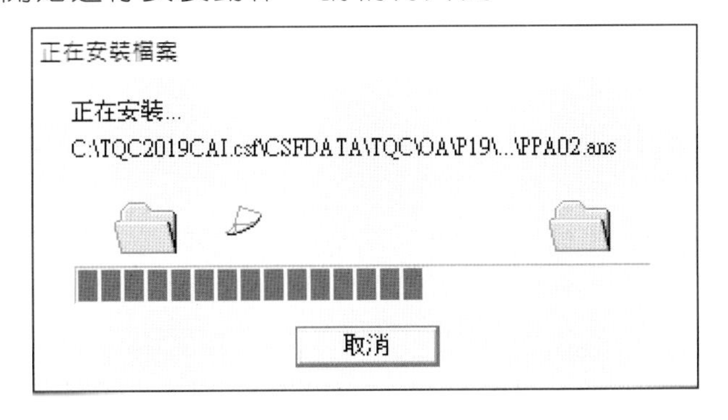

步驟八：以上的項目在安裝完成之後，安裝程式會詢問您是否要進行版本的更新檢查，請按「下一步」鈕。建議您執行本項操作，以確保系統為最新的版本。

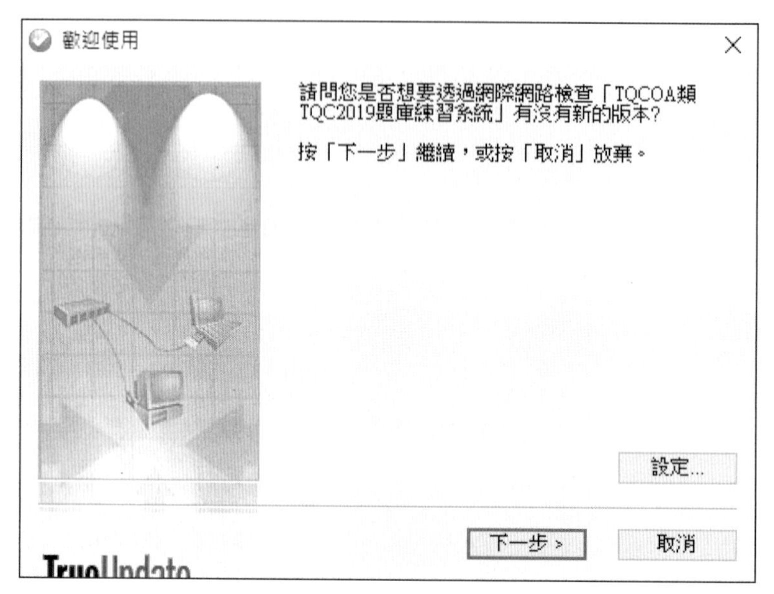

步驟九：接下來進行線上更新，請按下「下一步」鈕。

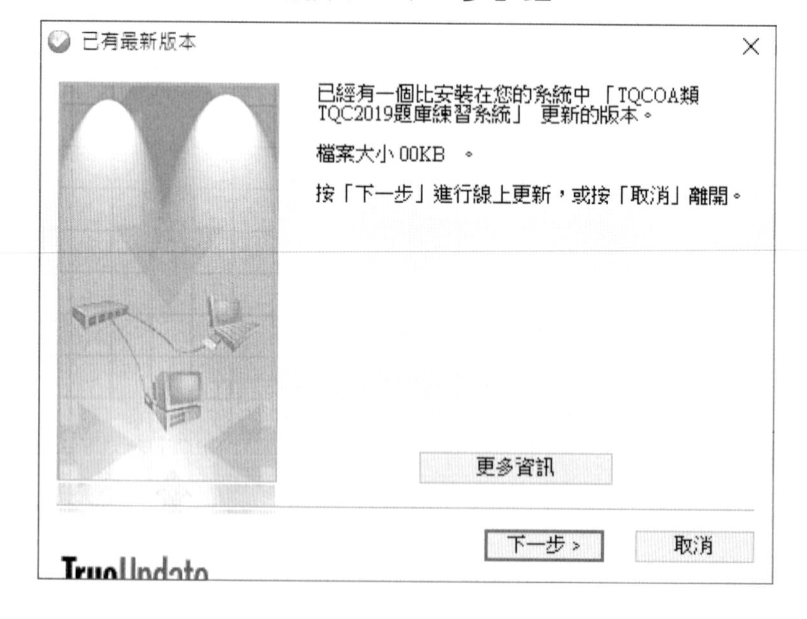

步驟十：更新完成後，出現如下訊息，請按下「確定」鈕。

步驟十一：成功完成更新後，請按下「關閉」鈕。

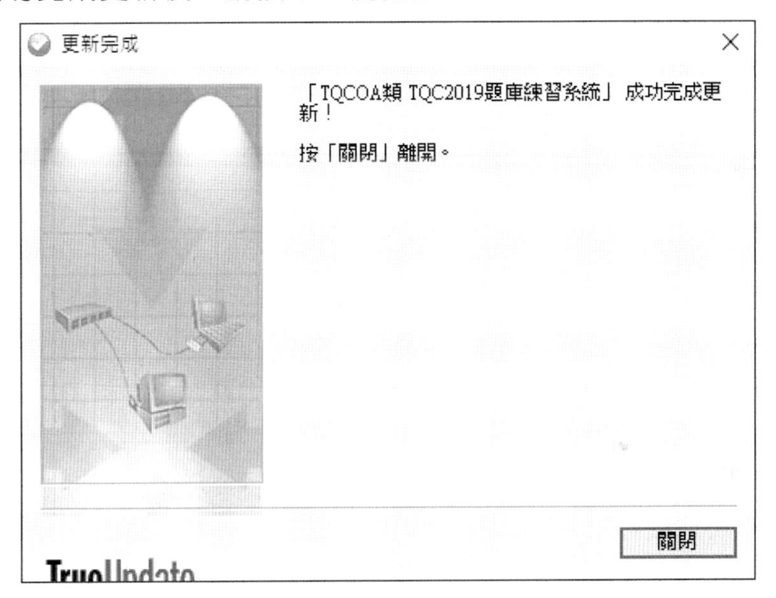

步驟十二：安裝完成！您可以透過提示視窗內的客戶服務機制說明，取得關於本項產品的各項服務。按下「完成」鈕離開安裝畫面。

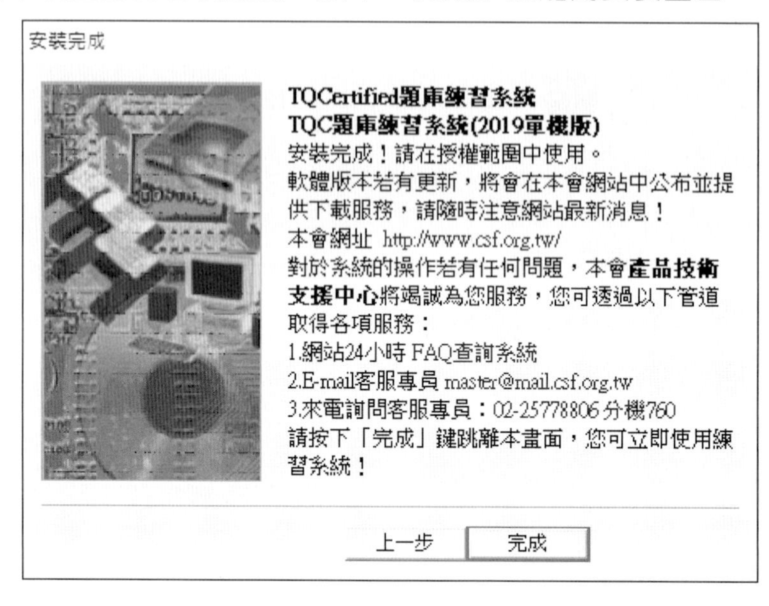

步驟十三：安裝完成後，系統會提示您必須重新啟動電腦，請務必按下「確定」鈕重新啟動電腦，安裝的系統元件方能完成註冊，以確保電腦評分結果之正確性。

1-2 TQC2019 術科練習系統使用說明

由於 Word、Excel、PowerPoint 2019 題庫練習系統的操作方式皆相同，以下說明僅以「文書處理-Word 2019」為例。

步驟一：執行桌面的「TQC 題庫練習系統(2019 單機版)」程式項目，此時會開啟「TQC2019 題庫練習系統　單機版」，請點選功能列中的「術科練習」鈕。

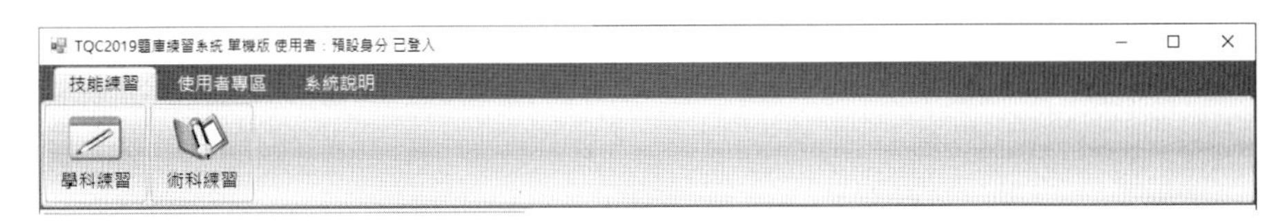

步驟二：在「術科練習暨評分」窗格中，選擇欲練習的科目、類別、題目後，按「開始練習」鈕。系統會將您選擇的題目及作答相關檔案，一併複製到「C:\ANS.csf」資料夾之中。

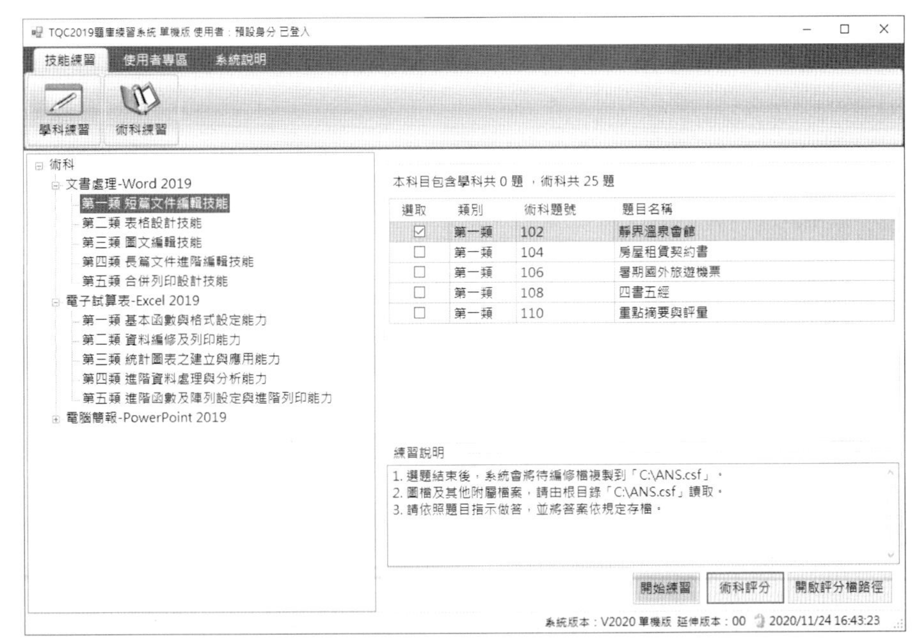

步驟三：系統會再次提示您，檔案已複製到「C:\ANS.csf」資料夾，請按「確定」鈕開始練習。

步驟四：接著系統會自動開啟「ANS.csf」資料夾，「ANS.csf」資料夾中會有題目的類別資料夾，如選擇第一類則資料夾名稱為「WP01」，第二類資料夾名稱則是「WP02」，依此順序類推至第五類。

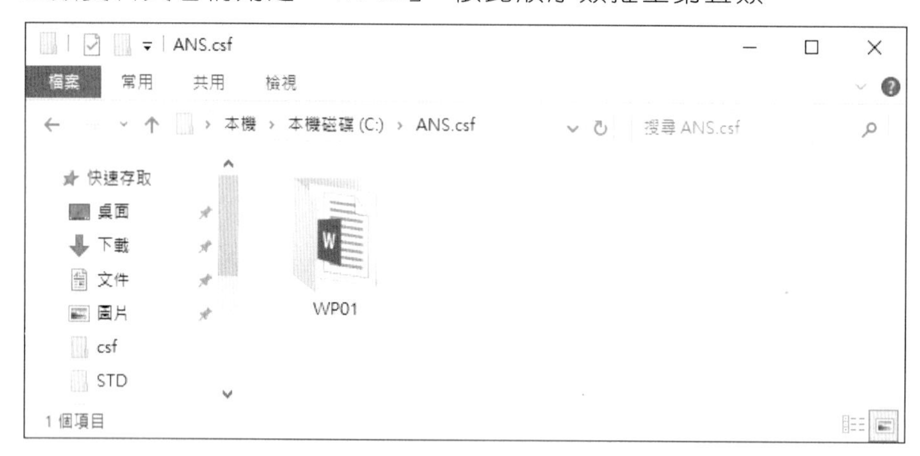

步驟五：在類別資料夾中則會有本次練習所選擇的檔案，請依題目指示開啟檔案進行練習。

步驟六：當您練習完成後，請依題目指示儲存檔案，並回到「TQC2019 題庫練習系統 單機版」系統，選擇欲評分的科目、類別、題目後，按「術科評分」鈕，即會開始進行評分。

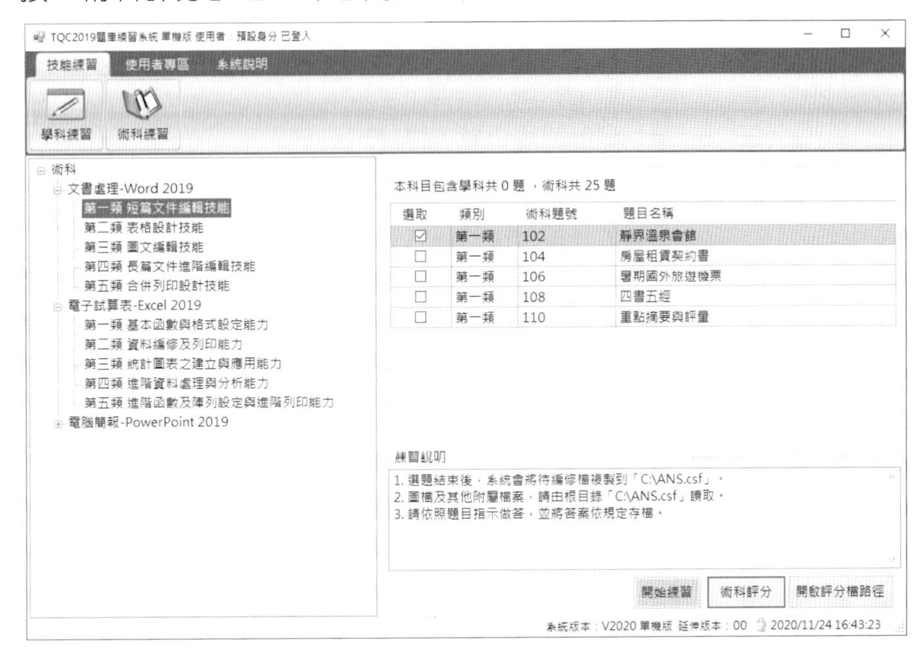

步驟七：系統進行評分需一段時間，請稍待片刻。

步驟八：評分完成後，系統會自動開啟題目所在的資料夾，並且開啟本次練習的評分明細記錄檔（Score.txt）。

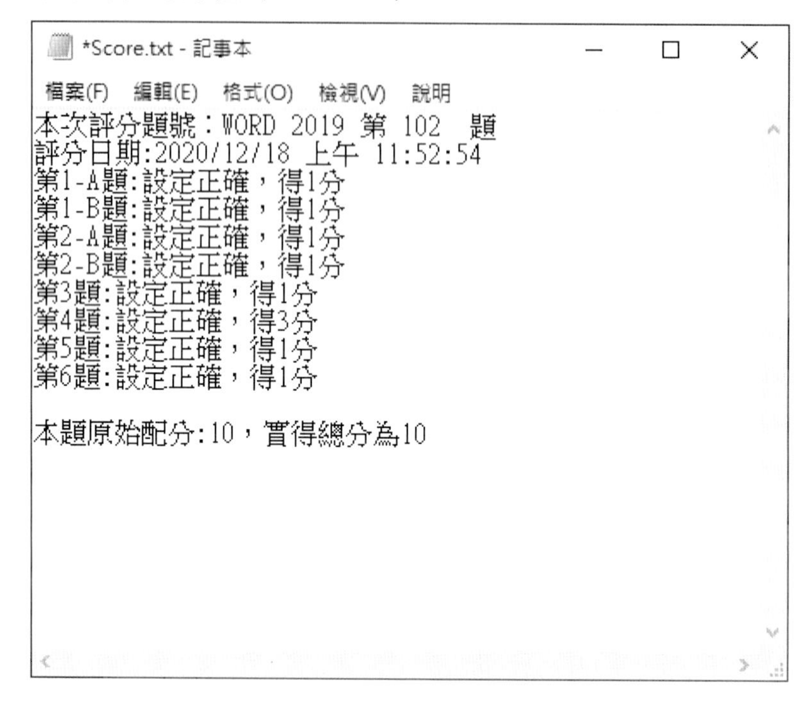

1-3 TQC2019 題庫練習系統 單機版說明

本書所附的「TQC2019 題庫練習系統 單機版」除了提供 Word、Excel、PowerPoint 2019 術科題目的練習與評分功能之外，也可記錄管理您練習的成績，由於上述管理練習成績步驟皆相同，在此僅以「Word 2019」說明為例，使用方式如下：

步驟一：請在功能列點選「使用者專區/編修身分」後，會出現「基本資料登錄」窗格，請參照預設值之資料格式，填寫您的基本資料以供系統記錄。基本資料建立完成後，請按「儲存」鈕。

基本資料登錄

* 身分證統一編號(最多18位) A234567890

學 號 (最多10位) 1

* 系級簡稱 (最多8位) 資一甲

班導師 (最多中文5字) 伍延

* 姓名 (至少中文2字) 陸瑟

* 班級座號 (2位) 10 性別 男

出生年月日 (西元8位) 2001年 5月14日

重新輸入 匯入資料 匯出資料 刪除此筆 儲 存 回主選單

步驟二：填寫完成後請按下「儲存」鈕，會連續出現「儲存基本資料」窗格及「系統訊息」窗格，分別按下「是」、「確定」鈕後即完成基本資料的建立，請再按「回主選單」鈕。

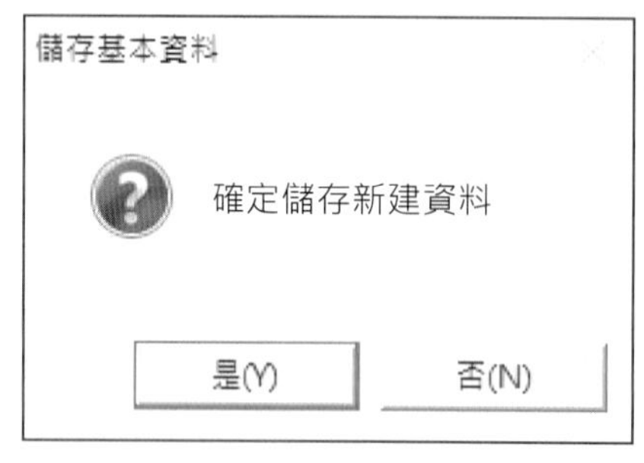

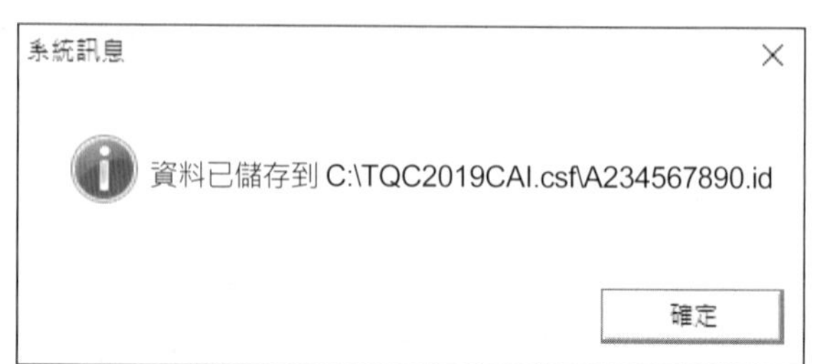

步驟三：回到主畫面後，請點選「使用者專區/登入身分」後，會出現「使用者登入」窗格，此時請選擇欲登入的身分為您剛才所填寫的姓名及請輸入您剛才所填寫的身分證統一編號，請按下「確定」鈕，出現「系統訊息」窗格，再按下「確定」紐，即登入本系統。

使用者登入

請選擇欲登入的身分

請輸入您的身分證統一編號

確 定　取 消

系統訊息

身分驗證成功

確定

步驟四：接著請選擇學科練習或術科練習功能進行練習，在評分後，即可點選「使用者專區/個人成績管理」，「成績管理」會記錄您在登入身分後所進行的練習成績。

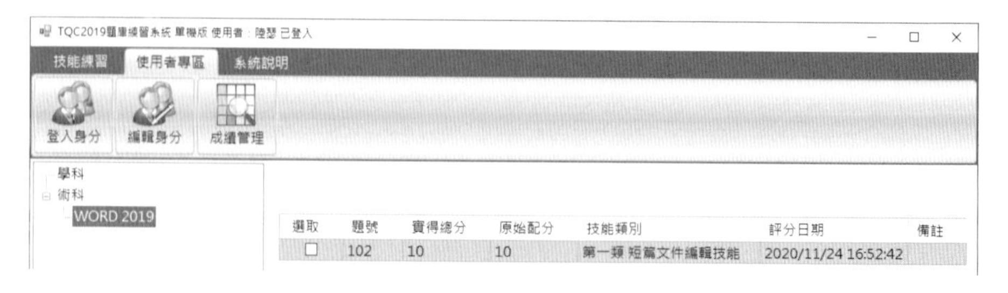

2

CHAPTER

第二章 ▶

CSF 測驗系統-Client 端

程式操作說明

2-1 TQCOA 辦公軟體應用類技能認證介紹

2-1-1 測驗方式

TQCOA 辦公軟體應用類的測驗項目，目前共有 Word 2019、Excel 2019、與 PowerPoint 2019、雲端技術及網路服務等四項測驗，除了雲端技術及網路服務為學科題庫外，其餘均為術科題庫。僅測驗一次；考生需依題目說明操作並存檔。

另外必須特別注意的是，術科測驗皆提供實用級、進階級模擬試題各一回，以及模擬測驗系統等，對於所需使用之 Office 2019 系列應用軟體並不提供，讀者可逕行向軟體廠商洽購。

各科目相關認證資訊，請參閱 http://www.tqc.org.tw/TQCNet/index.aspx 之認證內容。

2-1-2 測驗對象

Microsoft Word 2019、Excel 2019、PowerPoint 2019 與雲端技術及網路服務一學期學習經驗之大專、高中（職）在學學生，或同等學習資歷（36 小時以上）之社會人士。

2-2 TQCOA 辦公軟體應用類認證流程說明

為使讀者能清楚有效的瞭解整個實際測驗的流程及所需時間。以下 2-2-1 小節為考生實地參加測驗須操作之程序。在看過這一個簡單而明晰的流程圖後，在 2-5-1 節將以實際範例來加強讀者的瞭解：

2-2-1 實地測驗操作程序

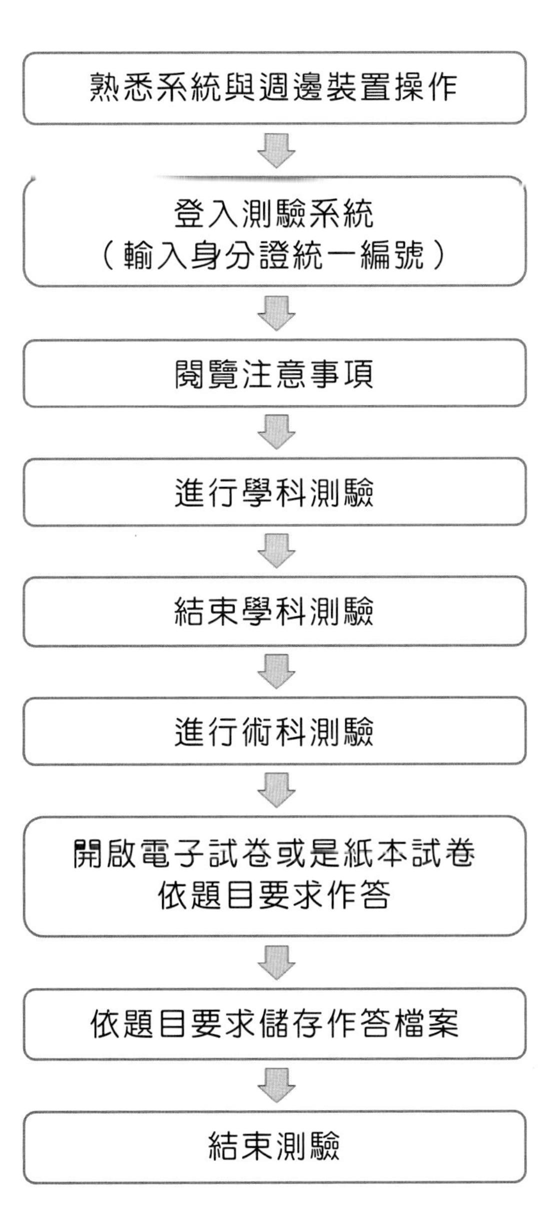

2-3 CSF 測驗系統-Client 端程式安裝流程

下列安裝程序以 Windows 10 作業系統環境說明：

步驟一：執行附書光碟，選擇「安裝 CSF 測驗系統-Client 端程式」，開始安裝程序。（或執行光碟中的 T3 ExamClient 單機版_OA2019_Setup.exe 檔案）

注意：上述各科僅提供進階級範圍，因此題目數與專業級各科單行本不同，系統無法並存！若要加裝 TQC 任一科單行本練習系統，請先將本系統解除安裝。

步驟二：在詳讀「授權合約」後，若您接受合約內容，請按「接受」鈕繼續安裝「CSF 技能認證體系」系統。

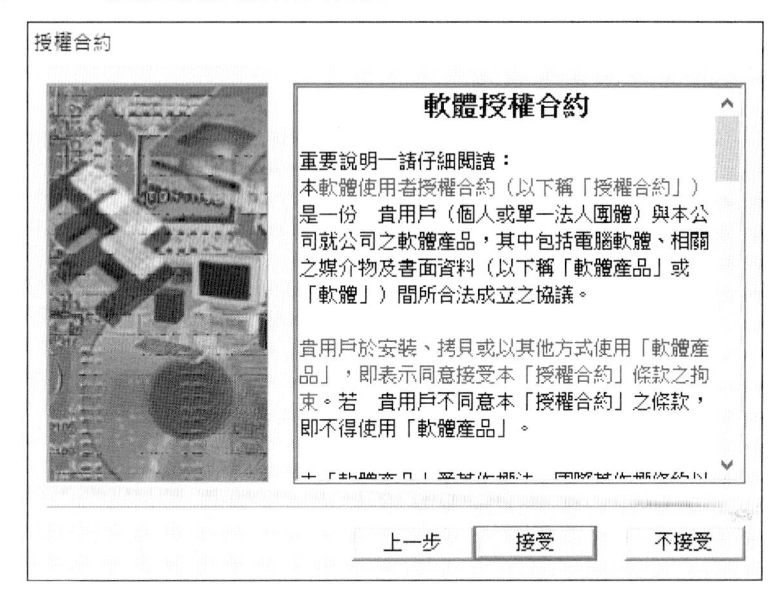

步驟三：輸入「使用者姓名」與「單位名稱」後，請按「下一步」鈕繼續安裝。

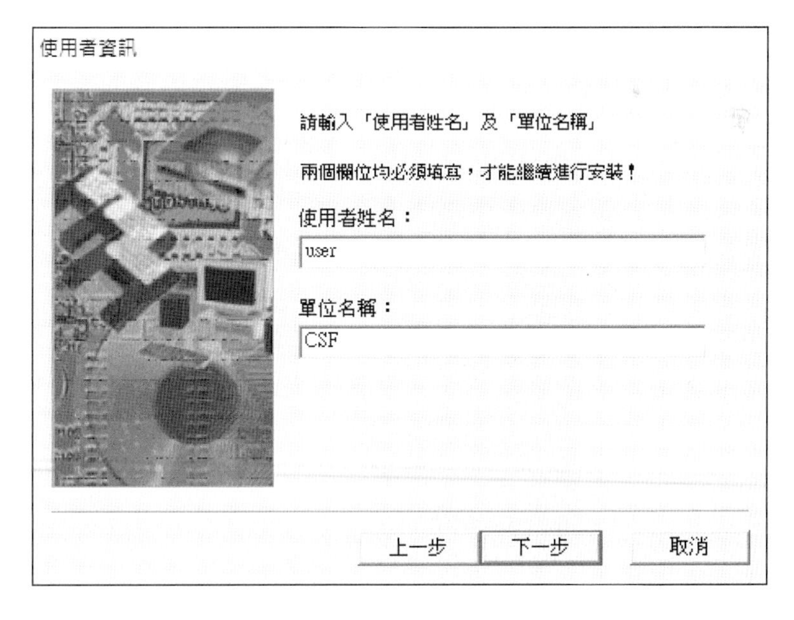

步驟四：可指定將「CSF 技能認證體系」系統安裝至任何一台磁碟機，惟安裝路徑必須為該磁碟機根目錄下的《ExamClient.csf》資料夾。安裝所需的磁碟空間約 115MB。

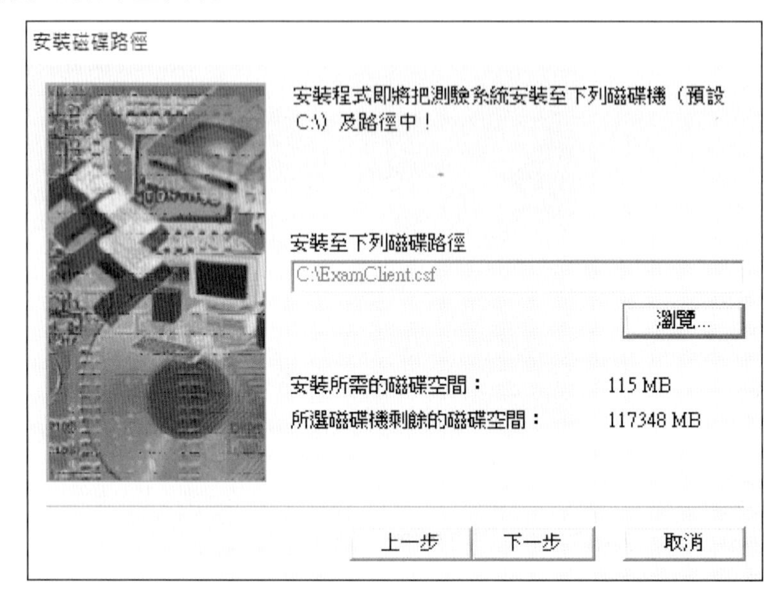

步驟五：設定本系統在「開始/所有應用程式」內的資料夾第一層捷徑名稱為「CSF 技能認證體系」系統。

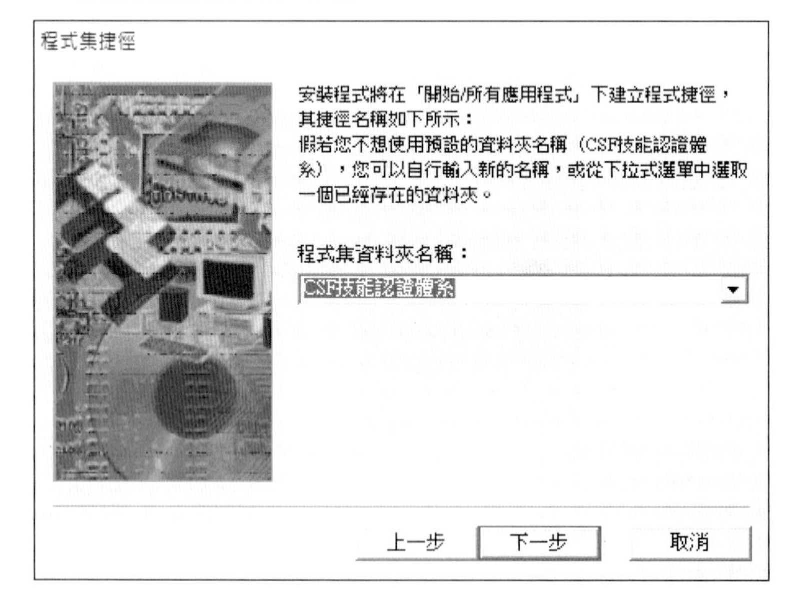

步驟六：安裝前相關設定皆完成後，請按「安裝」鈕安裝「CSF 技能認證體系」系統。

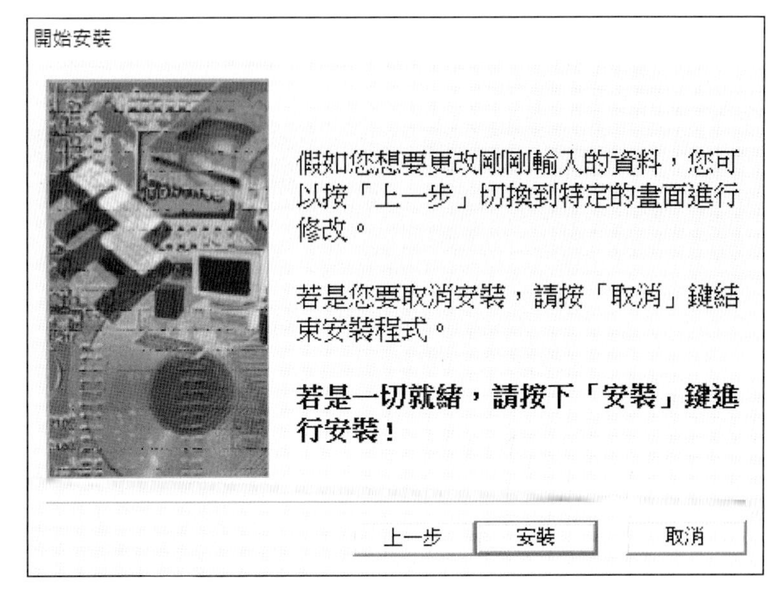

步驟七：安裝程式開始進行安裝動作，請稍待片刻。

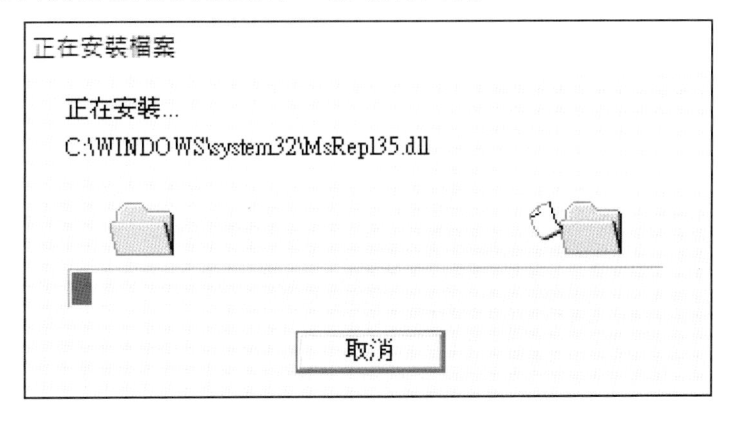

步驟八：以上的項目在安裝完成之後，安裝程式會詢問您是否要執行版本的更新檢查，請按「下一步」鈕。建議您執行本項操作，以確保系統為最新的版本。

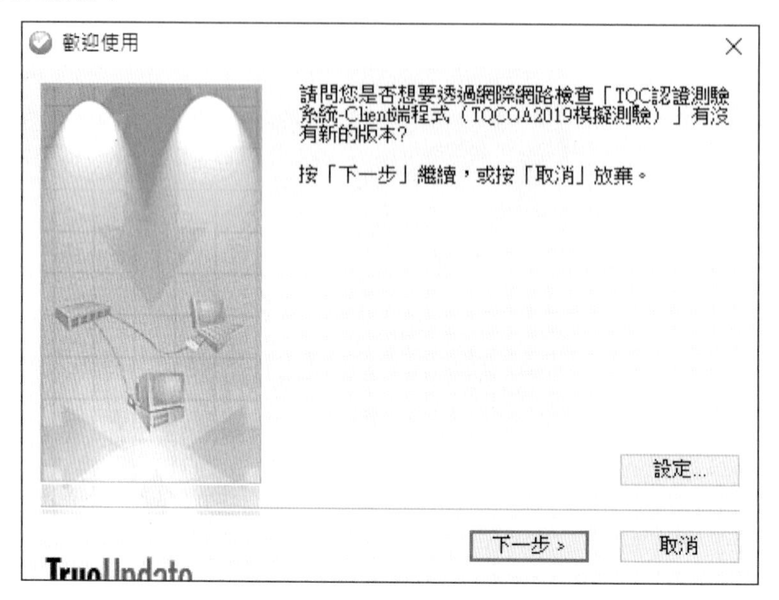

步驟九：接下來進行線上更新，請按下「下一步」鈕。

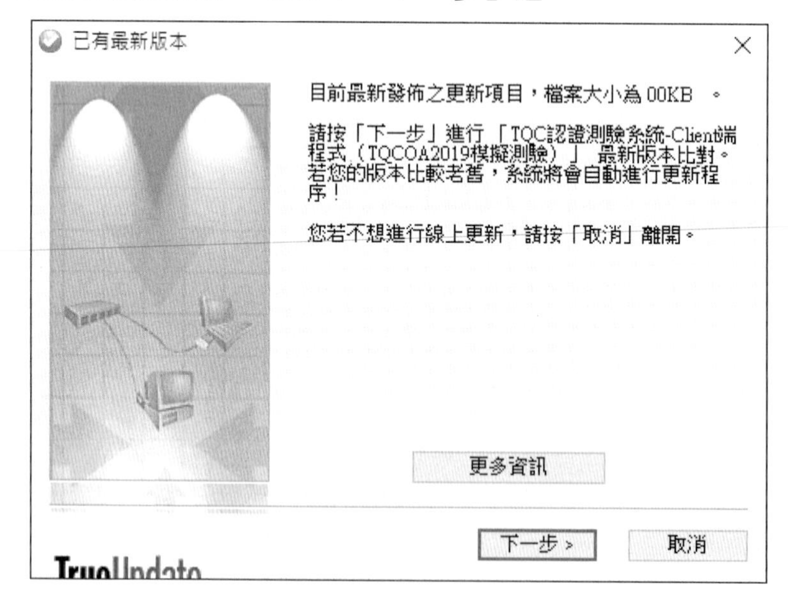

步驟十：更新完成後，出現如下訊息，請按下「確定」鈕。

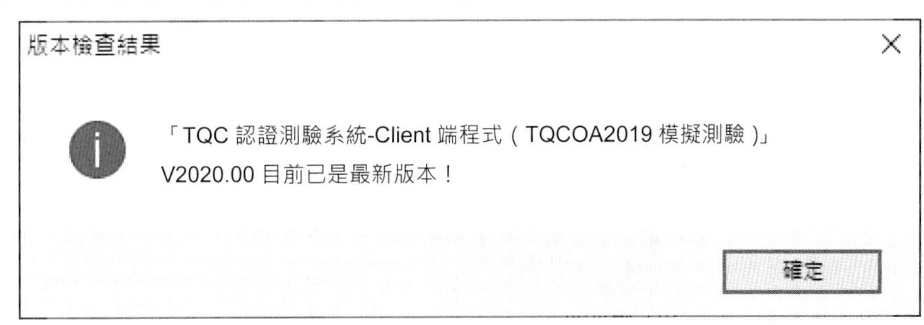

步驟十一：成功完成更新後，請按下「關閉」鈕。

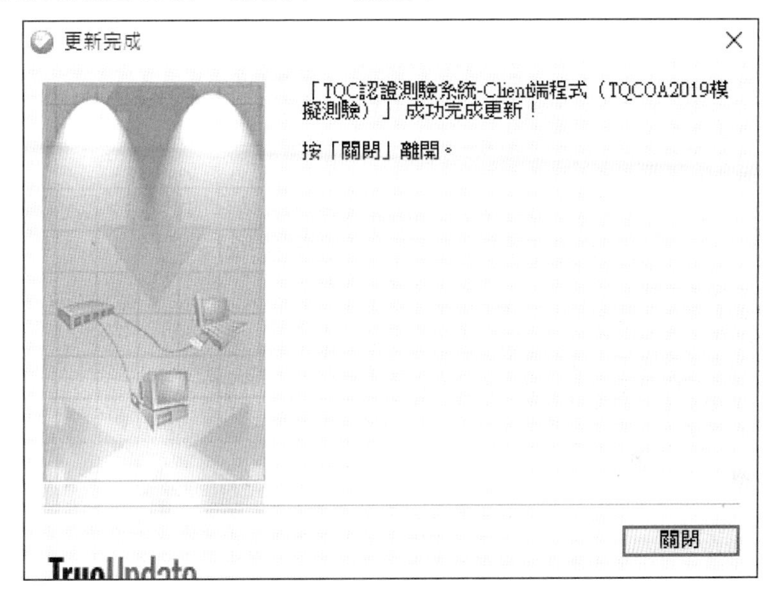

步驟十二：安裝完成！您可以透過提示視窗內的客戶服務機制說明，取得關於本項產品的各項服務。按下「完成」鈕離開安裝畫面。

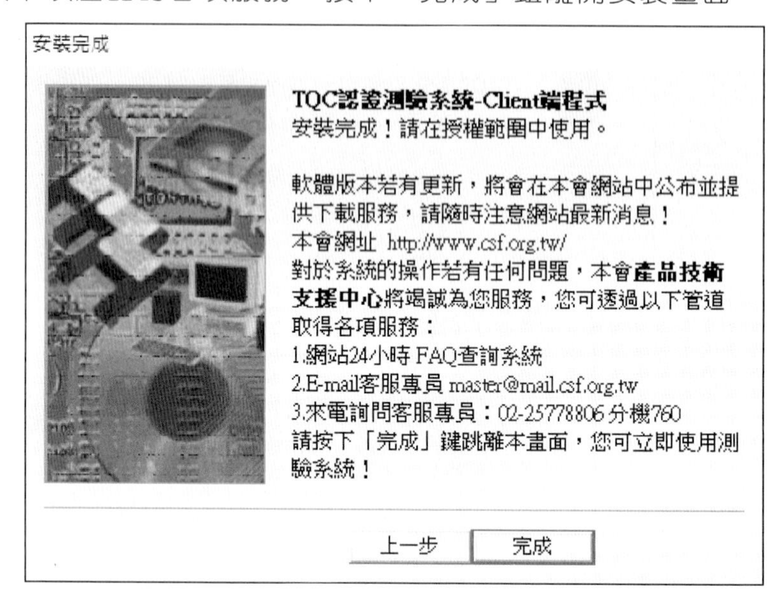

步驟十三：安裝完成後，系統會提示您必須重新啟動電腦，請務必按下「確定」鈕重新啟動電腦，安裝的系統元件方能完成註冊，以確保電腦評分結果之正確性。

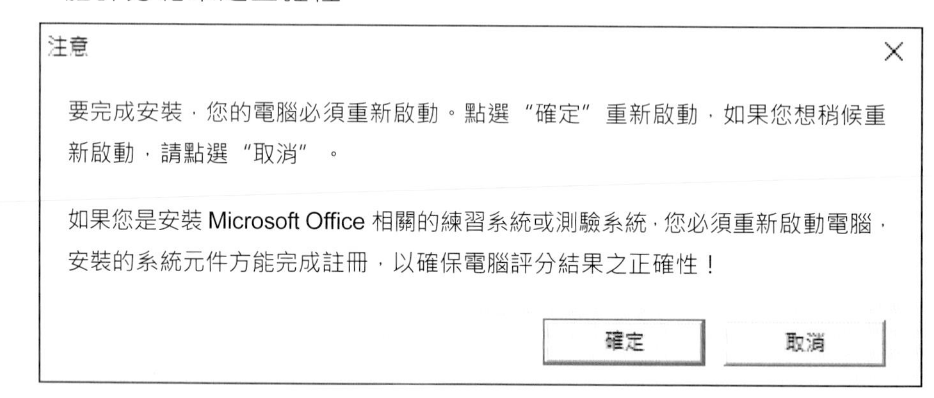

2-4 程式權限及使用者帳戶設定

一、系統管理員程式權限設定，請依以下步驟完成：

步驟一：於「TQC 認證測驗系統-Client 端程式」桌面捷徑圖示按下滑鼠右鍵，點選「內容」。

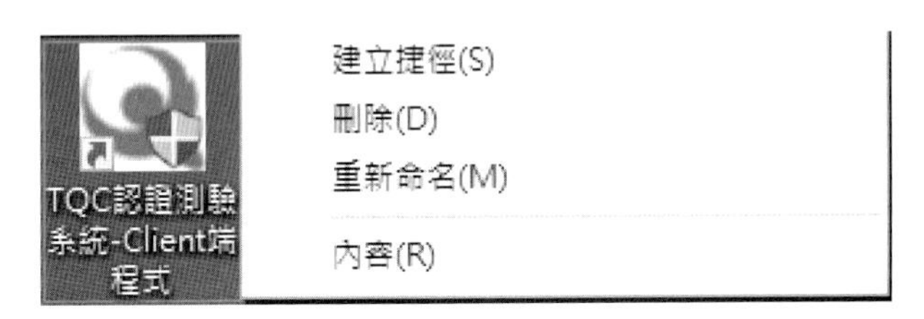

步驟二：選擇「相容性」標籤，勾選「以系統管理員的身分執行此程式」，按下「確定」後完成設定。

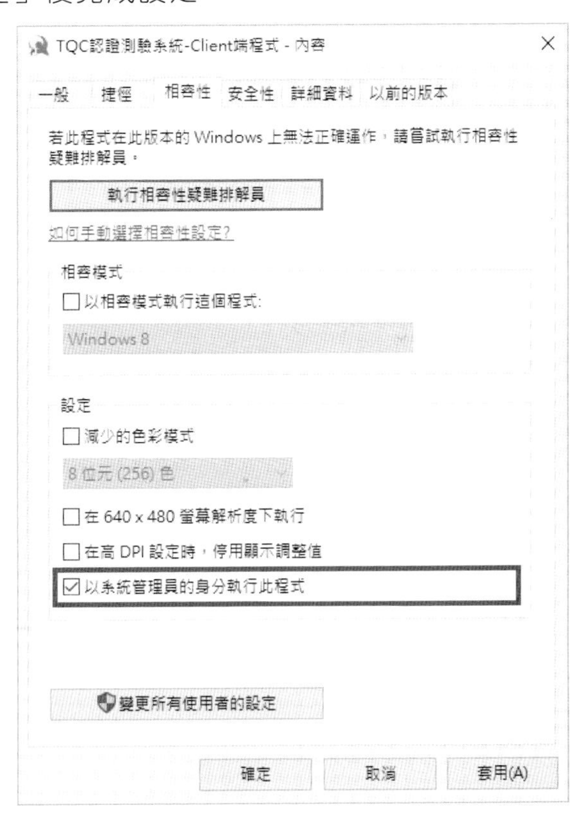

❖ 註：若要避免每次執行都會出現權限警告訊息，請參考下一頁使用者帳戶控制設定。

二、使用者帳戶設定方式如下：

步驟一：點選「控制台/使用者帳戶/使用者帳戶」。

步驟二：進入「變更使用者帳戶控制設定」。

步驟三：開啟「選擇電腦變更的通知時機」，將滑桿拉至「不要通知」。

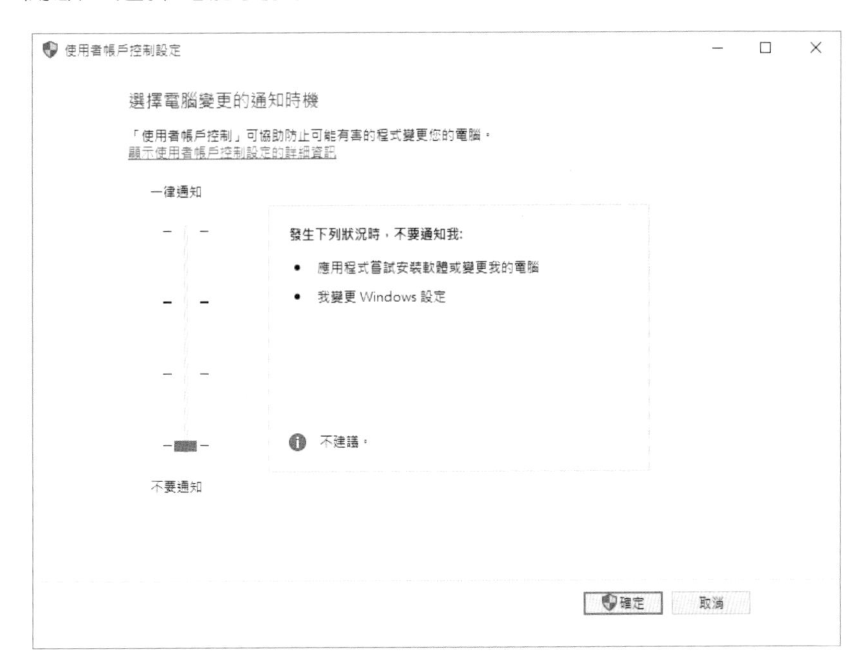

步驟四：按下「確定」後，請務必重新啟動電腦以完成設定。

2-5 TQCOA 實地認證操作程序範例

2-5-1 實地測驗操作演示

現在我們假設考生甲報考的是 Excel 2019 進階級的認證，模擬試卷為 X19-2001。（❖ 註：本書模擬測驗篇「第七章~第九章」共含六回試卷可供使用者模擬實際認證測驗之情況。）

步驟一：開啟電源，從硬碟 C 開機。

步驟二：進入 Windows 作業系統及週邊環境熟悉操作。

步驟三：執行桌面的「TQC 認證測驗系統-Client 端程式」程式項目。

步驟四：請輸入模擬試卷編號「X19-2001」按下「登錄」鈕。

步驟五：請詳細閱讀「測驗注意事項」後，按下「開始」鍵。

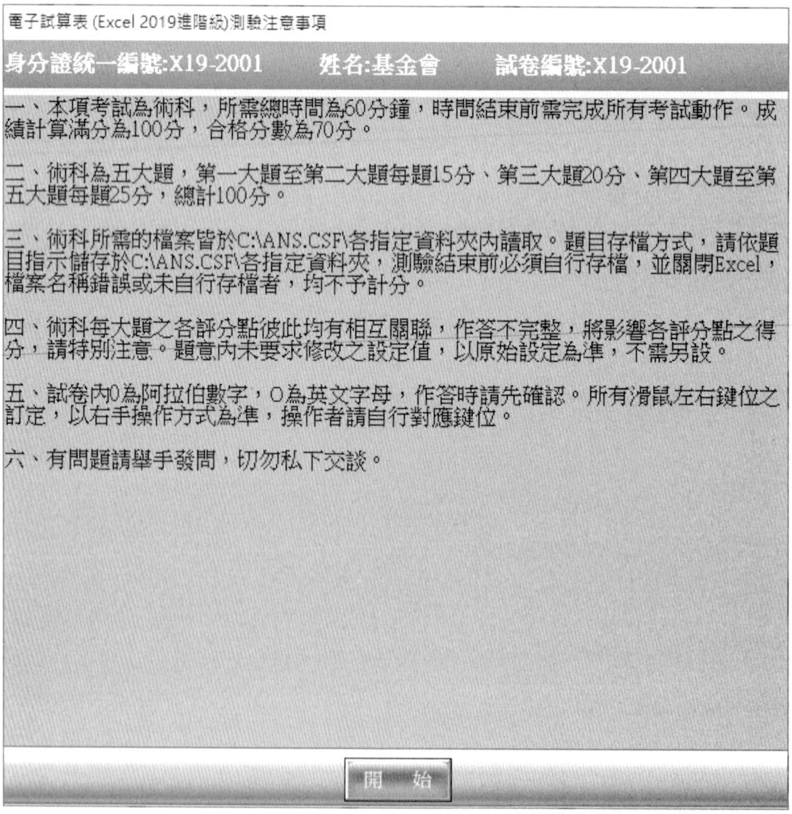

電子試算表 (Excel 2019進階級)測驗注意事項

身分證統一編號:X19-2001　姓名:基金會　試卷編號:X19-2001

一、本項考試為術科，所需總時間為60分鐘，時間結束前需完成所有考試動作。成績計算滿分為100分，合格分數為70分。

二、術科為五大題，第一大題至第二大題每題15分、第三大題20分、第四大題至第五大題每題25分，總計100分。

三、術科所需的檔案皆於C:\ANS.CSF\各指定資料夾內讀取。題目存檔方式，請依題目指示儲存於C:\ANS.CSF\各指定資料夾，測驗結束前必須自行存檔，並關閉Excel，檔案名稱錯誤或未自行存檔者，均不予計分。

四、術科每大題之各評分點彼此均有相互關聯，作答不完整，將影響各評分點之得分，請特別注意。題意內未要求修改之設定值，以原始設定為準，不需另設。

五、試卷內0為阿拉伯數字，O為英文字母，作答時請先確認。所有滑鼠左右鍵位之訂定，以右手操作方式為準，操作者請自行對應鍵位。

六、有問題請舉手發問，切勿私下交談。

開　始

❖ 注意：此時計時程式已開始計時。

步驟六：請按下「確定」鈕，開始進行術科測驗。

步驟七：此時測驗程式會在桌面上方開啟一「測驗資訊列」，顯示本次測驗剩餘時間，並開啟試題 PDF 檔。請自行載入「Microsoft Excel 2019」中文版軟體，依照題目要求讀取題目檔，依照題目指示作答，並將答案依照指定路徑及檔名儲存。

電子試算表（Excel 2019 進階級）,X19-2001,基金會,35:20/60:00

查看考試說明文件：可開啟本份試卷術科題目的書面電子檔。

開啟試題資料夾：可開啟題目檔存放之資料夾。

結束術科測驗：結束測驗。

提早作答完畢並確認作答及存檔無誤後，可按「術科測驗」窗格中的鈕，結束測驗。

步驟八：系統會再次提醒您是否確定要結束術科測驗。

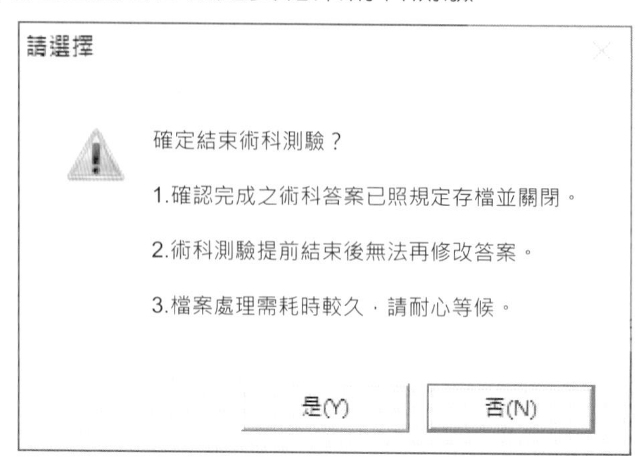

說明

1. 提早作答完成並存檔完畢後，請完全跳離 Microsoft Excel 2019 後，再按「是」，系統此時將開始進行評分。
2. 若無法提早作答完成，請務必在時間結束前將已完成之部分存檔完畢，並完全跳離 Microsoft Excel 2019。

步驟九：系統會開始進行評分，下圖為正在進行術科題目的評分狀況。

術科檔案處理中........請稍候...

目前正在處理第一大題

評分中...

目前正在評 EXCEL 2019

步驟十：評分結果將會顯示在螢幕上（含評分點及詳細得扣分狀況）。評分結果包含各題得分狀況及本回總分，可作為練習後自我檢討之參考。

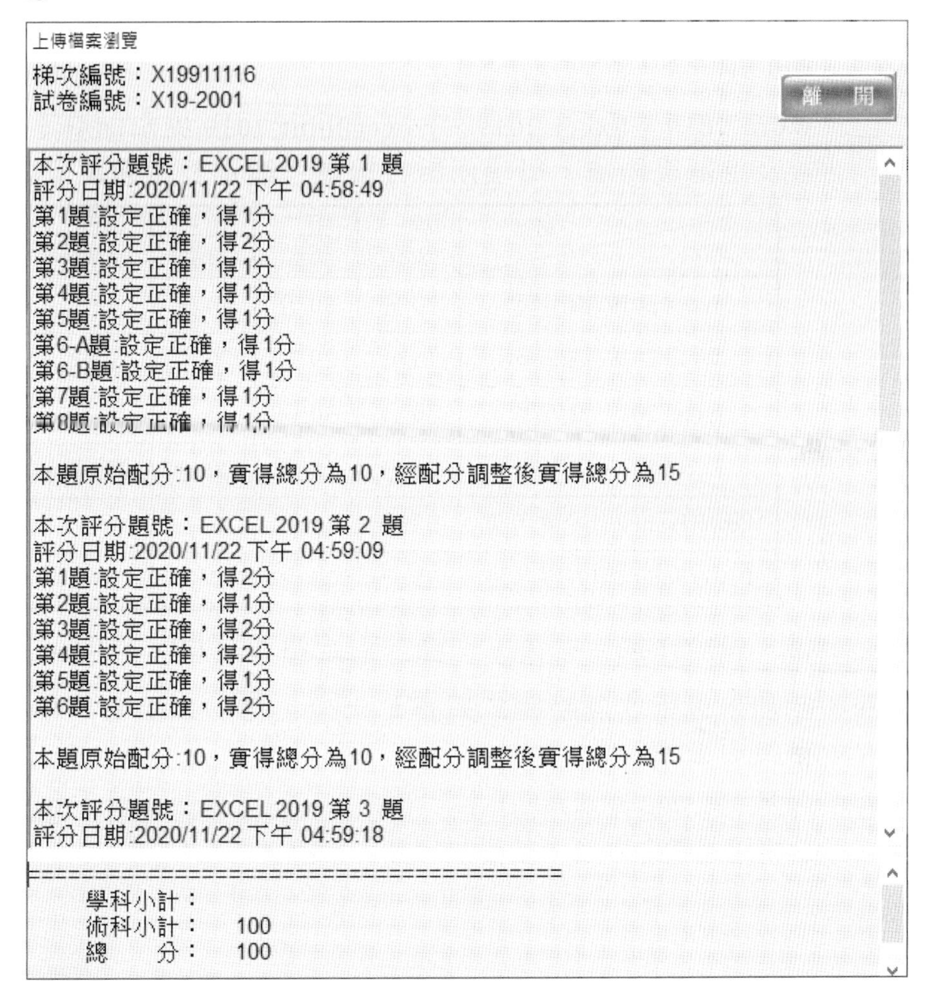

說明	1. 此項為供使用者練習與自我評核之用，與正式考試的畫面顯示會有所差異。 2. 完成 X19-2001 模擬測驗後，系統將會記錄您的成績，若您欲繼續練習，請選擇 X19-1001 試卷進行模擬測驗。

2-5-2 評分標準

一、雲端技術及網路服務學科部分：各分為實用級（一～四類）及進階級（一～四、七～八類）兩種，每回 50 題，每題 2 分，總分 100 分。

二、Word 2019、Excel 2019、PowerPoint 2019 術科部分：各分為實用級及進階級兩種，每項測驗各級應考類別及每題配分如下：

科別＼類別	第一大類	第二大類	第三大類	第四大類	第五大類	總分
Word 2019 實用級	30 分	30 分	40 分	—	—	100 分
Word 2019 進階級	15 分	20 分	20 分	20 分	25 分	100 分
Excel 2019 實用級	30 分	30 分	40 分	—	—	100 分
Excel 2019 進階級	15 分	15 分	20 分	25 分	25 分	100 分
PowerPoint 2019 實用級	50 分	50 分	—	—	—	100 分
PowerPoint 2019 進階級	25 分	25 分	25 分	25 分	—	100 分

三、每一題於作答完成後，均需依指定路徑及檔名存檔。

四、參加本會正式測驗總成績達七十分（含）以上者，由本會發給合格證明書。

五、當您已經通過多個測驗項目，並已達人員別換證標準，可憑各測驗項目合格證明書向本會申請發放專業人員證書。

認證題庫篇

CSF技能認證體系

TQC認證測驗系統-Client端程式

查詢TQC認證(TQCOA2019)最新...

3

CHAPTER

第三章 ▶

Word 2019 認證題庫

3-1 術科題庫分類及涵蓋技能內容

類別	技能內容
第一類	短篇文件編輯技能
	1. 開啟與儲存不同檔案格式的文件（ODT、PDF、TXT…等檔案格式） 2. 版面邊界、紙張大小、方向與文件格線的設定 3. 選取、複製、貼上、剪下與刪除內容的操作 4. 設定字元的字型、樣式、大小與文字效果 5. 進階設定字元的間距、位置與縮放比例 6. 套用與設定大綱、陰影、反射與光暈的文字效果 7. 注音的標示與應用 8. 文字醒目提示色彩的應用 9. 圍繞字元的設定與應用 10. 字元、段落的網底與框線設定 11. 取代的進階應用 12. 文字或段落的複製格式應用 13. 首字放大的應用 14. 字元大小寫與全半型的轉換 15. 插入日期及時間的格式設定 16. 插入或移除文字的超連結 17. 分節、分段、分行、分欄的設定與應用 18. 尺規與定位停駐點的設定 19. 段落對齊方式、文字對齊方式、頁面垂直對齊方式 20. 段落左右縮排、首行縮排、間距與行距的設定與應用 21. 建立段落的項目符號、編號清單與調整清單縮排 22. 定義新的多層次清單（樣式）與增加或減少縮排的應用 23. 段落的排序 24. 文字直書/橫書方向與橫向文字的應用 25. 組排文字與並列文字的應用

類別	技能內容
	26. 指定選取文字的總寬度（最適文字大小）設定 27. 建立與編輯水平線 28. 插入符號、方程式與數字的應用 29. 編入行號與設定 30. 稿紙設定與應用 31. 中文繁簡轉換 32. 拼字及文法檢查 33. 文件保護
技能內容說明：評核受測者是否具有文件的基本編輯能力，以版面配置、文字及段落為主的編輯功能與應用技巧為主體，設計出專業的短篇文件。	
第二類	表格設計技能
	1. 文字與表格的轉換 2. 表格、欄、列、儲存格的選取、插入與刪除 3. 表格對齊方式與文繞圖的位置設定 4. 表格寬度、列高度、欄寬度與儲存格寬度的設定 5. 欄寬依內容自動調整、依視窗自動調整 6. 表格的分割與合併、儲存格的分割與合併 7. 平均分配欄寬、平均分配列高 8. 表格的儲存格邊界、儲存格間距的設定 9. 表格跨頁的標題列重複 10. 儲存格的邊界設定與自動換列的設定 11. 表格、儲存格的框線與網底設定 12. 儲存格內的文字的對齊方式與書寫方向 13. 表格的排序 14. 表格的公式設定與數字格式 15. 套用、新增或修改表格樣式 16. 套用表格樣式前，對表格樣式選項的設定

類　　別	技　　能　　內　　容
	17. 佈景主題的框線、框線樣本與複製框線格式的操作 18. 插入表單控制項
技能內容說明：	評核受測者是否具有表格的編輯能力，以表格、欄、列與儲存格的編輯功能與應用技巧為主體，設計出專業的表格。
第　三　類	圖文編輯技能
	1. 插入圖片、圖案、SmartArt、文字藝術師與圖表 2. 設定圖片的大小、形狀、外框與替代文字 3. 套用圖片樣式、圖片效果與美術效果 4. 套用圖案樣式與圖案效果、變更圖案的填滿與外框設定 5. 調整圖案、圖片、SmartArt 的大小、位置與對齊方式 6. 變更圖案、圖片的旋轉與排列層次 7. 建立物件群組與文繞圖的位置設定 8. 新增圖案文字 9. 設定文字方塊內邊界、文字方向與對齊設定 10. 插入文字方塊文字與建立文字方塊之間的連結 11. 設定文字藝術師的文字填滿、外框、文字效果與轉換 12. 套用 SmartArt 的版面配置與樣式、建立圖形、變更色彩 13. 變更圖表類型、資料、樣式與色彩的設定 14. 頁面框線的花邊設定 15. 設定圖片浮水印與頁面填滿效果 16. 透過選取窗格調整物件的排列順序
技能內容說明：	評核受測者是否具有物件的編輯能力，以圖片、圖案、圖表、SmartArt 圖形、文字藝術師等編輯功能應用技巧為主體，設計出具有美感又專業的文檔，並培養圖文並茂能力。

類別	技能內容
第四類	長篇文件進階編輯技能
	1. 將多個文件檔組成長文件，再調整文件的排列順序 2. 利用分節符號將長文件分成多個章節 3. 對於各個節設定不同的紙張大小與方向等版面配置 4. 設定頁首與頁尾至頁緣距離、第一頁與奇偶頁是否相同 5. 插入頁首及頁尾的頁碼，設定頁碼格式 6. 建立或切斷文件各節之間頁首、頁尾及頁碼的連結 7. 利用 StyleRef 功能變數建立參照樣式的文字 8. 樣式的新增、修改、匯入匯出與套用 9. 多層次清單的階層與樣式的連結 10. 建立書籤與文件的物件或文字的超連結 11. 建立文件中的物件或文字與圖表標號的交互參照 12. 插入封面頁與內容控制項的設定 13. 章節附註與註腳的插入與轉換 14. 插入及更新標號與圖表目錄 15. 插入項目標號、自動標記與索引 16. 插入目錄、目錄的設定和更新 17. 插入參考文獻的引文與書目 18. 主控文件的設定與應用
技能內容說明：	評核受測者是否具備可讓雜亂無章的長文件內容，能快速整合並統一各段落格式、呈現章節有序、層次分別、目錄完整的編輯功能與應用技巧為主體，製作出專業的長篇文件的能力。
第五類	合併列印設計技能
	1. 合併列印資料來源的格式限制 2. 排序、篩選或尋找重複的資料來源 3. 使用合併列印功能套印個人化的信件或其他文件

類　　別	技　　能　　內　　容
	4. 使用合併列印傳送個人化的電子郵件 5. 使用合併列印功能套印個人化的信封 6. 使用合併列印功能套印整頁列印相同或不同的標籤 7. 使用合併列印功能套印目錄 8. 建立信封的寄件者與收件者地址 9. 插入合併欄位、條碼及 QR 碼 10. 更新標籤 11. 使用 Ask 與 Fill-in 功能變數設計合併列印的對話方塊 12. 使用 Skip Record IF 功能變數篩選合併列印的來源資料 13. 使用 If…Then…Else 功能變數取代合併列印的來源資料 14. 使用 Merge Record #與 Merge Sequence #功能變數插入合併列印來源資料的編號與合併列印的順序編號 15. 使用 Next Record 與 Next Record If 功能變數插入合併列印的下一筆紀錄與條件 16. 合併至新文件、印表機或電子郵件
技能內容說明：評核受測者是否能透過合併列印來建立及套印大量郵件、信件、信封、標籤或目錄…等編輯與應用能力。	

3-2 第一類：短篇文件編輯技能

102　靜界溫泉會館　易 中 難

一、題目說明：

礁溪溫泉聞名全台，溫泉飯店四處林立，「靜界溫泉會館」為了向旅客說明有關礁溪溫泉的特質與泡湯注意事項，要製作一份 DM。為了美化 DM 內容，強調主題與直書/橫書同頁...，請依照設計項目之要求完成這項任務。

二、作答須知：

請至 C:\ANS.CSF\WP01 資料夾開啟 **WPD01.docx** 檔設計。完成結果儲存於同一資料夾之下，檔案名稱為 **WPA01.docx** 及 **Villa.pdf**。

三、設計項目：

1.編輯「靜界溫泉會館」標題：
  A.標題文字（字與字之間）的距離為 2 點。
  B.文字與圖片對齊垂直置中位置。

2.編輯「QUIT WORLD SPA VILLA」：
  A.字型格式改為「白色, 背景 1」，套用光暈中「光暈變化」的「光暈: 18pt; 紅色，輔色 2」文字效果。
  B.文字總寬度 6 公分。

3.編輯圖片所在的段落，左右縮排-5 字元、與後段距離 0.5 行。

4.編輯以下內容：
- 黑色文字段落的首二字「礁溪」設定首字放大繞邊 3 行高度。
- 除標題外，「溫泉」文字皆以「♨溫泉」取代之。

5.編輯深藍色文字段落：
- 改為「直書」。
- 編號改為橫向（包含數字後的「.」符號）。

6.先將檔案儲存為 **WPA01.docx**，再匯出檔名為 **Villa.pdf** 的 PDF 檔案格式。

四、參考結果如下所示：

靜界溫泉會館

QUIT WORLD SPA VILLA

礁溪♨溫泉是台灣♨溫泉中交通最方便最特別的平地♨溫泉，平均水溫為 52°C的中溫♨溫泉，水質呈中性，PH 值在 7.2–7.9 之間，屬於碳酸氫鈉泉，富含鈉、鎂、鈣、鉀、碳酸離子等礦物質，水量豐富，地熱蘊藏豐富，處處湧泉，終年不歇，取用方便，無色無臭，清澈節淨，水溫適中，民眾喜愛，是為品質極佳之♨溫泉；洗過之後皮膚會感覺光滑柔細，絲毫不油膩，具有養顏美容及鎮靜神經的功效，被譽為「♨溫泉中的♨溫泉」。

♨ 泡湯注意事項：

1. 入池之前先在一旁將身體洗淨，以維池子之清潔。
2. 由於為避免危險♨溫泉水溫，先沖洗泉水數次以適應水溫後，從腳開始，然後下半身，再行全身入池。
3. 泡♨溫泉每次不超過十分鐘為限，可因個人體質增加浸泡 時間，一天泡湯不要超過三次，泡湯時如有身體不適時即刻停止泡湯。
4. 注意室內保持通風，避免獨自入浴，應有同伴，以防意外發生。
5. 泡完♨溫泉後應稍作休息。
6. 酒後、飯後及身體過度疲勞時，不可浸泡♨溫泉。
7. 泡♨溫泉前後應適度補充水份，以調整體內新陳代謝。
8. 患有心臟病、肺病、高血壓、糖尿病、潰爛性皮膚病、出血性疾病、循環系統障礙及孕婦皆不宜泡♨溫泉。

104 房屋租賃契約書

易 中 難

一、題目說明：

房東從網路搜尋的「房屋租賃契約書」，加以修訂為客製化的內容，為了使契約書的條款能層次分明，不論是增加或刪減內容時，文件都能自動調整編號，房東還為了讓契約看起來更正式，要求加一直式封面，並將所有的空格加上底線，雙方立場對等的排列…，請依照設計項目之要求完成這項任務。

二、作答須知：

請至 C:\ANS.CSF\WP01 資料夾開啟 **WPD01.odt** 檔設計。完成結果儲存於同一資料夾之下，檔案格式為 Word 文件，檔案名稱為 **WPA01.docx**。

三、設計項目：

1.在標題前插入新的一節，產生新的第 1 頁（直向頁面）：

- 輸入「房屋租賃契約書」，字型格式：微軟正黑體、72 點、深紅色、取消粗體，文字段落方向直書。（注意：不可使用文字方塊及新增段落的方式作答）
- 位置：對齊頁面正中央位置。

2.編輯第 2 頁第二段的粗體文字：在同一行中分成兩列，保持文字大小，文字垂直置中對齊，如下圖所示。

立契約書人： **出租人** **（以下簡稱為甲方）** 茲因房屋租賃事
承租人 **（以下簡稱為乙方）**
件，雙方合意訂立本契約，約款如下：

3.定義多層次清單並套用至指定文字：

- 第 1 階層的設定：
  - 數字格式：「第一條：」，字型格式：微軟正黑體。（注意：全形冒號，在「字型」對話方塊中「中文字型」輸入字體）
  - 數字樣式：「一，二，三（繁）…」。
  - 數字位置：靠左對齊（對齊 0 公分，文字縮排 0.75 公分）。
  - 編號的後置字元為「不標示」。

- 第 2 階層的設定：
  - 數字格式：「1.」，字型格式：Arial。
    （注意：在「字型」對話方塊中「字型」輸入字體）
  - 數字樣式：「1, 2, 3, …」。
  - 數字位置：靠右對齊（對齊 2 公分，文字縮排 2 公分）。
  - 編號的後置字元為「間距」。
- 將文中所有的藍色文字段落套用多層次清單的「第 1 階層」。
- 所有的黑色文字段落套用多層次清單的「第 2 階層」，並重新編號，若編號只到 1.，則取消該段的編號。

4.將文中所有全形空白字元套用「黑色, 文字 1」————（第 1 種樣式）底線。

5.將文中所有的紫色文字段落分為二等欄、欄間距 0.5 公分。

四、參考結果如下所示：

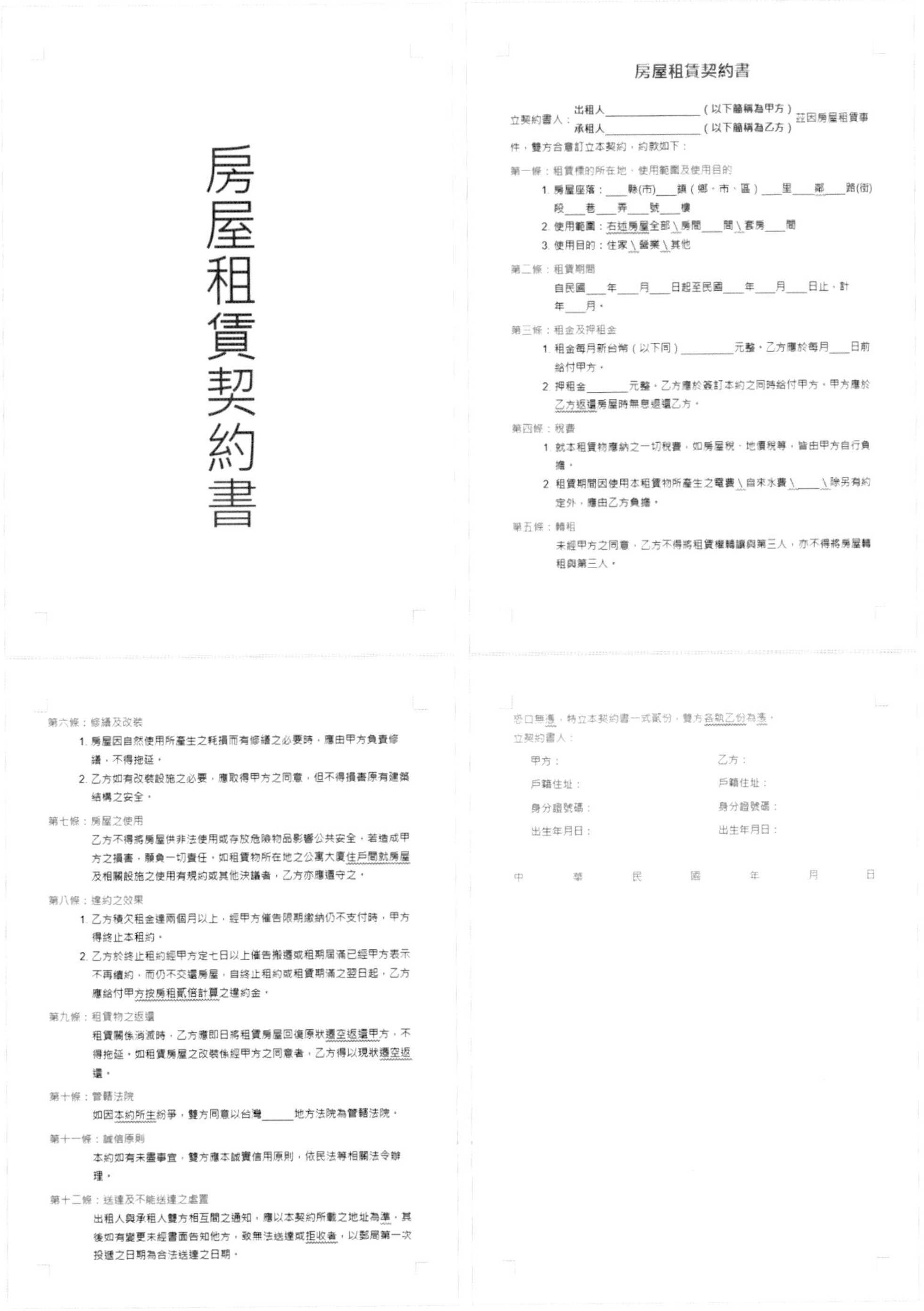

房屋租賃契約書

房屋租賃契約書

立契約書人：出租人________（以下簡稱為甲方）
承租人________（以下簡稱為乙方）茲因房屋租賃事件，雙方合意訂立本契約，約款如下：

第一條：租賃標的所在地、使用範圍及使用目的

1. 房屋座落：___縣(市)___鎮（鄉、市、區）___里___鄰___路(街)段___巷___弄___號___樓
2. 使用範圍：右述房屋全部\房間___間\套房___間
3. 使用目的：住家\營業\其他

第二條：租賃期間

自民國___年___月___日起至民國___年___月___日止，計___年___月。

第三條：租金及押租金

1. 租金每月新台幣（以下同）________元整，乙方應於每月___日前給付甲方。
2. 押租金_______元整，乙方應於簽訂本約之同時給付甲方，甲方應於乙方返還房屋時無息退還乙方。

第四條：稅費

1. 就本租賃物應納之一切稅費，如房屋稅、地價稅等，皆由甲方自行負擔。
2. 租賃期間因使用本租賃物所產生之電費\自來水費_____\除另有約定外，應由乙方負擔。

第五條：轉租

未經甲方之同意，乙方不得將租賃權轉讓與第三人，亦不得將房屋轉租與第三人。

第六條：修繕及改裝

1. 房屋因自然使用所產生之耗損而有修繕之必要時，應由甲方負責修繕，不得拖延。
2. 乙方如有改裝設施之必要，應取得甲方之同意，但不得損害原有建築結構之安全。

第七條：房屋之使用

乙方不得將房屋供非法使用或存放危險物品影響公共安全，若造成甲方之損害，願負一切責任。如租賃物所在地之公寓大廈住戶間就房屋及相關設施之使用有規約或其他決議者，乙方亦應遵守之。

第八條：違約之效果

1. 乙方積欠租金達兩個月以上，經甲方催告限期繳納仍不支付時，甲方得終止本租約。
2. 乙方於終止租約經甲方定七日以上催告搬遷或租期屆滿已經甲方表示不再續約，而仍不交還房屋，自終止租約或租賃期滿之翌日起，乙方應給付甲方按房租貳倍計算之違約金。

第九條：租賃物之返還

租賃關係消滅時，乙方應即日將租賃房屋回復原狀遷空返還甲方，不得拖延。如租賃房屋之改裝係經甲方之同意者，乙方得以現狀遷空返還。

第十條：管轄法院

如因本約所生紛爭，雙方同意以台灣_____地方法院為管轄法院。

第十一條：誠信原則

本約如有未盡事宜，雙方應本誠實信用原則，依民法等相關法令辦理。

第十二條：送達及不能送達之處置

出租人與承租人雙方相互間之通知，應以本契約所載之地址為準，其後如有變更未經書面告知他方，致無法送達或拒收者，以郵局第一次投遞之日期為合法送達之日期。

恐口無憑，特立本契約書一式貳份，雙方各執乙份為憑。

立契約書人：

甲方：	乙方：
戶籍住址：	戶籍住址：
身分證號碼：	身分證號碼：
出生年月日：	出生年月日：

中　華　民　國　年　月　日

106 暑期國外旅遊機票

易 中 難

一、題目說明：

某旅行社老闆擬定了一份國外旅遊機票售價清單的簡體草稿，欲製作成為較正式的公開文件，讓預購者對機票價錢能一目了然。文件要求以繁體字、空白區域以定位點對齊、價格轉為國字、加上項目符號與行號、再加上網底修飾...，請依照設計項目之要求完成這項任務。

二、作答須知：

請至 C:\ANS.CSF\WP01 資料夾開啟 **WPD01.txt** 與 **WPD01.docx** 檔設計。完成結果儲存於同一資料夾之下，檔案名稱為 **WPA01.docx** 及 **Tickets.odt**。

三、設計項目：

1.編輯 **WPD01.docx** 檔：

- 插入 **WPD01.txt** 檔，將最後一段沒有文字的段落刪除。
- 頁面邊界：左 3 公分，上、下、右 2 公分。
- 將簡體轉為「繁體」。
- 搶購價中的阿拉伯數字金額透過「數字」功能轉換為國字大寫數字，如：「$壹萬伍仟參佰貳拾陸元」。
- 將各項之間的空白區域改為「定位字元」符號。
- 除了第一段落外，其它段落設定靠左定位停駐點位置：3 公分、6 公分、10 公分。

2.編輯以下內容：

- 全文字型格式改為：微軟正黑體。
- 第二段起，字型格式：14 點。

3.編輯第一段標題，字型格式：「白色, 背景 1」、20 點，段落網底：藍色，段落置中對齊，如參考結果所示。

4.編輯偶數段落：加上 RGB（170,240,252）顏色之底色。

5.編輯第二段起的內容：行距 1.2 倍行高、取消貼齊格線設定。

6.編輯第三段起的段落格式：

- 加入✈項目符號（符號的字型：Webdings，字元代碼 241），字型格式：深藍色。
- 編入行號。（注意：不可加分節符號）

7.「目的地」及下方地名的字型色彩改為：藍色；
「搶購價」及下方金額的字型色彩改為：深紅色。

8.先將檔案儲存為 **WPA01.docx**，再匯出檔名為 **Tickets.odt** 的 OpenDocument 文字檔案格式。

四、參考結果如下所示：

暑期國外旅遊機票

	出發	國家	目的地	搶購價
1	✈ 桃園	[美國]	洛杉磯	$壹萬伍仟參佰貳拾陸元
2	✈ 桃園	[美國]	三藩市	$壹萬伍仟參佰貳拾陸元
3	✈ 桃園	[美國]	西雅圖	$壹萬陸仟玖佰壹拾捌元
4	✈ 桃園	[美國]	紐約	$壹萬柒仟貳佰陸拾陸元
5	✈ 桃園	[美國]	芝加哥	$壹萬陸仟玖佰壹拾捌元
6	✈ 桃園	[美國]	夏威夷	$壹萬壹仟伍佰參拾壹元
7	✈ 桃園	[加拿大]	溫哥華	$壹萬伍仟參佰貳拾陸元
8	✈ 桃園	[加拿大]	多倫多	$壹萬柒仟玖佰伍拾陸元
9	✈ 桃園	[德國]	法蘭克福	$壹萬肆仟參佰伍拾陸元
10	✈ 桃園	[德國]	慕尼克	$貳萬貳仟貳佰壹拾參元
11	✈ 桃園	[法國]	巴黎	$壹萬肆仟參佰伍拾陸元
12	✈ 桃園	[荷蘭]	阿姆斯特丹	$壹萬玖仟肆佰元
13	✈ 桃園	[英國]	倫敦	$壹萬肆仟參佰伍拾陸元
14	✈ 桃園	[奧地利]	維也納	$貳萬捌仟陸佰貳拾元
15	✈ 桃園	[義大利]	羅馬	$壹萬肆仟參佰伍拾陸元
16	✈ 桃園	[卡達]	杜哈	$貳萬貳仟肆佰零柒元
17	✈ 桃園	[澳洲]	悉尼	$壹萬伍仟零伍拾元
18	✈ 桃園	[澳洲]	墨爾本	$壹萬參仟肆佰玖拾參元
19	✈ 桃園	[澳洲]	布里斯班	$壹萬陸仟零伍元
20	✈ 桃園	[澳洲]	伯斯	$壹萬參仟零參拾柒元

108 四書五經

易 中 難

一、題目說明：

將一篇國語作文的.pdf 檔轉換為.docx 文件檔，刪除因轉換而產生的不必要內容，再將文件插入指定規格的電子稿紙內，並依照指定的排版方式調整段落、字型與括號，使電子稿紙的文件格式更完整。

二、作答須知：

請至 C:\ANS.CSF\WP01 資料夾開啟 **WPD01.pdf** 與 **WPD01.docx** 檔設計。完成結果儲存於同一資料夾之下，檔案名稱為 **WPA01.docx**。

三、設計項目：

1.在 **WPD01.docx** 檔中，將 **WPD01.pdf** 內容開啟後並轉置於 24×25 的橫向「格線式稿紙」內，標點符號不可溢出邊界。

2.設定以下內容：

- 移除文章中多餘的空格及段落符號；將文章整理為 4 段標題、4 段內文。
- 全文轉換為「繁體」字。
- 將【】括號改為︽︾括號（符號的字型：一般文字，字元代碼 FE3D、FE3E），括號及括號內的文字改為：深藍色。

3.編輯 4 段標題的字型格式：微軟正黑體、粗體，4 段內文的字型格式：標楷體。

4.設定以下內容：

- 深紅色標題文字段落，設定縮排的「第一行」往下位移 4 字元。
- 其餘段落，設定縮排的「第一行」往下位移 2 字元。
- 取消「段落遺留字串控制」。

四、參考結果如下所示：

四書五經

四書五經是四書和五經的合稱，是中國儒家的經典書籍。四書又稱為四子書，是指《論語》、《孟子》、《大學》、《中庸》。五經是《詩經－詩》、《尚書－書》、《禮記－禮》、《周易－易》和《春秋》。在戰國時原有「六經」的說法，《詩》、《書》、《禮》、《易》、《春秋》、《樂》。六經中的《樂經》很早就亡佚，《漢書．藝文志》中已無此書的記載。五經中的《儀禮》唐朝時改為《禮記》，沿用至今。

四書

南宋著名理學家朱熹取《禮記》中的《中庸》、《大學》兩篇文章單獨成書，與紀錄孔子言行《論》‧紀錄孟軻言行的《孟子》合為「四書」，依照其想法，《中庸》出自子思、《大學》源于曾子；因它們分別出於早期儒家的四位代表性人物曾參、子思、孔子、孟子，所以稱為《四子書》（也《四子》），簡稱為《四書》。南宋光宗紹熙遠年，朱熹在福建漳州將四書彙集到一起，作為一套書刊刻問世。朱熹認為「先讀《大學》，以定其規模；次讀《論語》，以定其根本；次讀《孟子》，觀其發越；次讀《中庸》，以求古人之微妙處」。並曾說「《四子》，六經之階梯」。同時《孟子》成為經書的一部分，合稱十三經。

五經

在戰國時已經以《詩》、《書》、《禮》、《樂》、

24×25

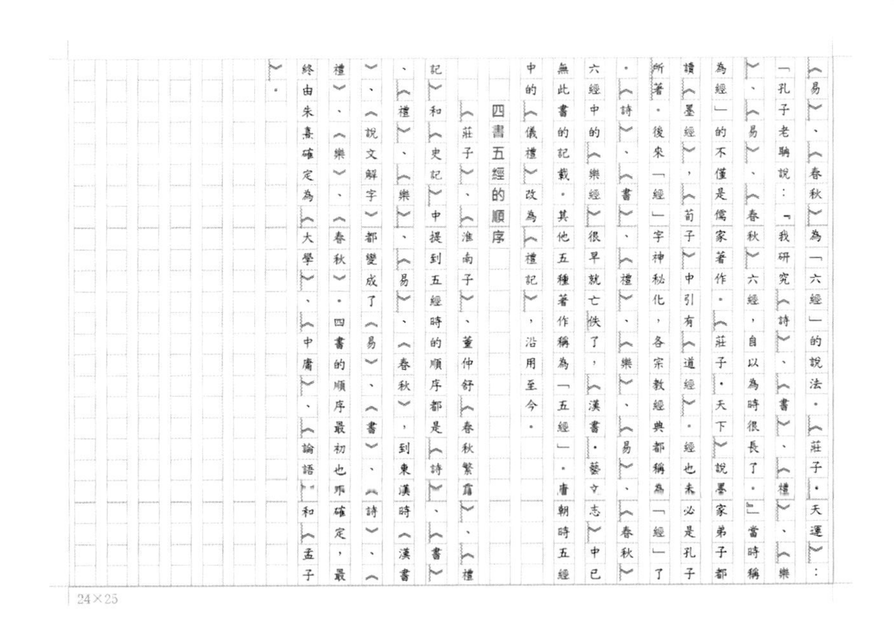
《易》、《春秋》為「六經」的說法。《莊子．天運》：「孔子老聃說：『我研究《詩》、《書》、《禮》、《樂》、《易》、《春秋》六經，自以為時很長了。』當時稱為經」的不僅是儒家著作。《莊子．天下》說墨家弟子都讀《墨經》，《荀子》中引有《道經》。經也未必是孔子所著。後來「經」字神秘化，各宗教經典都稱為「經」了．《詩》、《書》、《禮》、《樂》、《易》、《春秋》六經中的《樂經》很早就亡佚了，《漢書．藝文志》中已無此書的記載。其他五種著作稱為「五經」。唐朝時五經中的《儀禮》改為《禮記》，沿用至今。

四書五經的順序

《莊子》、《淮南子》、董仲舒《春秋繁露》、《禮記》和《史記》中提到五經時的順序都是《詩》、《書》、《禮》、《樂》、《易》、《春秋》，到東漢時《漢書》、《說文解字》都變成了《易》、《書》、《詩》、《禮》、《樂》、《春秋》。四書的順序最初也亦確定，最終由朱熹確定為《大學》、《中庸》、《論語》和《孟子》。

24×25

110 重點摘要與評量

易 中 難

一、題目說明：

求學時，學生經常會將重點文字以螢光筆特別標示，而老師特別喜歡將重點文字變成填充題的考題，所以，請依設計項目完成一份試卷，並且限定文件只有在填空區內可編輯，其餘部分都被限制編輯。

二、作答須知：

請至 C:\ANS.CSF\WP01 資料夾開啟 **WPD01.docx** 檔設計。完成結果儲存於同一資料夾之下，檔案名稱為 **WPA01.docx** 及 **Highlights.odt**。

三、設計項目：

1. 編輯[ ]括號內容：
   - 括號內的文字加上黃色「文字醒目提示色彩」，並保持原有的字型格式。
   - 刪除所有的[ ]括號。
2. 複製第 1 頁標題之後的所有內容，貼到第 2 頁標題之後，並保持原有的編號及對齊方式。
3. 編輯第 2 頁標題之後，黃色「文字醒目提示色彩」的內容：
   A. 字型格式改為「白色, 背景 1」，套用「黑色, 文字 1」 ──────（第 1 種樣式）底線。
   B. 移除黃色「文字醒目提示色彩」。
4. 設定文件的保護：設定第 2 頁有底線的文字可被編輯之外，其餘部分全被保護。（注意：無須設定密碼）
5. 先將檔案儲存為 **WPA01.docx**，再匯出檔名為 **Highlights.odt** 的 OpenDocument 文字檔案格式。

四、參考結果如下所示：

電的基本概要 — 重點整理

1. 所有物質均由元素構成，元素由原子所構成，原子由質子、中子、電子所構成。
2. 原子的中央部分的原子核：包括質子和中子，軌道部分的電子。
3. 質子數目等於電子數目，質子帶正電荷，電子帶負電荷，中子不帶電，原子於一般時候正電荷等於負電荷。同性電荷相斥，異性電荷相吸。
4. 質量大小：中子 > 質子 > 電子。
5. 原子量 = 質子數 + 中子數，質子質量約為電子 1840 倍。
6. 電子：電荷量 = -1.602×10^{-19}（庫侖/個）、質量 = 9.11×10^{-31}（仟克/個）。
   中子：電荷量 = 0、質量 = 1.68×10^{-27}（仟克/個）。
   質子：電荷量 = $+1.602\times10^{-19}$（庫侖/個）、質量 = 1.67×10^{-27}（仟克/個）。
7. 庫侖定律：兩帶電物質，若其半徑與兩帶電體間的距離比較，半徑可以忽略時，則兩物體之相互作用力與兩電荷的帶電量 Q1 與 Q2 的乘積成正比，與其間距離平方成反比。
8. 電荷特性：(1) 同性電荷相斥，異性電荷相吸。
   (2) 正電荷可感應相鄰物質之近端產生負電荷。
   (3) 失去電子者為正電荷，獲得電子為負電荷。
9. 電子為最基本之電荷，其電量根據實測為 1.602×10^{-19} 庫侖，電荷流動形成電流，慣用的電流方向和電子流方向相反。
10. 電流的基本定義為：任一導體截面積內，單位時間所通過的電荷數。
11. 一安培的電流表示每秒鐘通過 6.25×10^{18} 個電子。
12. 電子流方向為負到正，電流方向為正到負，電子流速度較電流慢。

電的基本概要 — 實力評量

1. 所有物質均由元素構成，元素由原子所構成，原子由[ ]、[ ]、[ ]所構成。
2. 原子的中央部分的[ ]：包括[ ]和[ ]，軌道部分的[ ]。
3. 質子數目等於[ ]數目，質子帶[ ]電荷，電子帶[ ]電荷，中子不帶電，原子於一般時候正電荷等於負電荷。同性電荷[ ]，異性電荷[ ]。
4. 質量大小：[ ] > [ ] > [ ]。
5. 原子量 = [ ] + [ ]，質子質量約為電子[ ]倍。
6. 電子：電荷量 = [ ]（庫侖/個）、質量 = [ ]（仟克/個）。
   中子：電荷量 = 0、質量 = [ ]（仟克/個）。
   質子：電荷量 = [ ]（庫侖/個）、質量 = [ ]（仟克/個）。
7. 庫侖定律：兩帶電物質，若其半徑與兩帶電體間的距離比較，半徑可以忽略時，則兩物體之相互作用力與兩電荷的帶電量 Q1 與 Q2 的[ ]，與其間距離[ ]。
8. 電荷特性：(1) 同性電荷[ ]，異性電荷[ ]。
   (2) 正電荷可感應相鄰物質之近端產生[ ]。
   (3) 失去電子者為[ ]，獲得電子為[ ]。
9. 電子為最基本之電荷，其電量根據實測為[ ]庫侖，電荷流動形成[ ]，慣用的電流方向和電子流方向[ ]。
10. 電流的基本定義為：任一導體截面積內，單位時間所通過的[ ]。
11. 一安培的電流表示每秒鐘通過[ ]個電子。
12. 電子流方向為[ ]，電流方向為[ ]，電子流速度較電流[ ]。

3-3 第二類：表格設計技能

202 大專盃羽球賽

易 中 難

一、題目說明：

這是一份羽球賽的報名名單，共分三組，經抽籤後標示出各校的組別，請依組別分類、依校名筆劃遞增排序，並美化表格，製成對外公布的比賽名單。

二、作答須知：

請至 C:\ANS.CSF\WP02 資料夾開啟 **WPD02.docx** 檔設計。完成結果儲存於同一資料夾之下，檔案名稱為 **WPA02.docx**。

三、設計項目：

1.依「組別」將表格調整為 3 欄並建立編號清單：

- 各欄依「校名」筆劃遞增排序。
- 第 1 欄為第 1 組學校、第 2 欄為第 2 組學校、第 3 欄為第 3 組學校。
- 新增標題列，依序輸入標題名稱為「第一組」、「第二組」、「第三組」，字型格式：「黑色, 文字 1」。
- 將各欄校名之前的各組編號改為自動編號，設定如下：
  - 格式為「01., 02., 03.,...」。(如：在第 1 欄的校名中，將「第一組：」改為自動編號「01.、02.、03.、...」)
  - 字型格式：Arial、「自動」色，編號與校名間有一間距。(注意：在「字型」對話方塊中「字型」輸入字體)

2.編輯表格及標題列：

A.套用「格線表格 4-輔色 4」表格樣式，取消「首欄」樣式，表格「置中」對齊。

B.表格上、下的外框線格式與「大專盃羽球賽」的下框線相同。(提示：由表格工具的「設計/框線」設定)

C.各欄寬 5 公分。

D.標題列中的文字，設定「置中對齊」。(提示：由表格工具的「版面配置/對齊方式」設定)

四、參考結果如下所示：

大專盃羽球賽

第一組	第二組	第三組
01. 大同大學	01. 中正大學	01. 中央大學
02. 大葉大學	02. 中華大學	02. 中興大學
03. 中山大學	03. 世新大學	03. 玄奘大學
04. 中原大學	04. 台灣首府大學	04. 東吳大學
05. 中國文化大學	05. 交通大學	05. 東海大學
06. 元智大學	06. 亞洲大學	06. 東華大學
07. 成功大學	07. 宜蘭大學	07. 金門大學
08. 佛光大學	08. 明道大學	08. 政治大學
09. 長庚大學	09. 長榮大學	09. 高雄大學
10. 南華大學	10. 淡江大學	10. 逢甲大學
11. 屏東大學	11. 清華大學	11. 開南大學
12. 真理大學	12. 慈濟大學	12. 義守大學
13. 華梵大學	13. 嘉義大學	13. 臺北大學
14. 陽明大學	14. 實踐大學	14. 臺南大學
15. 臺北市立大學	15. 暨南國際大學	15. 臺灣海洋大學
16. 臺灣大學	16. 臺東大學	16. 銘傳大學
17. 靜宜大學	17. 輔仁大學	17. 聯合大學

204 成績單

易 中 難

一、題目說明：

成績單不需透過 Excel，在 Word 就能計算出總分、排序及編輯儲存格。本題意要求刪除成績單中用不到的欄位後變更紙張方向、套用表格樣式、調整欄位順序與排列、計算出成績總分、依班級分頁…，設計出一份完整的成績單。

二、作答須知：

請至 C:\ANS.CSF\WP02 資料夾開啟 **WPD02.docx** 檔設計。完成結果儲存於同一資料夾之下，檔案名稱為 **WPA02.docx**。

三、設計項目：

1.建立成績表格：
- 利用「定位點」轉成 10 欄 41 列表格，欄寬依字數自動調整。
- 刪除表格的第 3 及第 4 欄。
- 將「班級」欄移至「姓名」欄之前。
- 新增第 9 欄，欄寬 2 公分，欄標題為「總分」。

2.紙張改為「直向」。

3.表格套用「格線表格 5 深色-輔色 3」表格樣式，列高固定 1 公分、表格「置中」對齊。

4.跨頁的標題列必須自動重複。

5.使用公式的 SUM、LEFT 計算出總分。

6.排序：依「班級」遞增排序，班級相同再依「總分」遞減排序。

7.所有儲存格內容「置中對齊」。(提示：由表格工具的「版面配置/對齊方式」設定)

8.將表格內的 102 班資料移至第 2 頁。(注意：101 及 102 班在同一個表格)

四、部分參考結果如下所示：

第一次模擬考試成績單

學號	班級	姓　名	國 文	英 文	數 學	社會	自然	總分
950435	101	林景京	52	85	95	67	64	363
950461	101	王慶陸	65	87	84	65	45	346
950456	101	顏子清	90	85	86	68	0	329
950442	101	陳海文	97	87	54	13	62	313
950448	101	張三瑜	52	89	76	22	65	304
950447	101	郭樹臨	44	62	78	64	52	300
950441	101	陳嘉興	65	23	82	56	65	291
950432	101	吳文彬	86	82	34	46	22	270
950445	101	林卡燁	18	86	95	25	35	259
950440	101	王國禎	35	54	70	56	37	252
950449	101	陳文堤	67	74	0	62	46	249
950453	101	李夢興	18	66	95	0	65	244
950443	101	王弼南	84	72	55	0	25	236
950444	101	陳廷文	65	39	65	22	45	236
950462	101	陳仕傑	64	35	59	37	32	227
950470	101	李育遠	65	35	38	34	46	218
950454	101	王賢聰	46	66	24	38	42	216
950446	101	王芝嵐	28	48	65	41	22	204
950468	101	吳煦生	48	23	56	13	53	193
950458	101	陳棟驤	35	36	75	28	16	190
950467	101	江姜源	35	54	64	18	15	186
950436	101	張崴滔	44	64	0	45	32	185

206 MLB 戰績

易 中 難

一、題目說明：

「美國職棒大聯盟」(英文縮寫：MLB)，由「美國聯盟」和「國家聯盟」共同成立。二聯盟依美國地理區域各分為三區：東區、中區、西區，共計三十支球隊。本文件是 MLB 季後賽的戰績，請將「美國聯盟」和「國家聯盟」分為二欄，依指定格式建立各區表格，並在一頁之內完成作品。

二、作答須知：

請至 C:\ANS.CSF\WP02 資料夾開啟 **WPD02.docx** 檔設計。完成結果儲存於同一資料夾之下，檔案名稱為 **WPA02.docx**。

三、設計項目：

1.編輯以下內容：

- 將【美國聯盟】標題下方段落含有定位點的文字轉成表格。
- 將【國家聯盟】標題下方段落含有定位點的文字轉成表格。
- 2 個表格設定欄 1 寬 3.8 公分、欄 2~4 寬 1.5 公分。
- 第 1 個表格套用「清單表格 7 彩色-輔色 1」表格樣式。
- 第 2 個表格套用「清單表格 7 彩色-輔色 2」表格樣式。
- 在藍色文字列上方分割表格。

2.編輯 6 個表格的儲存格：

A. 儲存格內容「置中對齊」。(提示：由表格工具的「版面配置/對齊方式」設定)

B. 字型格式：12 點、取消斜體。

3.全文分二欄，【美國聯盟】與【國家聯盟】標題置於首行。

四、參考結果如下所示：

MLB 戰績

【美國聯盟】

東區	勝場	敗場	勝率
紐約洋基	95	67	0.586
巴爾的摩金鶯	94	69	0.577
坦帕灣光芒	90	72	0.556
多倫多藍鳥	73	89	0.451
波士頓紅襪	69	93	0.426

中區	勝場	敗場	勝率
底特律老虎	88	74	0.543
芝加哥白襪	85	77	0.525
堪薩斯市皇家	72	90	0.444
克里夫蘭印地安人	68	94	0.42
明尼蘇達雙城	66	96	0.407

西區	勝場	敗場	勝率
奧克蘭運動家	94	68	0.58
德州遊騎兵	93	70	0.571
洛杉磯安那罕天使	89	73	0.549
西雅圖水手	75	87	0.463

【國家聯盟】

東區	勝場	敗場	勝率
華盛頓國民	98	64	0.605
亞特蘭大勇士	94	69	0.577
費城費城人	81	81	0.5
紐約大都會	74	88	0.457
邁阿密馬林魚	69	93	0.426

西區	勝場	敗場	勝率
舊金山巨人	94	68	0.58
洛杉磯道奇	86	76	0.531
亞利桑那響尾蛇	81	81	0.5
聖地牙哥教士	76	86	0.469
科羅拉多洛磯	64	98	0.395

中區	勝場	敗場	勝率
辛辛那提紅人	97	65	0.599
聖路易紅雀	89	74	0.546
密爾瓦基釀酒人	83	79	0.512
匹茲堡海盜	79	83	0.488
芝加哥小熊	61	101	0.377
休士頓太空人	55	107	0.34

208 各季財務報表

易 中 難

一、題目說明：

當拿到各季財務報表時，發現各項目之間皆以大小空格組成，看起來歪七扭八，好像公司快倒了。於是要求所有報表都必須以表格呈現，並且要求設計一個可快速套用報表專用的表格樣式，使各表格的外觀達一致效果。

二、作答須知：

請至 C:\ANS.CSF\WP02 資料夾開啟 **WPD02.docx** 檔設計。完成結果儲存於同一資料夾之下，檔案名稱為 **WPA02.docx**。

三、設計項目：

1.將各季的報表轉成表格，表格寬度調整成視窗大小。

2.新增「COST」表格樣式，樣式根據「表格格線」:

- 標題列及首欄的儲存格置中對齊，其餘儲存格皆置中靠右對齊。
- 標題列：粗體、字型色彩「深藍色」、填滿「青色, 輔色 5, 較淺 60%」，跨頁標題重複。
- 首欄：粗體、字型色彩「深藍色」、填滿「青色, 輔色 5, 較淺 80%」。
- 合計列：粗體、字型色彩「橙色, 輔色 6, 較深 50%」，填滿「橙色, 輔色 6, 較淺 80%」。
- 第一個儲存格：左斜框線。
- 將所有表格套用「COST」表格樣式，選取「合計列」表格樣式選項。

3.使用公式 SUM、ABOVE 計算出每個表格最後一列的總計數值，儲存格內容保持原對齊方式。

四、參考結果如下所示：

華維科技公司財務報表

第一季

月／項目	一月	二月	三月
銷貨成本	1,100,394	1,300,537	1,500,224
薪水	815,750	845,407	870,828
房租	185,681	185,550	185,009
折舊	100,655	100,327	100,920
出差費	60,932	80,091	100,256
其它	59,384	55,069	60,627
維護費用	40,136	50,952	60,331
辦公室用品	20,036	22,232	25,755
郵費	5,269	4,012	6,306
總計	2,388,237	2,644,177	2,910,256

第二季

月／項目	四月	五月	六月
銷貨成本	1,023,379	1,209,652	1,395,192
薪水	758,776	786,207	809,682
房租	172,471	172,138	172,808
折舊	93,201	93,663	93,619
出差費	55,475	74,027	93,697
其它	54,427	51,240	55,306
維護費用	37,055	46,718	55,048
辦公室用品	18,779	24,869	18,174
郵費	4,711	3,972	5,311
總計	2,218,274	2,462,486	2,698,837

第三季

月／項目	七月	八月	九月
銷貨成本	1,142,474	1,349,829	1,557,177
薪水	846,737	877,460	903,929

月／項目	七月	八月	九月
房租	192,280	192,808	192,124
折舊	103,651	103,290	103,386
出差費	62,366	83,159	103,537
其它	61,797	57,750	62,207
維護費用	41,521	51,848	62,470
辦公室用品	27,543	33,846	23,975
郵費	5,685	7,908	6,671
總計	2,484,054	2,757,898	3,015,476

第四季

月／項目	十月	十一月	十二月
銷貨成本	1,205,099	1,424,000	1,643,053
薪水	893,342	926,972	953,009
房租	202,798	202,886	202,382
折舊	109,326	109,509	109,438
出差費	65,936	87,722	109,757
其它	64,901	60,662	65,204
維護費用	43,992	54,203	65,360
辦公室用品	19,615	43,147	36,588
郵費	5,674	7,056	6,611
總計	2,610,683	2,916,157	3,191,402

210 套房出租

易 中 難

一、題目說明：

房東有套房出租，想要張貼一份套房出租廣告，以表格方式呈現房子照片與各項優點，並讓有意者可直接撕下廣告單下方的聯絡電話。

二、作答須知：

請至 C:\ANS.CSF\WP02 資料夾開啟 **WPD02.docx** 檔設計。完成結果儲存於同一資料夾之下，檔案名稱為 **WPA02.docx**。

三、設計項目：

1.將「套房出租」移至表格上方，保持原文字段落格式設定，刪除原標題列。

2.編輯含圖片的表格：

- 新增右方欄，欄寬 9.5 公分。
- 取消該欄的底色與上、下及右框線。
- 將「十 七 項 優 點」表格移至右方欄內。

3.編輯內含「☎0900090007」的表格：

- 版面配置「所有文字旋轉 90°」。
- 框線套用 1pt 的 ---------- （虛線第 3 種樣式）框線。
- 相同內容複製 12 欄，使表格共有 13 欄。
- 表格對齊下邊界置中位置。

四、參考結果如下所示：

套房出租

中原區最高級飯店式管理套房．近中原大學．附高級傢俱家電．有如住在自家的感覺

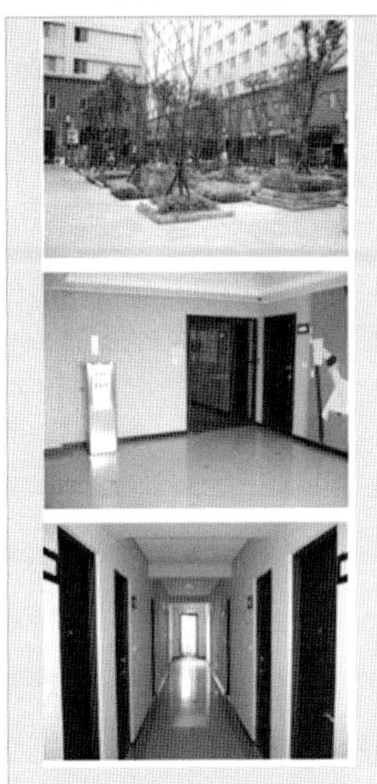

十七項優點

- 飯店式管理套房
- 近中原大學，附高級傢俱、家電
- 每一戶都有自己的門牌號碼、信箱
- 24 小時警衛管理、門禁刷卡
- 每月只付 400 多元管理費
- 社區監視系統，安全設施一流
- 頂樓設有投幣式洗衣機.烘衣機
- 每一層樓均設有逆滲透冰溫熱飲水機
- 大學九坪，適合 1~2 人居住
- 專人處理垃圾，不用每天追垃圾車
- 民國 93 年 7 月才交屋.建材品質佳
- 電梯大樓.不用每天爬樓梯
- 地下室設有機車停車位.停車最方便
- 二樓設有來賓接待區.親友來訪最方便
- 社區有專人打掃環境.有住飯店的感覺
- 一樓設有精緻美食街.吃的最方便
- 500 坪漂亮中庭花園.回家的感覺真好

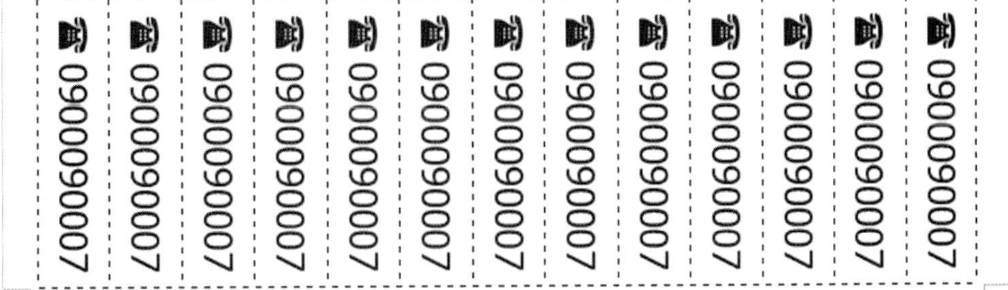

3-4 第三類：圖文編輯技能

302 登革熱衛教三折頁

易 中 難

一、題目說明：

登革熱是一種發病率高，傳播快且病程短的疾病，目前在全台大爆發，尤其是南部地區談蚊色變，登革熱流行疫情指揮中心積極提供民眾相關的防疫資訊，而各機關也紛紛響應宣導。

本文取自衛生福利部疾病管制署所提供的圖文，欲製作成三折頁的登革熱衛教，但必須再經過以下的編修，才能使文宣更完整的呈現。

二、作答須知：

1.請至 C:\ANS.CSF\WP03 資料夾開啟 **WPD03.docx** 檔設計。完成結果儲存於同一資料夾之下，檔案名稱為 **WPA03.docx**。

2.本題之圖片替代文字若未設定或錯字，該小題不予計分。（注意：切勿多輸入空白字元或段落）

三、設計項目：

1.插入 **BGGBO.jpg** 圖片：

- 大小：與紙張大小相同。
- 文繞圖：文字在前。
- 位置：由「版面配置/位置」設定對齊頁面置中。
- 設定替代文字的描述為 BGGBO.jpg。

2.編輯第 2 欄的老夫婦圖案：

- 「矩形」圖案改為「橢圓」圖案。
- 套用「柔邊」50 點圖案效果。

3. 編輯小標題「登革熱疫情」上方的 SmartArt 圖案：

- 版面配置改成「基本星形圖」，隱藏線條與中央圓形。
- 文繞圖：文字在後。
- 位置：對齊下邊界置中位置。

4.複製 **WPD03.xlsx** 的「100 至 104 年登革熱確定病例人數」圖表：

- 在小標題「登革熱疫情」下方的段落（第 3 欄的第 2 個段落位置）以圖片格式貼上。（提示：貼上選項為「圖片」）
- 比例縮小至 60%，裁剪下方使高度為 4 公分。

- 設定替代文字的描述為 MOSQUITO.jpg。

5. 依序在第 3 欄的四個圓形禁止符號圖案內，分別新增「巡」、「倒」、「清」、「刷」文字，字型格式：微軟正黑體、14 點、粗體、「白色，背景 1」。

四、參考結果如下所示：

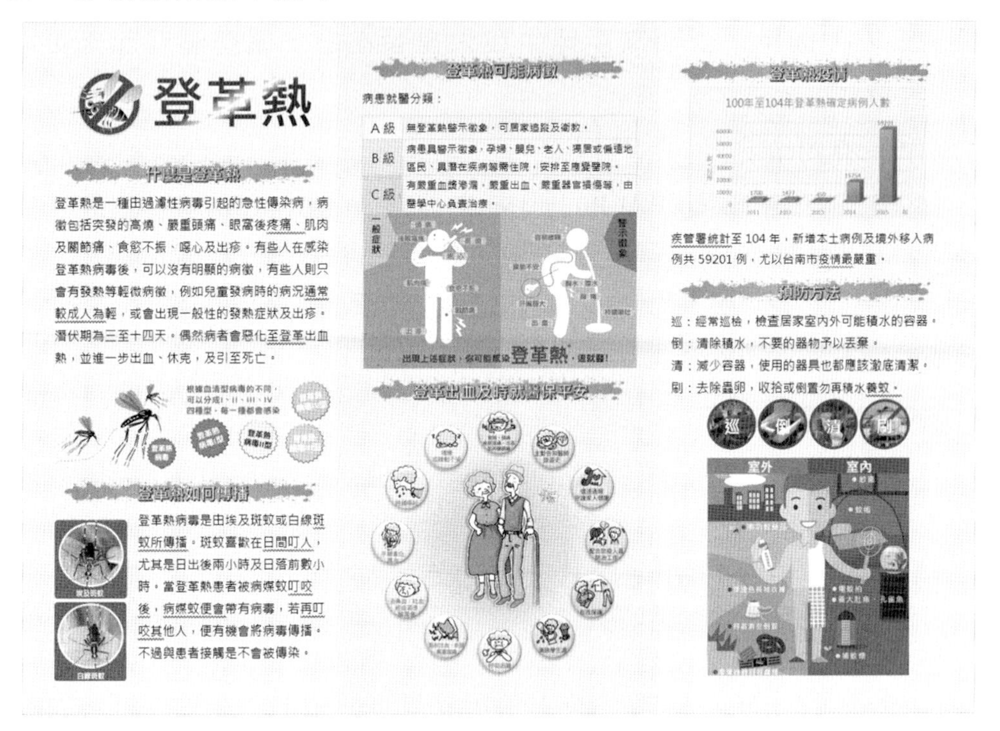

304 國際巨星馬友友

易 中 難

一、題目說明：

『美麗藝術巴洛克』專輯重現了當時歐洲王宮貴族迷人的音樂魅力，在馬友友的演奏下格外讓人沉醉。本文件是為了讓樂迷能更進一步了解此 CD 而設計，文中美化了標題，並將插入的圖片變成 CD 圖示，說明文字集中在大提琴左方，讓整體看起來更清晰美觀。

二、作答須知：

1.請至 C:\ANS.CSF\WP03 資料夾開啟 **WPD03.docx** 檔設計。完成結果儲存於同一資料夾之下，檔案名稱為 **WPA03.docx**。

2.本題之圖片替代文字若未設定或錯字，該小題不予計分。（注意：切勿多輸入空白字元或段落）

三、設計項目：

1.「2004」的「文字填滿」色彩改為預設的「中度漸層-輔色 6」漸層色彩。

2.插入 **WPDVCD.jpg** 圖片，並設定：
- 文繞圖：方(矩)形。
- 位置：水平位置距邊界 1 公分、垂直位置距邊界 3.8 公分。
- 套用「預設格式」的「預設格式 10」圖片效果。
- 設定替代文字的描述為 WPDVCD.jpg。

3.將最後一段的首三字「馬友友」設定首字放大繞邊 2 行高度。

4.編輯大提琴圖片：
- 將大提琴圖片改為「緊密」文繞圖。
- 設定圖片與文字距離：左邊 0 公分。
- 套用「陰影」中「透視圖」的「透視圖: 左上方」圖片效果。

5.「太陽」圖案改為「星形: 五角」圖案，去外框，置於「2004」之後。

四、參考結果如下所示：

2004 國際巨星
馬友友 / YO-YO MA
美麗藝術巴洛克 / Vivaldi's Cello
馬友友與韋瓦第的跨時空對談
擦出令你驚艷的古樂火花
馬友友讓你穿越時空
愛上華麗炫目的巴洛克時代
馬友友繼『繁花似錦巴洛克』和『城市樂章巴洛克』全球熱賣後，令樂迷們引頸期盼的馬友友全新專輯『美麗藝術巴洛克』，在美國 Billboard 古典榜七週冠軍蟬聯中！2004 年的全新專輯『美麗藝術巴洛克』，與荷蘭古樂指揮家湯庫普曼合作。為了忠實呈現韋瓦第時代音樂的原貌，馬友友找到了製琴大師史特拉第瓦里，忠實拉奏出韋瓦第時代的大提琴聲音。暗沉、柔弱而細膩的大提琴音色，搭配起湯庫普曼的古樂團採用的古樂風格，就形成了這張華麗且動聽的韋瓦第演奏專輯。

306 台北 3C 展

易 中 難

一、題目說明：

某廠商想在台北 3C 展的攤位主牆上，設計一張主打「手機、相機、筆電、平板」產品的海報，將現有的簡單基本圖案，依題意要求編輯成具有整體、立體效果的標語，並以「台北 3C 展」作為背景。

二、作答須知：

請至 C:\ANS.CSF\WP03 資料夾開啟 **WPD03.docx** 檔設計。完成結果儲存於同一資料夾之下，檔案名稱為 **WPA03.docx**。

三、設計項目：

1.所有物件組成單一群組物件，位置：由「版面配置/位置」設定置於頁面中央，設定替代文字的描述為「3C 產品」。

2.編輯 4 個圓形圖案：

A. 套用「陰影」中「內陰影」的「內部：右上方」圖案效果。

B. 在綠色圓、紅色圓、橙色圓及藍色圓內，依序新增「相機」、「手機」、「平板」及「筆電」文字，字型格式：微軟正黑體、40 點、「白色，背景 1」。

3.編輯 4 個矩形圖案：

A. 改為「淚滴形」圖案，直角旋轉朝中心，如圖所示  。

（提示：由左而右、由上而下依序設定 90°、180°、0°、270°）

B. 取消框線。

C. 浮凸效果：「上方浮凸」與「下方浮凸」皆為「圓形」，兩者的寬度及高度皆為 10pt。

4.將「3C 產品」群組套用「平行」的「軸線：向上」立體旋轉效果。

5.以 **3C.jpg** 作為材質填滿頁面。

四、參考結果如下所示：

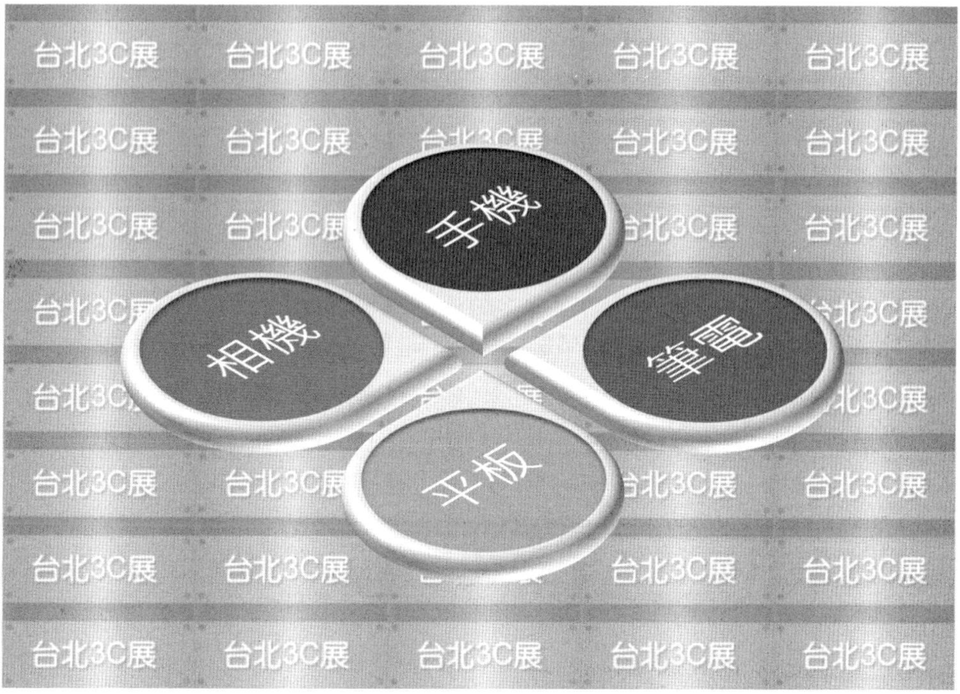

308 路跑競賽活動

易 中 難

一、題目說明：

為配合日月潭國家風景區管理處舉辦的「日月潭環湖路跑賽」的宣傳，製作文宣歡迎熱愛路跑者踴躍報名挑戰大會精心安排的環湖路線賽，要求將現有的素材經繪圖工具的指定編輯後再插入背景…。

二、作答須知：

1.請至 C:\ANS.CSF\WP03 資料夾開啟 **WPD03.docx** 檔設計。完成結果儲存於同一資料夾之下，檔案名稱為 **WPA03.docx**。

2.本題之圖片替代文字若未設定或錯字，該小題不予計分。（注意：切勿多輸入空白字元或段落）

三、設計項目：

1.編輯藍色矩形圖案：

- 改為圓形圖案。
- 填滿預設的「輕度漸層-輔色 1」漸層色彩。
- 取消框線。

2.將藝術字「SUN MOON LAKE• MARATHON •~日月潭環湖路跑賽~」內容分成三段，分別為「SUN MOON LAKE」、「• MARATHON •」、「~日月潭環湖路跑賽~」。

3.編輯文字方塊：

- 改為「矩形: 圓角」圖案。
- 填滿「黃色」。
- 設定立體格式效果，上方浮凸為「圓角」。

4.下方的 16 位選手設定：

- 水平位置設定：固定最前及最後跑者水平位置，其餘對齊跑道等距分布。
- 垂置位置設定：以左邊第一位選手站立的位置作為對齊的參考點。
- 將 16 位選手設定「群組」後，設定替代文字的描述為「選手」。

5. 插入 **WPDLIN.jpg** 圖片，並設定：

- 高 16 公分、寬 24 公分。
- 文繞圖：文字在前。

- 位置：由「版面配置/位置」設定對齊頁面的正中央。
- 設定替代文字的描述為 WPDLIN.jpg。
- 黃色底透明化。
- 移到最下層。

四、參考結果如下所示：

310 福袋

易 中 難

一、題目說明：

公司隆重開幕，製作千個福袋酬謝顧客，只要購買就有機會抽中 60 吋液晶電視。這項活動將以張貼文宣做廣告，以福袋為主題，將天燈圖片作為液晶電視的畫面，強調買就抽，細節請依以下題意來設計。

二、作答須知：

請至 C:\ANS.CSF\WP03 資料夾開啟 **WPD03.docx** 檔設計。完成結果儲存於同一資料夾之下，檔案名稱為 **WPA03.docx**。

三、設計項目：

1.以 **WPDC.jpg** 作為材質填滿頁面。

2. 編輯「福袋」文字：
- 套用「填滿: 深黃褐，背景色彩 2; 內陰影」文字藝術師效果。
- 字型格式：微軟正黑體、120 點、深紅色，文字外框色彩：「白色, 背景 1」、寬度 2.25 點。
- 套用「轉換」中「變形」的「上下凹陷」文字效果。

3.增加天燈圖片外框：色彩「黑色, 文字 1, 較淺 35%」，寬度 14pt。

4.設定天燈圖片立體格式效果：
- 上方浮凸為「剪紙花」，寬度 15pt、高度 1pt。
- 下方浮凸為「剪紙花」，寬度 1pt、高度 1pt。
- 深度 30pt。

5.設定天燈圖片立體旋轉效果：
- 套用「透視圖」的「透視圖: 正面」立體旋轉效果。
- X 軸旋轉 20°。
- 透視圖 55°。

6.編輯橢圓圖案：
- 改為「星形: 二十四角」圖案。
- 移到最上層。
- 在圖案上新增「買就抽」文字，套用「填滿: 白色; 外框: 紅色，輔色 2; 強烈陰影: 紅色，輔色 2」文字藝術師效果，字型格式：微軟正黑體、40 點。
- 設定文字與圖案各邊界皆為 0 公分。

四、參考結果如下所示：

3-5 第四類：長篇文件進階編輯技能

402 狂犬病

易 **中** 難

一、題目說明：

這是一篇取自維基百科的長文件，欲將文件中所有超連結文字製作成索引目錄後再移除超連結，新增「狂犬病」清單樣式套用到階層 1、2 及 3 的段落。

二、作答須知：

請至 C:\ANS.CSF\WP04 資料夾開啟 **WPD04-2.docx** 檔設計。完成結果儲存於同一資料夾之下，檔案名稱依題目指示存檔。

三、設計項目：

1.複製所有超連結的文字（共 218 項），以「純文字」依序貼到 **WPD04-1.docx** 中，每一項一個段落，再以 **WPA04-1.docx** 存檔。（提示：透過「功能變數」尋找）

2.取消 **WPD04-2.docx** 文件中所有超連結。

3.定義「狂犬病」清單樣式的編號方式：

（提示：設定時，將插入點置於「患者注意事項」段落之前）

階層	數字樣式	字型	位置	編號後置字元	階層連結至樣式
1	一、(繁)	中文字體：微軟正黑體	預設	無	狂犬病一、
2	1.	英文字體：Arial	對齊及文字縮排數值與階層 1 相同	間距	狂犬病 1.
3	⊙	Wingdings (字元編碼 164)「自動」色（提示：階層 3 由「新項目符號」設定）	對齊 0.7 公分 文字縮排 1.15 公分	間距	狂犬病-*

4.設定以下內容：

- 以 **WPA04-1.docx** 檔案的內容作為索引的自動標記。（提示：透過「參考資料/索引/插入索引」設定）
- 在文章的最後一個段落插入索引：分三欄、頁碼靠右對齊、無定位點前置字元。（注意：必須在「隱藏編輯標記」狀態下完成）

5.設定索引內容並更新：

- 字型格式：新細明體、Times New Roman、9 點。（注意：在「字型」對話方塊中，分別於「中文字型」及「字型」輸入字體）
- 段落：與前、後段距離 0 行、固定行高 15 點。
- 設定「更新索引 1 以符合選取範圍」後，套用「索引 1」樣式（提示：可透過「樣式」的「選項」開啟所有樣式），再以 **WPA04-2.docx** 存檔。

四、部分參考結果如下所示：

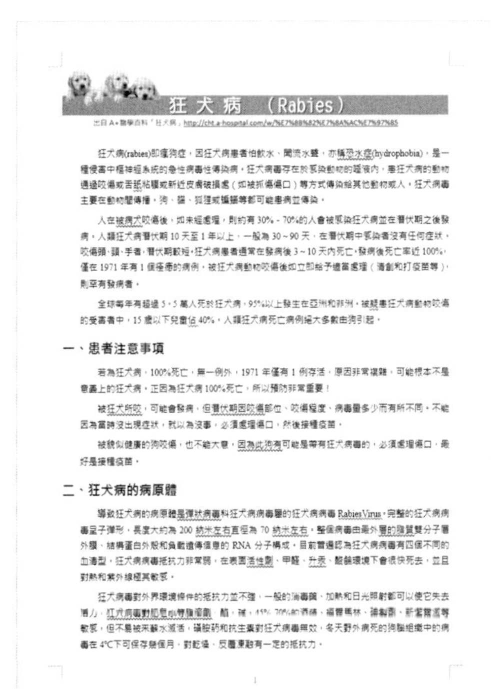

狂犬病 (Rabies)

出自 A+醫學百科「狂犬病」http://cht.a-hospital.com/w/%E7%8B%82%E7%8A%AC%E7%97%85

狂犬病(rabies)即瘋狗症，因狂犬病患者怕飲水、聞流水聲，亦稱恐水症(hydrophobia)，是一種侵害中樞神經系統的急性病毒性傳染病，狂犬病毒存在於感染動物的唾液內，患狂犬病的動物通過咬傷或舌舐粘膜或新近皮膚破損處（如被抓傷傷口）等方式傳染給其他動物或人，狂犬病毒主要在動物間傳播，狗、貓、狐狸或蝙蝠等都可能患病並傳染。

人在被病犬咬傷後，如未經處理，則約有 30% - 70%的人會被感染狂犬病並在潛伏期之後發病，人類狂犬病潛伏期 10 天至 1 年以上，一般為 30～90 天，在潛伏期中感染者沒有任何症狀，咬傷頭、頸、手者，潛伏期較短，狂犬病患者通常在發病後 3～10 天內死亡，發病後死亡率近 100%，僅在 1971 年有 1 個痊癒的病例，被狂犬病動物咬傷後如立即給予適當處理（清創和打疫苗等），則罕有發病者。

全球每年有超過 5，5 萬人死於狂犬病，95%以上發生在亞洲和非洲，被疑患狂犬病動物咬傷的受害者中，15 歲以下兒童佔 40%，人類狂犬病死亡病例絕大多數由狗引起。

一、患者注意事項

若為狂犬病，100%死亡，無一例外，1971 年僅有 1 例存活，原因非常複雜，可能根本不是意義上的狂犬病，正因為狂犬病 100%死亡，所以預防非常重要！

被狂犬所咬，可能會發病，但潛伏期因咬傷部位、咬傷程度、病毒量多少而有所不同，不能因為當時沒出現症狀，就以為沒事，必須處理傷口，然後接種疫苗。

被貌似健康的狗咬傷，也不能大意，因為此狗有可能是帶有狂犬病毒的，必須處理傷口，最好是接種疫苗。

二、狂犬病的病原體

導致狂犬病的病原體是彈狀病毒科狂犬病病毒屬的狂犬病病毒 Rabies Virus，完整的狂犬病病毒呈子彈形，長度大約為 200 納米左右直徑為 70 納米左右，整個病毒由最外層的脂質雙分子層外膜、結構蛋白外殼和負載遺傳信息的 RNA 分子構成，目前普遍認為狂犬病病毒有四個不同的血清型，狂犬病病毒抵抗力非常弱，在表面活性劑、甲醛、升汞、酸鹼環境下會很快死去，並且對熱和紫外線極其敏感。

狂犬病毒對外界環境條件的抵抗力並不強，一般的消毒劑、加熱和日光照射都可以使它失去活力，狂犬病毒對[illegible]、碘，45%-70%的酒精，福爾馬林、[illegible]、新潔爾滅等敏感，但不易被來蘇水滅活，磺胺藥和抗生素對狂犬病毒無效，冬天野外病死的狗腦組織中的病毒在 4°C下可保存幾個月，對乾燥、反覆凍融有一定的抵抗力。

1

十八、索引

10

404 旅遊景點

易 中 難

一、題目說明：

自雪山隧道開通後，宜蘭已是國內旅遊的觀光大縣，旅遊景點多元又豐富。目前已收集了 20 個旅遊景點，要先將標題套用樣式後再依筆劃重排文章順序，加上頁碼、圖片下方標上標號與文字，並在首頁插入圖片目錄，提供遊客導覽。

二、作答須知：

請至 C:\ANS.CSF\WP04 資料夾開啟 **WPD04.docx** 檔設計。完成結果儲存於同一資料夾之下，檔案名稱為 **WPA04.docx**。

三、設計項目：

1.設定以下內容：

- 將所有的紅色標題段落套用「景點」樣式，並修改「景點」樣式的大綱階層為「階層 1」。
- 標題的首字依「段落」筆劃遞增排序。
- 在每張圖片下方插入以「照片」為標籤的自動標號，標號之後再加上全形「：」與該圖片的景點名稱。（注意：景點名稱以「StyleRef」功能變數設定）
- 設定照片標號列的格式與圖片的樣式相同，如下圖所示。（提示：套用「插圖」樣式設定）

照片 1：三清宮

2.設定頁碼：

- 第 1 頁：無頁碼。（提示：由「版面配置」設定）
- 在頁尾插入「馬賽克圖形」頁碼。（注意：限定由「目前位置」頁碼庫進行作答）
- 頁碼位置：置中。

3.新增圖表目錄：

A. 在第 1 頁水平線右側段落標記前，插入「照片」目錄。

B. 段落：定位點為「36 字元、前置字元 2........(2)」，與後段距離 0.5 行。

四、部分參考結果如下所示：

宜蘭-旅遊景點

【圖片目錄】

三清宮

青山綠水，梵唄鐘磬，香煙繚繞，遊客如織，是三清宮最好的寫照！三清宮位於得安村的梅花湖南面山坡上，為中華民國道教總廟，供奉玉清元始天尊、上清靈寶天尊、太清道德天尊。三清宮的建築，宏偉富麗，黃瓦紅柱與寬敞的空間和迴廊的設計，最能突顯傳統宮殿的特色。廟前的廣場則可盡收梅花湖的秀麗景致。梅花湖的寧靜幽雅，廟宇湖泊，相映成趣，直如世外桃源，宮裡終年香煙繚繞，遊客如織。一九七〇年，陳故縣長進東實現其早年二二八事件時逃難誓言，無償提供私有土地，配合地方熱心人士成立三清宮興建委員會，以陳進東、許萬枝、陳進富、林諒旺、藍拖、吳木枝等為主體之興建委員會，聘請白土炎為總幹事，負責整座廟宇的設計規劃及監工，積極籌措經費，進行施工。同年年底，中華民國道教會指定三清宮為道教總廟，供奉玉清元始大天尊、上清靈寶大天尊、太清道德大天尊。陳進東先生擔任名譽主任委員時，曾富有哲理的講出「永遠未完成的事業，才是偉大的事業」，來評比三清宮的建設事業，同時，他又期望所謂三清，應該是「天清、心清、時清」，從個人修養到社會涵養到國家生養教訓，層層推擴。而當我們頂禮膜拜之時，心中自有一份汩汩清泉流過！

照片 1：三清宮

大湖風景區

大湖又名天鵝湖，因其湖面狀似一隻展翅飛翔的天鵝而得名。湖岸綠意盎然，景致清新。湖北如鵝頭，轉過山坳，則是飛展的翅膀與身軀。往南逐漸窄小即為尾巴與小腳。湖身長 200 公尺，最寬處 400 公尺，沿岸百棵水茄苳，是此植物在宜蘭地區栽植密度最高，花期一到，環湖周邊便如煙火齊放，燦爛繽紛，是最美之賞花處。本遊樂區佔地 11 甲，湖面寬廣，湖水清澈，西伯利亞雁鴨成群結隊，高飛低翔；各種候鳥、高山留鳥遨遊樹林，形成一個天然鳥園，實是愛鳥者的最佳賞鳥去處。湖水來自地下湧泉，四季水色不同，春綠、夏黃、秋灰、冬黑，變化萬千，增添特殊水體景觀。遊樂區預定闢建游艇區、腳踏船、水划船區，另外可以在湖邊垂釣，亦有觀光果園、環湖步道，適合闔家遊湖散步之拱橋，詩情畫意，頗富閒遊之樂。湖邊設有一座船屋，停泊龍舟一艘，其緬地約 100 公尺的「湧泉老樹」區，據聞是宜蘭縣泉水最清澈、水質最甜美之處。許多咖啡館、茶藝廳，皆遠道來取水，此地數家茶館，得天然泉水之賜，遠近馳名，不妨前來品茗賞景。遊樂區前可品嚐崩山湖的楊桃、二湖的鳳梨，而富麗農村的民宿、賞湖、品茗，風清水白，佳趣天成，為大湖風景區之特色，值得闔家前往遊覽。

照片 2：大湖風景區

五峰旗風景區

五峰旗瀑布是由五座山峰排列而成，遠看宛如旗幟，噶瑪蘭廳志有云：「……以形得名，五峰排列，如豎旗幟……」故而得名。而瀑布位在五座險峻山峰之前，是礁溪鄉著名的風景區。瀑布全長約 100 公尺，共分為三層。上層瀑布約 50 公尺，自峽谷奔流而下，中層瀑布由山壁中穿出，約 30 公尺，立於「觀瀑亭」以極佳之視野欣賞急湍之姿，亦可遠眺翠綠山谷，下層瀑布約 20 公尺，自然形成小水潭，潭水清澈順流而下，在風景區入口處規劃有兒童戲水區，是全家休閒玩樂的勝地。在風景區上方有座聖母山莊，由於景觀視野極佳，登山路徑絕美，因此也吸引不少朝聖者外的遊客前來。五峰旗風景區旁另有一更清幽的勝地，從入口處前不遠的土地廟旁小路上行，約一小時的登山小徑路程，可上達五

406 原住民

易 中 難

一、題目說明：

原住民族有阿美族、泰雅族、排灣族、布農族...等 14 族。請將其中 9 族的文字檔插入指定的文件中、修改與套用指定的樣式、變更版面配置再加上頁尾與目錄，將文件製作成一份原住民族的小冊。

二、作答須知：

請至 C:\ANS.CSF\WP04 資料夾開啟 **WPD04-1.docx** 檔設計。完成結果儲存於同一資料夾之下，檔案名稱為 **WPA04.docx**。

三、設計項目：

1.設定以下內容：

- 在第 2 頁的段落上，插入 **WPD04-2.docx** 的檔案內容。
- 將存在於 **WPD04-3.docx** 的「原住民」樣式複製到 **WPD04-1.docx** 檔案內。
- 將文件中，所有的藍色標題皆套用「原住民」樣式，修改「原住民」樣式，使標題位於每頁的首行。

2.編輯整份文件的版面設定：

- 版面配置改為「單面雙頁」。
- 左、右邊界 1.5 公分。
- 第 1 頁不顯示頁首及頁尾資訊。
- 頁尾距頁緣 1 公分。

3.編輯頁尾：

- 設定表格左側為該頁所出現的標題內容。
- 設定表格右側為「純數字」頁碼。(注意：由「目前位置」設定)
- 表格文字的字型格式：10 點。

4.在第 1 頁淺黃色區插入目錄：

- 顯示套用「原住民」樣式的標題內容及頁碼，如下圖所示。

賽夏族～ 2
布農族～ 3

- 修改目錄樣式中的字型格式：標楷體、粗體、20 點。(注意：在「字型」對話方塊中「中文字型」輸入字體)

四、部分參考結果如下所示：

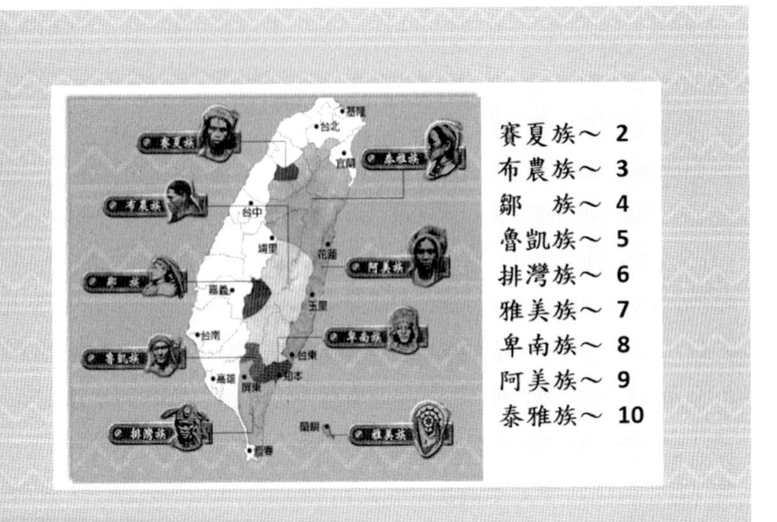

賽夏族～

- 賽夏族夾雜於泰雅族與客家人之間，為了適應當地社會環境的需求，賽夏人大部份會講泰雅語與客語、甚至以此兩種語言為日常用語。
- 自我族群的語言反而日漸淡面對強勢的外在文化，老一輩的賽夏族人對於傳統的祭典就更加珍惜，甚至排除了許多外力的介入，使賽夏族的祭典能夠完整地保留下來，在台灣原住民當中，是少數能保有祭典原味的族群。
- 布農族分布在埔里以南的中央山脈及其東側，直到知本主山以北的山地，是部落的散居社會。

賽夏族～ 2

408 莫內

易 中 難

一、題目說明：

主辦單位為提供來自法國巴黎 66 件莫內真跡畫展的導覽，要製作一份莫內簡介與畫展作品目錄，讓參觀的民眾可先睹為快。要求將文件中藍色文字改為註腳、每張圖片加上作品標號，插入作品目錄，並加上花邊裝飾…。

二、作答須知：

請至 C:\ANS.CSF\WP04 資料夾開啟 **WPD04.docx** 檔設計。完成結果儲存於同一資料夾之下，檔案名稱為 **WPA04.docx**。

三、設計項目：

1.插入註腳：

- 分別在藍色文字之前插入「註腳」。
- 將註腳編號後的藍色文字，移作為本頁下緣的附註內容，並保持原字型格式。

2.插入第 3 頁起的圖片標號：

- 在每張圖片下方的「：」冒號之前插入該圖片的標號。
- 標號的標籤為「作品」，編號方式：「1,2,3,...」。
- 標號與標籤的字型格式：微軟正黑體、Arial、9 點、藍色。（注意：在「字型」對話方塊中，分別於「中文字型」及「字型」輸入字體）
- 共有 66 張圖，從「作品 1」至「作品 66」的圖片標號。（注意：圖片標號必須以「插入標號」的方式產生，不可自行輸入）

3. 在第 2 頁插入「作品」目錄：

- 字型格式：11 點。
- 段落：不縮排，無位移。
- 定位停駐點：15 字元、靠左對齊、前置字元設定 2........(2)。
- 將「作品」目錄分為二等欄，更新圖表目錄：只更新頁碼。

4.第 3 頁起加入 頁面花邊、寬 20 點、距頁緣 0.5 公分。

5.第 3 頁起的頁面內容垂直置中對齊。

四、部分參考結果如下所示：

印象派之父 克洛德·莫內

莫內[1]是法國最重要的畫家之一，印象派的理論和實踐大部份都有他的推廣，莫內擅長光與影的實驗與表現技法，他最重要的風格是改變了陰影和輪廓線的畫法，在莫內的畫作中看不到非常明確的陰影，也看不到突顯或平塗式的輪廓線，除此之外，莫內對於色彩的運用相當細膩，他用許多相同主題的畫作來實驗色彩與光完美的表達，莫內曾長期探索光色與空氣的表現效果，常常在不同的時間和光線下，對同一對象作多幅的描繪，從自然的光色變幻中抒發瞬間的感覺。

簡歷

- 1840 年代 - 出生於法國巴黎，6 歲時搬離巴黎，隨家人居住在勒阿弗爾（Le Havre）。
- 1850 年代 - 在繪畫上受到啟蒙，於 1859 年回到出生地巴黎正式學習繪畫。
- 1860 年代 - 在阿爾及利亞服完兵役之後，與多位知名畫家結友，在法國到處寫生繪畫。
- 1870 年代 - 結婚生子之後，擴大了旅行的範圍也擴大了繪畫靈感的來源，1870 年代是他開始印象派推動的重要十年，期間印象派舉辦了 4 次聯合畫展，莫內都有參加。[2]
- 1880 年代 - 莫內最後一次參加印象派聯展是在 1882 年，1884 年之後他開始周遊列國，拜訪了倫敦，美國等地。
- 1890 年代 - 莫內開始專注而且持續的以睡蓮主題創作。
- 1900 年代 - 莫內的視力開始出現問題，但他仍繼續繪畫，而且還在畫睡蓮，越畫越大。
- 1910 年代 - 莫內遭受第二任妻子在 1911 年去世，1914 年長子去世的打擊，視力急速惡化。[3]
- 1920 年代 - 莫內的晚年仍持續創作，這個時期他的重心放在羅浮宮即將展出他的睡蓮作品，僅管視力越來越差，已經接近失明，他還是畫到 1926 年 12 月 5 日去世為止。

[1] 克勞德·莫內（法語：Claude Monet，1840 年 11 月 14 日 - 1926 年 12 月 5 日），法國畫家，印象派代表人物和創始人之一，印象出自其代表作印象·日出的標題。

[2] 1879 年是莫內傷心的一年，妻子卡蜜兒去世，留下 1 歲的次子和 12 歲的長子。

[3] 諷刺的是，莫內到此時才算是成功畫家，作品開始受到國家收藏，並有錢建了大型畫室，從開始畫大型的睡蓮組畫。

作品目錄

410 臺灣小吃

易 中 難

一、題目說明：

臺灣小吃聞名國際，將票選前十名的小吃簡介製作成小冊，讓觀光客可進一步了解小吃的特色。小冊一開始為圖片目錄，接著簡介臺灣小吃，第三頁起，每一頁介紹一種小吃，透過樣式來統一格式的設定，加上背景與頁碼，讓老饕們能快速瀏覽。

二、作答須知：

請至 C:\ANS.CSF\WP04 資料夾開啟 **WPD04.docx** 檔設計。完成結果儲存於同一資料夾之下，檔案名稱為 **WPA04.docx**。

三、設計項目：

1.設定整份文件的版面配置：

A. 大小：A5 尺寸（寬 14.8 公分、高 21 公分）、改為「單面雙頁」。

B. 以 **BG.jpg** 作為材質填滿頁面。

2.新增樣式與套用、文章排序：

- 將第 2 頁「臺灣小吃」字元格式的設定新增為「標題字」字元樣式。
- 將第 3 頁「 蚵仔煎」段落格式設定取代「標題 1」的樣式。
- 第 3 頁起，編輯所有含圖片的段落文字：
段落套用「標題 1」樣式，文字套用「標題字」樣式。
- 依「標題 1」段落筆劃遞增排序。

3.頁碼設定：

- 從第 2 頁起，在右下角的圓圈內插入「純數字」頁碼，頁碼編號從 1 開始。（注意：由「目前位置」設定）
- 刪除第 1 頁右下角的圓圈。（提示：由「版面配置」設定）

4.在第 1 頁每個圖片的名稱之後，以「交互參照」插入相對應標題的「頁碼」。

四、部分參考結果如下所示：

臺灣小吃

臺灣小吃不但與民眾的生活息息相關，更能呈現出臺灣一般市民的生活與文化，若想認識臺灣本土特色，藉由走訪各地夜市、品嚐美味小吃，是最迅速的方法。就地取材是各式小吃的特色，由於臺灣四面環海、漁獲豐富，因此海鮮經常是料理的主角之一，如蚵仔煎、生炒花枝、海鮮粥、魷魚羹、虱目魚湯等，鮮美的滋味往往讓人吃得大呼過癮！

1

臺灣肉圓以彰化和新竹兩地最為出名，其中彰化肉圓是以油炸的方式；新竹肉圓則是以蒸的方式處理，口感上有所差別，遊客可依自己喜愛口味。肉圓的外皮是以地瓜粉、在來粉、太白粉加水調和成的米糊，內餡包入豬肉、香菇、筍乾等食材，吃起來外皮Q韌、內餡香醇，有咀嚼的樂趣。

2

肉粽

這種以粽葉包入糯米、香菇、花生、蛋黃、豬肉等佐料，口味帶有淡淡竹葉香的肉粽，原本只有端午節才吃得到，現在幾乎每個夜市都有攤位販賣，它是一般民眾宵夜點心的最佳選擇。

3

3-6 第五類：合併列印設計技能

502 套印選手餐券及抽獎券

易 中 難

一、題目說明：

為舉辦國際羽球聯誼賽特別設計的入場券，包含選手個人的照片、選手編號及編號的 QR 碼。

入場券右邊附有選手編號條碼的早、中、晚餐，撕下後掃描可入餐廳；入場券左邊是抽獎聯，撕下後投入摸彩箱，可參加摸彩活動。請利用合併列印套印出所有選手的入場券。

二、作答須知：

1. 請至 C:\ANS.CSF\WP05 資料夾開啟 **WPD05-1.docx** 檔設計。完成結果儲存於同一資料夾之下，檔案名稱依題目指示存檔。
2. 主文件作答結果請勿在「預覽結果」的模式下儲存。
3. 進行設計項目前，請新增「日文」語言，設定方式：「檔案/選項/語言/[新增其他編輯語言]/日文/新增/確定/請重新啟動 Office，以使您的語言變更生效/確定」，重新開啟 Word，以使變更生效。
4. 完成設計項目後，請移除「日文」語言，設定方式：「檔案/選項/語言/編輯語言/日文/移除/確定/請重新啟動 Office，以使您的語言變更生效/確定」，重新開啟 Word，以使變更生效。
5. 由於合併完成文件為暫存檔，因此無法合併列印出正確筆數資料，請於完成主文件設定並存檔關閉檔案後，再重新開啟主文件執行合併列印至新文件。

三、設計項目：

啟動合併列印的「信件」功能，以 **WPD05-1.docx** 作為主文件，**WPD05-2.docx** 作為資料來源。

1. 將 ID、NAME 分別改為«PlayerID»、«FullName»合併欄位。
2. 欄位中的「Photo」改為顯示選手照片，若無照片者，則自動以 **Wpdno.jpg** 圖片取代。（提示：利用插入功能變數「If...Then...Else」建立，比較欄位下拉式選項設定為「空白」）

3.將「QR」改為«PlayerID QR 碼»條碼功能變數。

4.將「BC」改為«PlayerID Code 39»條碼功能變數，高度：1.2 公分，旋轉 270 度。

5.套用全部紀錄並產生合併列印結果：

- 兩張入場券中間，插入«Next Record»功能變數。
- 將合併前的主文件，以 **WPA05-1.docx** 檔名儲存；將合併列印後的新文件，以 **WPA05-2.docx** 檔名儲存。

四、部分參考結果如下所示：

504 年終特賣 DM

易 中 難

一、題目說明：

為回饋顧客，手機年終特賣，在型錄中要列出 HTC 手機並以均價遞減排列，並標示每一隻手機編號的 QR 碼，方便客戶掃描訂購，請由資料來源中篩選出指定機種，以合併列印方式套印至年終特賣 DM 中。

二、作答須知：

1.請至 C:\ANS.CSF\WP05 資料夾開啟 **WPD05-1.docx** 檔設計。完成結果儲存於同一資料夾之下，檔案名稱依題目指示存檔。

2.主文件作答結果請勿在「預覽結果」的模式下儲存。

3.進行設計項目前，請新增「日文」語言，設定方式：「檔案/選項/語言/[新增其他編輯語言]/日文/新增/確定/請重新啟動 Office，以使您的語言變更生效/確定」，重新開啟 Word，以使變更生效。

4.完成設計項目後，請移除「日文」語言，設定方式：「檔案/選項/語言/編輯語言/日文/移除/確定/請重新啟動 Office，以使您的語言變更生效/確定」，重新開啟 Word，以使變更生效。

5.作答過程中，在「編輯收件者清單」時，誤按到任何與題目不相關的設定鈕，如：排序、篩選、尋找重複值...等，會造成資料來源的異動，請重新開啟檔案載入來源後再進行設定。

6.由於合併完成文件為暫存檔，因此無法合併列印出正確筆數資料，請於完成主文件設定並存檔關閉檔案後，再重新開啟主文件執行合併列印至新文件。

三、設計項目：

啟動合併列印的「標籤」功能，以 **WPD05-1.docx** 作為主文件，**WPD05-2.docx** 作為資料來源。

1.在第一個儲存格內插入合併欄位：

A.第一個段落插入«品牌»。

B.第二個段落的「●」之前，插入«手機»。

C.在「●」之後插入«編號 QR 碼»，大小 80%。

D.第三個段落的「：」之後，插入«均價»，字型格式：Arial、14 點、深紅色。

2.編輯收件者清單、標籤更新並產生合併列印結果：

- 挑選出「HTC」手機的品牌。
- 依「均價」遞減排序。
- 移除重複的清單。
- 以按鈕更新所有標籤。
- 將合併前的主文件，以 **WPA05-1.docx** 檔名儲存；將合併列印後的主文件，以 **WPA05-2.docx** 檔名儲存。

四、部分參考結果如下所示：

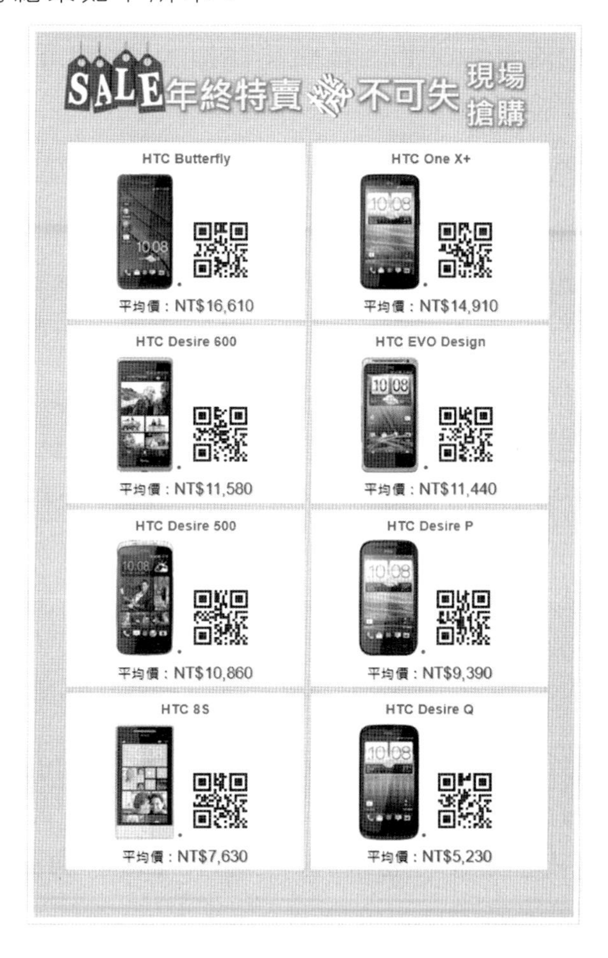

506 薪資明細表

易 中 難

一、題目說明：

公司製作薪資明細表，欲透過合併列印將 Excel 工作表上的員工資料套印至員工薪資明細表格內，其中的員工編號欄位須以條碼表示，計算「應付小計(A)」、「應扣小計(B)」與「實領金額(A)-(B)」，並以國字表示實領金額。

二、作答須知：

1.請至 C:\ANS.CSF\WP05 資料夾開啟 **WPD05.docx** 檔設計。完成結果儲存於同一資料夾之下，檔案名稱依題目指示存檔。

2.主文件作答結果請勿在「預覽結果」的模式下儲存。

3.進行設計項目前，請新增「日文」語言，設定方式：「檔案/選項/語言/[新增其他編輯語言]/日文/新增/確定/請重新啟動 Office，以使您的語言變更生效/確定」，重新開啟 Word，以使變更生效。

4.完成設計項目後，請移除「日文」語言，設定方式：「檔案/選項/語言/編輯語言/日文/移除/確定/請重新啟動 Office，以使您的語言變更生效/確定」，重新開啟 Word，以使變更生效。

5.由於合併完成文件為暫存檔，因此無法合併列印出正確筆數資料，請於完成主文件設定並存檔關閉檔案後，再重新開啟主文件執行合併列印至新文件。

三、設計項目：

啟動合併列印的「信件」功能，以 **WPD05.docx** 作為主文件，**WPD05.xlsx** 作為資料來源。

1.在表格內，插入條碼變數«員工編號 Code39»，使用「新增起始/停止字元」、高度 1.5 公分。

2.在表格內，分別插入工程師的«姓名»、«職務»、«本薪»、«勞保»、«績效獎金»及«所得稅»合併欄位。

3.計算「應付小計(A)」右側儲存格的值：

- 計算「本薪」與「績效獎金」的和。（公式限定使用 SUM、ABOVE）
- 將該值設定為書籤，命名為「A」。

4. 計算「應扣小計(B)」右側儲存格的值：

- 計算「勞保」與「所得稅」的和。(公式限定使用 SUM、ABOVE)
- 將該值設定為書籤，命名為「B」。

5.計算「實領金額(A)-(B)」右側儲存格的值並產生合併列印結果：

- 計算出 A 書籤-B 書籤的值。
- 將功能變數透過「數字」功能轉換為國字大寫數字，如：「壹萬柒仟參佰陸拾柒」。
- 在標題之後，利用「Skip Record If」功能變數，篩選出職務為「工程師」的員工。
- 將合併前的主文件，以 **WPA05-1.docx** 檔名儲存；將合併列印後的新文件，以 **WPA05-2.docx** 檔名儲存。

四、部分參考結果如下所示：

MAYLING 公司員工薪資明細表

年 / 月	2013/12	員工編號	*T042136*
姓名	鐘美樺	職務	工程師
本薪	33500	勞保	453
績效獎金	1562	所得稅	2010
應付小計(A)	35062	應扣小計(B)	2463
實領金額(A)-(B)=		參萬貳仟伍佰玖拾玖	

508 入學通知書

易 中 難

一、題目說明：

請利用合併列印功能，將入學考試成績達 400 分的考生名單，製作成錄取榜單信件，通知錄取新生於 8/30 到校辦理登記手續，信函中分三部分，第一部分是通訊地址，第二部分是考試成績，第三部分是錄取通知書。

二、作答須知：

1.請至 C:\ANS.CSF\WP05 資料夾開啟 **WPD05-1.docx** 檔設計。完成結果儲存於同一資料夾之下，檔案名稱依題目指示存檔。

2.主文件作答結果請勿在「預覽結果」的模式下儲存。

3.設計項目 2 及 4 中，插入合併欄位方法，請由「[郵件]索引標籤/[書寫與插入功能變數]群組/[插入合併欄位▼]」設定。

4.由於合併完成文件為暫存檔，因此無法合併列印出正確筆數資料，請於完成主文件設定並存檔關閉檔案後，再重新開啟主文件執行合併列印至新文件。

三、設計項目：

啟動合併列印的「信件」功能，以 **WPD05-2.docx** 作為主文件，以 **WPA05-1.docx** 作為資料來源。

1.編輯 **WPD05-1.docx** 檔案：

- 最後 1 欄中，利用公式 SUM、LEFT 計算出五個科目的總成績，置於各儲存格的中央位置。
- 刪除表格上方的深紅色標題（含段落）及第 2、3 頁的第一行標題列，再以 **WPA05-1.docx** 存檔。

2.編輯收件者資料及其它內容：

- 第一個段落，在全形空格前插入«姓_名»合併欄位。
- 第二個段落，插入«郵遞區號»與«地_址»合併欄位。
- 在成績通知單內：分別插入«准考證號碼»、«姓_名»、«Word»...«Photoshop»等五個科目的合併欄位。

3.利用公式 SUM、LEFT 計算出表格中最後一個儲存格的總分，並將此儲存格位置設定為書籤，命名為「TOTAL」。

4.編輯以下內容並產生合併列印結果：

- 篩選「總分」大於等於 400 分的學生資料。

- 設定第三折頁的第一段「□□」會顯示該考生的「姓名」,「○○」以「交互參照」書籤顯示總分。
- 將合併前的主文件，以 **WPA05-2.docx** 檔名儲存；將合併列印後的新文件，以 **WPA05-3.docx** 檔名儲存。

四、部分參考結果如下所示：

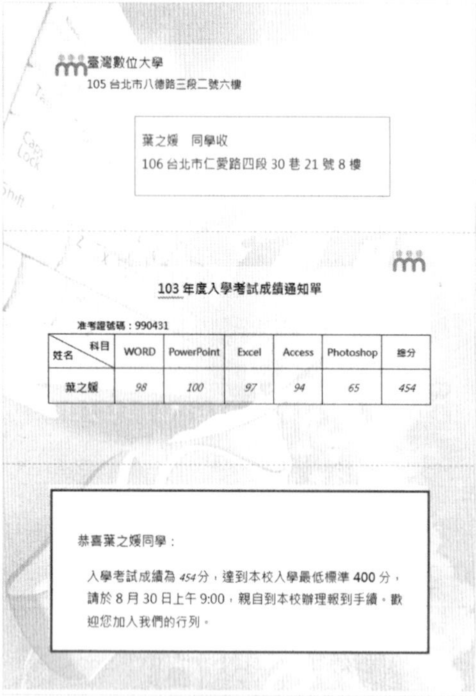
臺灣數位大學
105 台北市八德路三段二號六樓

葉之媛　同學收
106 台北市仁愛路四段 30 巷 21 號 8 樓

103 年度入學考試成績通知單

准考證號碼：990431

科目 / 姓名	WORD	PowerPoint	Excel	Access	Photoshop	總分
葉之媛	98	100	97	94	65	454

恭喜葉之媛同學：

入學考試成績為 454分，達到本校入學最低標準 400 分，請於 8 月 30 日上午 9:00，親自到本校辦理報到手續。歡迎您加入我們的行列。

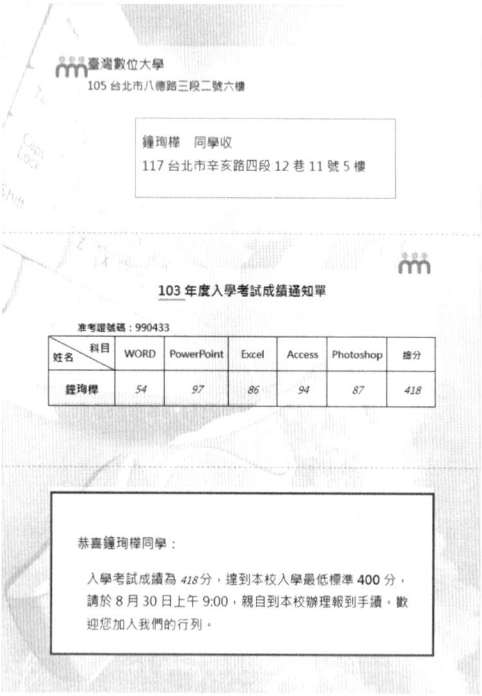
臺灣數位大學
105 台北市八德路三段二號六樓

鐘珣樺　同學收
117 台北市辛亥路四段 12 巷 11 號 5 樓

103 年度入學考試成績通知單

准考證號碼：990433

科目 / 姓名	WORD	PowerPoint	Excel	Access	Photoshop	總分
鐘珣樺	54	97	86	94	87	418

恭喜鐘珣樺同學：

入學考試成績為 418分，達到本校入學最低標準 400 分，請於 8 月 30 日上午 9:00，親自到本校辦理報到手續。歡迎您加入我們的行列。

510 3 天 2 夜自由行-精選飯店

易 中 難

一、題目說明：

旅行業者推出南台灣 3 天 2 夜自由行的旅遊專案，提供 50 幾家優良飯店名單資料，以 79 折的優惠價格供旅客選擇，請透過合併列印製作查詢功能，只要輸入高雄或台南市的任一區域，即可自動列出該區域的飯店資訊，包括 3 天 2 夜 79 折的優惠價格。

二、作答須知：

1.請至 C:\ANS.CSF\WP05 資料夾開啟 **WPD05-1.docx** 檔設計。完成結果儲存於同一資料夾之下，檔案名稱依題目指示存檔。

2.主文件作答結果請勿在「預覽結果」的模式下儲存。

3.由於合併完成文件為暫存檔，因此無法合併列印出正確筆數資料，請於完成主文件設定並存檔關閉檔案後，再重新開啟主文件執行合併列印至新文件。

三、設計項目：

啟動合併列印的「目錄」功能，以 **WPD05-1.docx** 作為主文件，**WPD05-2.docx** 作為資料來源。

1.在【 】括號內插入「Fill-in」功能變數，設定對話方塊文字，如下圖所示。

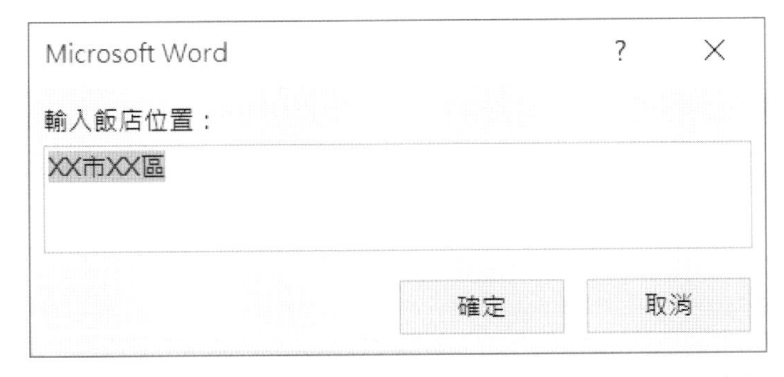

- 提示：輸入「輸入飯店位置：」。(提示：冒號為全形)
- 預設填入文字：輸入「XX 市 XX 區」。
- 只詢問一次。

2.插入表格內的合併欄位：

- 深藍色的儲存格：插入«圖片»。
- 藍色儲存格：插入«飯店»。

- 淺藍色儲存格：插入«地址»。
- 淺綠色儲存格：插入«電話»。
- 淺紫色儲存格：在$之後插入«定價»。

3.將«定價»設定為書籤，命名為「定價」。

4.設定以下內容並產生合併列印結果：

- 將【 】括號內的文字「XX 市 XX 區」設定為書籤，命名為「市區」。
- 在表格上方的「飯店-」之後，插入「合併順序編號」功能變數。
- 在順序編號之後，利用「Skip Record If」功能變數，篩選出「地址」符合「XX 市 XX 區」的紀錄。（提示：利用交互參照建立）
- 在橙色儲存格的$之後，以公式「定價×2 天×79 折」計算優惠價格，數字格式含千分位。（提示：配合「公式」中的「書籤」建立、註：優惠價格為考題設計，非飯店真實價格）
- 將合併前的主文件，以 **WPA05-1.docx** 檔名儲存；執行合併列印時，在對話方塊內輸入「台南市中西區」，將合併列印後的新文件，以 **WPA05-2.docx** 檔名儲存。

四、部分參考結果如下所示：

3天2夜自由行 精選飯店 79 折起

【台南市中西區】飯店-1

飯店名稱	大億麗緻酒店		
飯店地址	台南市中西區西門路一段 660 號		
飯店電話	06-2135555	定價	每晚 NT$6020 元起
三天二夜 79 折特優惠價	NT$9,512 元起		

【台南市中西區】飯店-2

飯店名稱	日升大飯店		
飯店地址	台南市中西區尊王路 126 號		
飯店電話	06-2285656	定價	每晚 NT$2200 元起
三天二夜 79 折特優惠價	NT$3,476 元起		

【台南市中西區】飯店-3

【台南市中西區】飯店-4

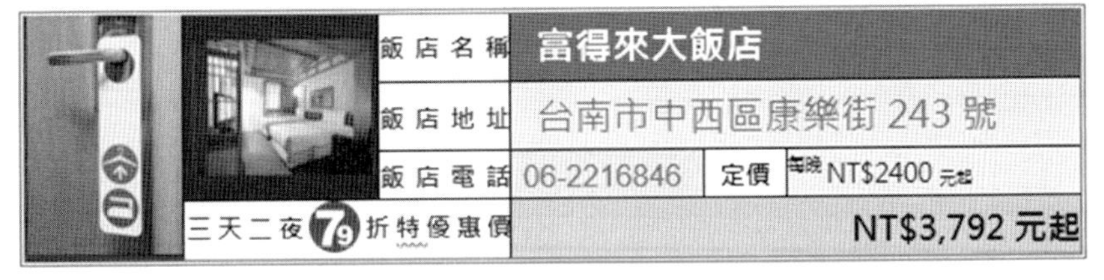

心得筆記

4

CHAPTER

第四章 ▶

Excel 2019 認證題庫

4-1 術科題庫分類及涵蓋技能內容

類別	技能內容
第一類	基本函數與格式設定能力
	1. 開啟與儲存不同檔案格式的文件 2. 工作表編輯： 插入、刪除、重新命名、移動或複製 3. 儲存格文字編修 4. 儲存格樣式 5. 列高與欄寬之調整 6. 儲存格格式設定： 數字類別、對齊、外框、圖樣、鎖定與隱藏儲存格公式、自訂格式、保護工作表 7. 字型設定： 字型、字體、大小、底線、色彩、特殊效果 8. 插入符號 9. 格式化條件之設定： 醒目提示儲存格規則、頂端與底端項目規則、資料橫條、色階、圖示集 10. 儲存格的值之格式化條件 11. 基本函數之應用： 日期及時間函數、數學函數、統計函數、邏輯函數、檢視與參照函數 12. 使用範圍名稱 13. 插入圖片、圖案、美工圖案、SmartArt、物件 14. 使用繪圖工具列 15. 插入走勢圖： 折線圖、直條圖、輸贏分析

<table>
<tr><th>類　　別</th><th>技　　能　　內　　容</th></tr>
<tr><td colspan="2">技能內容說明：評核受測者是否了解「儲存格」之相關樣式設定及設定格式化的條件，並使用基本函數處理資料，最後學習如何利用處理過後的資料輔以美工圖案、走勢圖，或是 Smart Art 物件呈現。基本函數包含：SUM、AVERAGE、AVERAGEA、AVERAGEIF、ROUND、MAX、MIN、DATEDIF、INT、LEFT、RIGHT、TODAY、YEAR、MONTH、DAY、HOUR、MINUTE、SECOND、COUNT、COUNTA、COUNTIF、IF、SUMIF。</td></tr>
<tr><td>第　二　類</td><td>資料編修及列印能力</td></tr>
<tr><td></td><td>1. 插入註解、簽名欄
2. 儲存格編輯：
插入、刪除、搬移、複製
3. 選擇性貼上
4. 自動填滿
5. 編輯填滿（向上、下、左、右）
6. 設定保護文件
7. 常用函數應用：
日期與時間函數，文字、數學、統計與財務函數，邏輯與資訊函數，檢視與參照函數
8. 表格設計與樣式設定
9. 交叉分析篩選器（篩選表格）
10. 儲存格範圍與表格轉換
11. 資料轉置
12. 合併彙算
13. 凍結資料欄列、隱藏視窗、分割視窗
14. 超連結
15. OLE（插入物件）</td></tr>
</table>

類　　別	技　　能　　內　　容
	16. 設定列印格式： 頁面（列印方向、縮放比例、紙張大小）、邊界與居中方式、標題設計、列印範圍選定、循欄與循列列印、壓縮列印 17. 跨頁標題重複 18. 頁首頁尾的設定 19. 自訂分頁線
技能內容說明：	評核受測者是否熟悉 Excel 儲存格資料的進階處理，運用常用函數處理資料，並加入表格的應用，加深資料與表格之間的關聯性，並因應不同輸出需求，設定列印格式將資料輸出。常用函數包含：SUM、AVERAGE、AVERAGEA、AVERAGEIF、AVERAGEIFS、ROUND、ROUNDUP、ROUNDDOWN、SQRT、MAX、MIN、INT、SUMPRODUCT、MOD、LEFT、RIGHT、LEN、REPT、TODAY、YEAR、MONTH、DAY、HOUR、MINUTE、SECOND、COUNT、COUNTA、COUNTIF、COUNTIFS、DATEDIF、SUMIF、SUMIFS、LARGE、SMALL、STDEV.S、RANK.AVG、RANK.EQ、IF、AND、OR、VLOOKUP、HLOOKUP、WEEKDAY、WORKDAY、FIND、SEARCH、MID、TEXT、REPLACE、BIG5、VALUE、ISBLANK、IFERROR、HYPERLINK。
第　三　類	統計圖表之建立與應用能力
	1. 使用圖表精靈 2. 變更圖表的類型或格式 3. 統計圖表組成元件之調整 4. 圖表上的資料數列之增刪與編輯 5. 3D 地圖 6. 圖表的合併

類　　別	技　　能　　內　　容
	7. 增添圖表元素： 圖表標題、格線、圖例、座標軸、格線、資料標記 8. 資料數列的格式變化 9. 樞紐分析表圖表
技能內容說明：評核受測者是否熟悉 Excel 資料與圖表之間的關聯性，其中包括不同圖表的組合與交互應用，使處理過後的資料更具說服力。	
第　四　類	進階資料處理與分析能力
	1. 資料處理： 排序、篩選、表單、小計 2. 自動填滿： 自訂清單-新增、修改、刪除 3. 進階函數的使用 4. 填滿工作群組 5. 填滿數列： 等差、等比、日期級數 6. 段落重排 7. 資料剖析 8. 資料驗證 9. 以公式設定格式化條件 10. 單項欄位的樞紐分析表 11. 分頁欄位的樞紐分析表 12. 群組與切入式樞紐分析表 13. 建立樞紐分析表以分析外部資料 14. 建立樞紐分析表以分析多個表格中的資料 15. 樞紐分析表中使用時間表顯示不同時期的資料 16. 交叉分析篩選器（篩選樞紐分析） 17. 移除重複

類　　別	技　　能　　內　　容
	18. Power Pivot 和資料模型
技能內容說明：	評核受測者是否可將資料進一步轉換為有系統的數據以供分析之用，包括資料篩選與小計、資料驗證與剖析等應用，運用進階函數處理資料，並進行樞紐分析表的製作與統計分析。進階函數包含：所有 Excel 函數。
第　五　類	**進階函數及陣列設定與進階列印能力**
	1. 公式陣列 2. 進階函數之應用： 日期及時間函數、數學與三角函數、統計函數、財務函數、邏輯函數、檢視與參照函數、資訊函數 3. 陣列函數的建置與應用 4. 運算列表 5. 頁首頁尾的進階設定 6. 列印範圍選定： 選定工作表、整個活頁簿 7. 多張工作表的列印 8. 輸出至檔案 9. 列印資料篩選設定 10. 與其他軟體間資料轉換 11. 下載網頁資料 12. 匯入與匯出 13. XML
技能內容說明：	評核受測者是否了解資料數據從頭到尾的編修、處理與輸出，此類將大量運用統計、數學、檢視參照函數與財務函數，並針對各種不同的輸出方式（諸如工作表列印、與其他軟體間的資料轉換或是 XML 格式等）做設定。進階函數包含：所有 Excel 函數。

4-2 第一類：基本函數與格式設定能力

102 Golf

易 中 難

一、題目說明：

1.常勝高爾夫球場教練想分析自 1934~2009 年美國高爾夫名人賽（Master）歷年穿綠夾克（第一名）的成績。

2.四天的比賽中，前三天成績以「五分類」格式化條件 標示，藍色直條越多表示桿數越多，最後一天總成績，高於標準桿、平標準桿、低於標準桿，以 符號顯示。

二、作答須知：

1.請至 C:\ANS.CSF\EX01 資料夾開啟 **EXD01.xlsx** 檔設計。完成結果儲存於同一資料夾之下，檔案名稱為 **EXA01.xlsx** 及 **Golf.ods**。

2.建立或複製公式時需考慮是否需使用絕對位址。除題目要求更改之設定外，不能任意改變原有之設定。

三、設計項目：

1.在第 1 列與第 2 列之間插入一列，並分別在 C2~E2、F2~H2、I2~K2、L2~N2 依序輸入「Score」、「Position」、「Leader」。

2.合併儲存格：分別合併 A1~A2、B1~B2、C1~E1、F1~H1、I1~K1、L1~N1。

3.設定儲存格 N3 的公式，為儲存格 L3－72*4，之後往下複製公式填滿公式至 N75 儲存格。

4.將儲存格 1~75 列的列高改為 25。

5.將儲存格範圍 A1~N75 設定框線：

- 內框線為最細實線（框線樣式左欄最下方線條樣式），外框線為次粗實線（框線樣式右欄第 5 個線條樣式）。
- 第 2 列與第 3 列之間為雙線。

6.格式化條件：

A.設定「18 Holes」、「36 Holes」、「54 Holes」的「Leader」欄位（E3~E75、H3~H75 與 K3~K75）指定為「五分類」格式化條件。（注意：比較對象為 E3~E75、H3~H75、K3~K75 整個範圍，非單欄比較，表示桿數越多，則藍色直條越多。需按照

順序選取 E 欄、H 欄與 K 欄）

B. 設定「72 Holes」的「Leader」欄位（N3~N75）：

- 指定為「三旗幟」的圖示集格式化條件。
- 當桿數是低於 10 百分位數，則以 ▶ 綠色旗幟標示。
- 當桿數是低於 20 百分位數且高於 10(含)百分位數，則以 ▶ 黃色旗幟標示。
- 其餘則以不標示。

7.將儲存格 A1~N2 的填滿色彩為「淺綠色」。

8.先將檔案儲存為 **EXA01.xlsx**，再匯出檔名為 **Golf.ods** 的 OpenDocument 試算表檔案格式。

四、參考結果如下所示：

	A	B	C	D	E	F	G	H	I	J	K	L	M	N
1	Year	Champion	18 Holes			36 Holes			54 Holes			72 Holes		
2			Score	Position	Leader	Score	Position	Leader	Score	Position	Leader	Score	Position	Leader
3	1934	Horton Smith	70	T1	0	142	1	1	212	1	1	284	1	-4
4	1935	Gene Sarazen	68	T2	-1	139	T2	-4	212	4	-3	282	PO	-6
5	1936	Horton Smith	74	T3	-4	145	T4	-6	213	2	-3	285	1	-3
6	1937	Byron Nelson	66	1	3	138	1	3	213	T3	-4	283	2	-5
7	1938	Henry Picard	71	T4	-3	143	T2	-4	215	1	1	285	2	-3
8	1939	Ralph Guldahl	72	T6	-3	140	T2	-1	210	1	1	279	1	-9
9	1940	Jimmy Demaret	67	2	-3	139	T1	0	209	1	1	280	4	-8
10	1941	Craig Wood	66	1	5	137	1	3	208	1	3	280	3	-8
11	1942	Byron Nelson	68	T3	-1	135	1	1	207	1	3	280	PO	-8
12	1946	Herman Keiser	69	T1	0	137	1	5	208	1	5	282	1	-6
13	1947	Jimmy Demaret	69	T1	0	140	T1	0	210	1	3	281	2	-7
14	1948	Claude Harmon	70	T2	-1	140	2	-1	209	1	2	279	5	-9
15	1949	Sam Snead	73	T8	-4	148	T14	-5	215	T2	-1	282	3	-6
16	1950	Jimmy Demaret	70	T2	-1	142	3	-5	214	T3	-4	283	2	-5
17	1951	Ben Hogan	70	4	-2	142	T2	-1	212	3	-1	280	2	-8
18	1952	Sam Snead	70	T3	-1	137	1	3	214	T1	0	286	4	-2
19	1953	Ben Hogan	70	T4	-2	139	1	1	205	1	4	274	5	-14
20	1954	Sam Snead	74	T17	-4	147	T5	-3	217	2	-3	289	PO	1
21	1955	Cary Middlecoff	72	T4	-5	137	1	4	209	1	4	279	7	-9
22	1956	Jack Burke Jr.	72	T11	-6	143	T7	-8	218	T4	-8	289	1	1
23	1957	Doug Ford	72	T2	-1	145	T6	-5	217	T6	-3	283	3	-5

Master History

104 在職訓練班學生選課資料內容

易 中 難

一、題目說明：

1. 學校的建教合作中心開設在職訓練課程，檔案中有學員基本資料與相關的課程資訊。
2. 承辦人員須統計上課人數，並彙整學員修課的資料。

二、作答須知：

1. 請至 C:\ANS.CSF\EX01 資料夾開啟 **EXD01.xlsx** 檔設計。完成結果儲存於同一資料夾之下，檔案名稱為 **EXA01.xlsx** 及 **Course.ods**。
2. 建立或複製公式時需考慮是否需使用絕對位址。除題目要求更改之設定外，不能任意改變原有之設定。

三、設計項目：

1. 「學員基本資料」工作表：
   - 將「學號」欄位搬移到 A 欄。
   - 「年齡」欄位：利用 DATEDIF、TODAY 函數計算年齡，格式為「×歲」。
   - 函式提示：DATEDIF(起始日期,終止日期,"y")，年齡的計算至系統時間今天為止。
   - 「×歲」需使用自訂數值格式，不可使用函式。
2. 「修課資料」工作表：

   A. 複製與搬移「學員基本資料」工作表的欄位資料：
   - 將「學號」與「姓名」欄位資料，分別複製至「修課資料」工作表的 A、B 兩欄。
   - 將「上課期別」及「班別」欄位資料，分別搬移至「修課資料」工作表的 C、D 兩欄。

   B. 設定儲存格 B2~B120 範圍的儲存格與「學員基本資料」工作表的年齡欄位（D2）填滿色彩相同。

   C. 設定儲存格 A1~D120 外框線為次粗實線（框線樣式右欄第 5 個樣式）、顏色為「黑色，文字 1」。

   D. 指定儲存格 D2~D120 範圍名稱為「班別」。
3. 「開課期別」工作表的「上課人數」欄位（F2~F28）：
   - 使用 COUNTIF 函數與「班別」範圍名稱。

● 使用公式計算每班上課人數，部分結果應如下圖所示：

	A	B	C	D	E	F
1	上課期別	班別代號	班別	開課日期	結束日期	上課人數
2	20120701	C04	網頁製作班	2012-07-03 (Tue)	2012-09-04 (Tue)	7
3	20120701	E03	工程估價班	2012-07-03 (Tue)	2012-09-04 (Tue)	13
4	20120701	Z01	押花製作班	2012-07-04 (Wed)	2012-09-05 (Wed)	17
5	20120701	S02	餐飲服務班	2012-07-05 (Thu)	2012-09-06 (Thu)	16
6	20120701	E01	工地管理班	2012-07-06 (Fri)	2012-11-16 (Fri)	10
7	20120701	E02	工地監工班	2012-07-07 (Sat)	2012-11-17 (Sat)	29
8	20120702	S02	餐飲服務班	2012-07-14 (Sat)	2012-09-15 (Sat)	16
9	20120702	E02	工地監工班	2012-07-14 (Sat)	2012-11-24 (Sat)	29

4. 先將檔案儲存為 **EXA01.xlsx**，再匯出檔名為 **Course.ods** 的 OpenDocument 試算表檔案格式。

四、參考結果如下所示：

	A	B	C	D	E	F	G	H	I
1	學號	姓名	生日	年齡	性別	身分證字號	行動電話	連絡電話	公司名稱
2	687782454	黃敏雀	1968/6/11	50歲	女	Y291351099	0937333666	(02)2931-0818	愛苑資訊科技公司
3	687662572	張雅貞	1968/4/1	50歲	女	F296146491	0935123321	(02)2989-1603	聯邦銀行
4	693541556	林承賦	1975/1/26	43歲	男	T199198933	0928966055	(02)2225-1647	載毅建設股份有限公司
5	691488899	吳佩珊	1967/1/20	51歲	女	O227979948	0921313566	(02)2794-8336	裘穩居
6	691493274	方小華	1965/8/14	53歲	女	D235147123	0952487433	(02)2863-8219	佳全貨運股份有限公司
7	687177766	伍燕玲	1966/6/1	52歲	女	A237645372	0936579357	(02)2587-2314	龐熙寶齋
8	695454640	黃筱恬	1966/4/14	52歲	女	J268128731	0932444488	(02)2945-3709	希妮卡
9	693311925	魏家豪	1959/1/1	60歲	男	D131626041	0928546897	(02)2644-4051	亮光光清潔公司
10	689733470	蘇威光	1975/11/12	43歲	男	V173423433	0952437198	(02)2233-7917	添享居
11	695628912	孫嘉麗	1969/8/2	49歲	女	D287959536	0936768349	(02)2377-2168	遠見雜誌
12	687154557	陳裕昌	1952/8/21	66歲	男	S192630510	0921023546	(02)2292-1173	鼎碁資訊股份有限公司
13	694167583	陳彥男	1970/5/21	48歲	男	L127517111	0928548934	(02)2362-7695	畢強電機股份有限公司
14	692997537	吳明峰	1955/1/9	63歲	男	R151297467	0932354716	(02)2890-2506	壽玢雅齋
15	690340778	黃世豪	1971/5/26	47歲	男	D110356611	0934357898	(02)2619-8657	珊篤小館
16	688608398	林玫珊	1968/4/27	50歲	女	I290150763	0933333666	(02)2624-3487	宇宙企業股份有限公司
17	692924900	謝狄廷	1968/11/4	50歲	男	P128391015	0965489761	(02)2563-8682	斯巴達PUB
18	690885538	劉芳君	1966/12/6	52歲	女	M293106862	0902654998	(02)2435-7071	富建工程股份有限公司
19	687557983	陳昭君	1959/11/14	59歲	女	P292685596	0913456787	(02)2957-4796	下午茶
20	689622771	曾漢偉	1972/4/25	46歲	男	W188962371	0954679379	(02)2541-1663	卡柏希股份有限公司
21	695413970	陳佩岑	1966/3/18	52歲	女	F285498983	0953484376	(02)2232-7702	輝擎科技股份有限公司
22	694210509	陳筱苓	1974/3/15	44歲	女	B279108261	0936345548	(02)2841-6710	日商產經集團
23	688383808	蘇銘泓	1973/10/17	45歲	男	L131741306	0934684346	(02)2851-3379	Print State TV
24	693832800	陳欣慧	1971/6/13	47歲	女	N285052943	0949649358	(02)2475-9321	Print State TV

學員基本資料 | 修課資料 | 開課期別 | 開課班別

106 資訊能力檢定

易 中 難

一、題目說明：

1.遠明大學針對大一新生進行資訊能力檢定測驗，共有 10 題選擇題，每題標準答案在工作表第一列，承辦人員將所有學生的作答結果匯入。

2.資訊學門召集人想得知學生作答狀況，答對顯示 ✔，統計每位學生答對題數與成績。

二、作答須知：

1.請至 C:\ANS.CSF\EX01 資料夾開啟 **EXD01.xlsx** 檔設計。完成結果儲存於同一資料夾之下，檔案名稱為 **EXA01.xlsx**。

2.建立或複製公式時需考慮是否需使用絕對位址。除題目要求更改之設定外，不能任意改變原有之設定。

三、設計項目：

1.「學號」欄位（A4~A300）：將所有學生學號資料，轉換成通用格式。

2.第 1 題~第 10 題的「對錯」欄位（I、K、M、O、Q、S、U、W、Y 欄以及 AA 欄的 4~300 列）：

- 使用 IF 函式撰寫公式：若是作答與標準答案（儲存格 H1~Z1）相同，便給予 10 分（請使用 F1 儲存格），否則為 0 分。
- 設定格式化條件：「對錯」欄位內容為 10 分（請使用 F1 儲存格），則顯示綠色的 ✔ 符號，且均不需顯示儲存格內的數值。

3.「答對題數」欄位（G4~G300）：

- 使用 COUNTIF 函數撰寫公式：計算第 1 題~第 10 題中，個人答對的題數。（請使用 F1 儲存格）
- 設定格式化條件：套用「資料橫條/漸層填滿/藍色資料橫條」格式。

4.「成績」欄位（F4~F300）：撰寫公式計算答對題數與每題分數（F1 儲存格）的乘積。

5.設定儲存格之樣式：

- 將儲存格範圍 A2~AA300，所有框線設為「橄欖綠，輔色 5」、最細實線（框線樣式左欄最下方樣式）。

● 標題儲存格（範圍 A2~AA3）的內框線則設為「白色，背景 1」、最細實線（框線樣式左欄最下方樣式）。

四、參考結果如下所示：

	A	B	F	G	H	I	J	K	L	M	N	O	P	Q	R	S	T	U	V	W
1			10	標準答案	1		5		4		5		1		4		5		4	
2	學號	姓名	成績	答對題數	第1題		第2題		第3題		第4題		第5題		第6題		第7題		第8題	
3					作答	對錯	作答	對錯	作答	對錯	作答	對錯	作答	對錯	作答	對錯	作答	對錯	作答	對錯
4	399000013	展德珮	20	2	4		2		5		4		5		4	✓	5	✓	5	
5	399000021	姜稚幀	20	2	2		4		1		2		4		1		3		4	✓
6	399010038	田亭慧	10	1	2		1		1		4		5		5		2		1	
7	399030028	胡麗嵐	40	4	5		4		4	✓	4		1	✓	4	✓	5	✓	2	
8	399040027	詹劭瑢	20	2	5		2		4	✓	5	✓	2		3		3		2	
9	399050018	范挺新	50	5	3		1		5		2		1	✓	4	✓	5	✓	4	✓
10	399050034	角瀅蒨	50	5	1	✓	4		5		2		5		2		5	✓	4	✓
11	399530019	王敬倍	40	4	2		4		5		2		3		4	✓	1		4	✓
12	399530027	安唯純	50	5	1	✓	2		4	✓	2		1	✓	1		1		2	
13	399540026	薛允存	70	7	2		5	✓	5		5	✓	1	✓	3		5	✓	4	✓
14	399540067	官仁韋	60	6	1	✓	2		5		1		1	✓	4	✓	5	✓	4	✓
15	399560032	章渝晟	0	0	2		2		2		3		2		5		1		1	
16	399550710	賈引淩	20	2	4		5	✓	1		4		2		4	✓	1		1	
17	399550744	祝芸為	10	1	5		3		5		2		5		1		3		2	
18	399550769	馬思能	70	7	1	✓	5	✓	1		3		1	✓	4	✓	5	✓	4	✓
19	399570049	姚佃非	20	2	5		3		4	✓	5	✓	3		5		2		1	
20	399570056	薛衡憶	40	4	2		4		3		3		4		4	✓	5	✓	4	✓
21	399730049	角邦超	60	6	4		4		3		5	✓	1	✓	1		5	✓	4	✓
22	399370028	古敏盈	70	7	1	✓	5	✓	4	✓	1		2		4	✓	5	✓	4	✓
23	399380019	甘耀蓓	50	5	2		1		5		3		1	✓	4	✓	5	✓	4	✓
24	399390018	董厚之	10	1	5		4		2		1		4		2		2		1	
25	399400049	武勇顥	50	5	1	✓	4		4	✓	2		4		4	✓	1		5	
26	399400056	褚芷縈	10	1	1	✓	3		3		3		4		1		4		2	
27	399410048	凌緯雰	10	1	3		2		5		4		5		2		2		5	
28	399416516	賀蔓侑	70	7	1	✓	2		2		5	✓	1	✓	4	✓	5	✓	4	✓
29	399410063	萬見翀	20	2	3		1		4	✓	5	✓	3		5		4		5	
30	399430012	褚如郡	50	5	2		2		1		5	✓	1	✓	4	✓	5	✓	4	✓
31	399430020	商鑫晴	20	2	5		1		3		4		3		3		4		5	

108 九九乘法表

易 中 難

一、題目說明：

1.陽陽小學的老師想以 Excel 製作九九乘法表讓學生背誦。

2.表中之公式為上方列的「被乘數」乘以左方欄的「乘數」，並且將對角線的儲存格以橙色填滿色彩顯示，讓學生得知在對角線上方與下方的算式，只是「被乘數」與「乘數」互換。

二、作答須知：

1.請至 C:\ANS.CSF\EX01 資料夾開啟 **EXD01.ods** 檔設計。完成結果儲存於同一資料夾之下，檔案名稱為 **EXA01.xlsx**。

2.建立或複製公式時需考慮是否需使用絕對位址，並請使用範圍名稱。除題目要求更改之設定外，不能任意改變原有之設定。

三、設計項目：

1.在儲存格 B4~J12 範圍輸入公式：

- 儲存格利用字串連結符號製作公式，顯示 1×1＝1 的結果，乘號需使用插入符號功能中選取「(一般文字)」插入，乘號的 Unicode(十六進位)字元代碼為 00D7。
- 公式撰寫需使用欄變數乘以列變數，例如：B4~D4 儲存格分別為 1×1＝1、2×1＝2 與 3×1＝3。

2.在儲存格 A3~J12 範圍繪製下列要求的框線：

A.第 3 列上方、第 12 列下方：最粗實線(框線樣式右欄第 6 個線條樣式)。

B.第 B~I 欄右方與第 4~11 列下方：最細實線(框線樣式左欄最下面的線條樣式)。

C.第 A 欄右方與第 3 列下方：雙線。

3.格式化條件設定：

- 當儲存格 B4~J12 中乘數與被乘數相等時(對角線)，設定「橙色」填滿色彩，不可更動設計項目 2 所做之框線設定。

四、參考結果如下所示：

九九乘法表

	1	2	3	4	5	6	7	8	9
1	1×1=1	2×1=2	3×1=3	4×1=4	5×1=5	6×1=6	7×1=7	8×1=8	9×1=9
2	1×2=2	2×2=4	3×2=6	4×2=8	5×2=10	6×2=12	7×2=14	8×2=16	9×2=18
3	1×3=3	2×3=6	3×3=9	4×3=12	5×3=15	6×3=18	7×3=21	8×3=24	9×3=27
4	1×4=4	2×4=8	3×4=12	4×4=16	5×4=20	6×4=24	7×4=28	8×4=32	9×4=36
5	1×5=5	2×5=10	3×5=15	4×5=20	5×5=25	6×5=30	7×5=35	8×5=40	9×5=45
6	1×6=6	2×6=12	3×6=18	4×6=24	5×6=30	6×6=36	7×6=42	8×6=48	9×6=54
7	1×7=7	2×7=14	3×7=21	4×7=28	5×7=35	6×7=42	7×7=49	8×7=56	9×7=63
8	1×8=8	2×8=16	3×8=24	4×8=32	5×8=40	6×8=48	7×8=56	8×8=64	9×8=72
9	1×9=9	2×9=18	3×9=27	4×9=36	5×9=45	6×9=54	7×9=63	8×9=72	9×9=81

110 電子股

易 中 難

一、題目說明：

1.珊珊以電子股作為股票投資的標的物，所以她想以簡單圖表形式呈現每股「昨收開盤與成交比較」以及「成交與最高最低比較」。

2.另外還想以橫條圖形式顯示張數的多寡。

二、作答須知：

1.請至 C:\ANS.CSF\EX01 資料夾開啟 **EXD01.xlsx** 檔設計。完成結果儲存於同一資料夾之下，檔案名稱為 **EXA01.xlsx**。

2.建立或複製公式時需考慮是否需使用絕對位址。除題目要求更改之設定外，不能任意改變原有之設定。

三、設計項目：

1.調整欄位順序，將第一列標題與其所附帶的欄位資料，由左而右分別為「股票代號」、「時間」、「昨收」、「開盤」、「成交」、「最高」、「最低」、「買進」、「賣出」、「漲跌」、「張數」。

2.在 L 欄新增資料：

- 欄位名稱（L1 儲存格）為「昨收開盤與成交比較」，自動換列。
- 欄寬設定為 15。
- 依據「昨收」、「開盤」、「成交」資料，於儲存格 L2~L65 使用同一群組的方式，顯示「折線圖」類型的走勢圖，並顯示「標記」，套用「深灰, 走勢圖樣式彩色#1」。

3.在 M 欄新增資料：

- 欄位名稱（M1 儲存格）為「成交與最高最低比較」，自動換列。
- 欄寬設定為 15。
- 依據「成交」、「最高」、「最低」資料，於儲存格 M2~M65 使用同一群組的方式，顯示「直條圖」類型的走勢圖，並顯示「第一點」，套用「深灰, 走勢圖樣式彩色#1」。

4.「張數」欄位資料（K2~K65）：設定「資料橫條/漸層填滿/橘色資料橫條」的格式化條件。

5.設定第 1 列的列高為 35，並設定 A1~M1 範圍的字型色彩為「白色, 背景 1」、儲存格填滿色彩為「藍色」。

6.設定儲存格 A1~M65 範圍的內框線為最細實線(框線樣式左欄最

下方線條樣式），外框線為次粗實線（框線樣式右欄第 5 個線條樣式）。

四、參考結果如下所示：

	A	B	C	D	E	F	G	H	I	J	K	L	M
1	股票代號	時間	昨收	開盤	成交	最高	最低	買進	賣出	漲跌	張數	昨收開盤與成交比較	成交與最高最低比較
2	1437 勤益	14:30	26.95	26.95	27.2	28	26.95	27.2	27.3	△0.25	6,544		
3	2302 麗正	13:30	7.54	7.59	7.57	7.73	7.54	7.57	7.62	△0.03	425		
4	2303 聯電	14:30	16.15	16.15	16.3	16.4	16.05	16.25	16.3	△0.15	57,132		
5	2311 日月光	14:30	32.3	32.65	33.75	34.1	32.65	33.75	33.8	△1.45	31,443		
6	2325 矽品	14:30	34.2	34.2	35	35.1	34.15	34.9	35	△0.80	7,060		
7	2329 華泰	13:30	7.82	7.96	7.85	7.96	7.82	7.85	7.87	△0.03	949		
8	2330 台積電	14:30	70.6	70.5	71	72.3	70.3	71	71.1	△0.4	143,660		
9	2337 旺宏	14:30	20.2	20.4	20.4	20.45	20.1	20.35	20.4	△0.20	27,267		
10	2338 光罩	14:30	12.75	12.85	13.3	13.3	12.7	13.3	13.35	△0.55	1,348		
11	2342 茂矽	14:30	14.7	14.6	14.35	14.7	14.35	14.35	14.4	▽0.35	8,224		
12	2344 華邦電	14:30	8.61	8.65	8.61	8.75	8.6	8.61	8.62	0	18,391		
13	2351 順德	13:30	40.45	40.9	40.9	41.3	40.65	40.9	40.95	△0.45	1,130		
14	2363 矽統	14:30	19.8	20	20	20.15	19.8	20	20.05	△0.20	8,167		
15	2369 菱生	14:30	24.35	24.5	24.7	24.85	24.05	24.7	24.75	△0.35	12,910		
16	2379 瑞昱	14:30	68.7	68.8	69.6	69.8	68.8	69.5	69.6	△0.9	1,790		
17	2388 威盛	14:30	31.5	31.95	31.45	32.6	31.15	31.45	31.5	▽0.05	9,580		
18	2401 凌陽	13:30	21.15	21.15	21.2	21.3	21.05	21.2	21.25	△0.05	1,877		
19	2408 南科	14:30	16.15	16.2	16.25	16.35	16.2	16.2	16.25	△0.10	4,931		
20	2425 承啟	14:30	10.95	10.95	11	11.1	10.9	10.95	11	△0.05	245		
21	2434 統懋	14:30	18.7	18.7	18.7	18.8	18.35	18.5	18.7	0	719		
22	2436 偉詮電	14:30	24.95	25.05	24.85	25.1	24.8	24.85	24.9	▽0.10	1,735		
23	2441 超豐	14:30	28.65	28.7	30.4	30.4	28.6	30.4	30.45	△1.75	2,479		
24	2449 京元電	14:30	14.95	15.1	14.9	15.25	14.9	14.9	14.95	▽0.05	11,089		
25	2451 創見	14:30	77.3	78	79	79.7	77.2	78.9	79	△1.7	1,810		
26	2454 聯發科	14:30	407.5	410	417.5	421.5	409	417	417.5	△10.0	6,668		

4-3 第二類：資料編修及列印能力

202 快樂小學學生名冊

易 中 難

一、題目說明：

1.快樂小學考慮目前學童均有體重過胖問題，想對全校學生進行體重檢測。

2.學校體育組長依據世界衛生組織及中華民國營養學會所使用的公式，男性：（身高公分－標準體重指標）×70%＝標準體重，女性：（身高公分－標準體重指標）×60%＝標準體重，以 Excel 計算每位學生的標準體重，並顯示應增加或減少體重。

二、作答須知：

1.請至 C:\ANS.CSF\EX02 資料夾開啟 **EXD02.xlsx** 檔設計。完成結果儲存於同一資料夾之下，檔案名稱為 **EXA02.xlsx**。

2.建立或複製公式時需考慮是否需使用絕對位址。除題目要求更改之設定外，不能任意改變原有之設定。

三、設計項目：

1.依據性別，在儲存格 H7~H61 計算標準體重：

- 使用 ROUNDUP、IF 函數。
- 使用標準體重指標進行標準體重計算。
- 將結果無條件進位，取至整數位。

2.在儲存格 I7~I61 計算增減體重，增減體重＝標準體重－體重。

3.編輯儲存格 F62~I62，滿足以下條件：

- 在 F62~I62 分別使用 AVERAGE 函數計算「身高」、「體重」、「標準體重」、「增減體重」之平均值，勿更改原格式設定。
- 將此區域字體改成 Arial 字體、粗體顯示，背景設為「橙色」填滿。

4.設定儲存格 I7~I62 之自訂數值格式：

- 增減體重為正數，顯示"×公斤"。
- 負數則顯示紅色"減×公斤"。
- 增減體重零，顯示藍色"完美身材"。

● 部分結果應如下圖所示：

	A	B	C	D	E	F	G	H	I
51	9900968	王賢聰	台北	2003/07/24	男	161 cm	79 kg	-----------57 kg	減22公斤
52	9900709	羅忠道	台南	2003/10/07	男	167 cm	74 kg	-----------61 kg	減13公斤
53	9900760	吳碇彬	花蓮	2003/02/13	男	162 cm	92 kg	-----------58 kg	減34公斤
54	9900323	彭添舟	高雄	2003/12/23	男	179 cm	65 kg	-----------70 kg	5公斤
55	9900443	陳仕傑	高雄	2003/12/23	男	155 cm	74 kg	-----------53 kg	減21公斤
56	9900699	邱逢久	台中	2003/05/11	男	180 cm	75 kg	-----------70 kg	減5公斤
57	9900500	李軾遠	台中	2003/03/24	男	178 cm	40 kg	-----------69 kg	29公斤
58	9900720	林景穫	屏東	2003/04/25	男	179 cm	49 kg	-----------70 kg	21公斤
59	9900791	李貴馥	台北	2003/10/11	男	162 cm	56 kg	-----------58 kg	2公斤
60	9900631	陳港波	台北	2003/12/16	男	178 cm	95 kg	-----------69 kg	減26公斤
61	9900550	陳嘉謦	高雄	2003/05/02	女	179 cm	99 kg	-----------66 kg	減33公斤
62						**169 cm**	**65 kg**	**----------63 kg**	**減2公斤**

5.設定儲存格 A6~I62 範圍名稱為「學生名冊」。

6.列印設定：

● 指定列印範圍為「學生名冊」。

● 列印標題的範圍為第 6 列。

四、參考結果如下所示：

學號	姓名	出生地	生日	性別	身高	體重	標準體重	增減體重
9900141	蔡　蓉	台南	2003/02/26	女	152 cm	45 kg	----------50 kg	5公斤
9900185	鄭雅欣	台中	2003/09/24	女	165 cm	58 kg	----------57 kg	減1公斤
9900220	簡伶娟	台北	2003/03/08	男	185 cm	80 kg	----------74 kg	減6公斤
9900222	吳宗諺	台南	2003/08/15	女	162 cm	49 kg	----------56 kg	7公斤
9900226	吳凱翔	高雄	2003/11/12	男	174 cm	70 kg	----------66 kg	減4公斤
9900297	邱宗憲	台北	2003/01/14	男	168 cm	60 kg	----------62 kg	2公斤
9900348	陳冠宏	台北	2003/02/01	男	178 cm	69 kg	----------69 kg	完美身材
9900367	黃淂根	台中	2003/05/01	男	167 cm	55 kg	----------61 kg	6公斤
9900425	鄭仁豪	宜蘭	2003/07/05	男	188 cm	78 kg	----------76 kg	減2公斤
9900458	李孟翰							
9900591	尤琬婷							
9900945	王畢南							
9900746	程思遠							
9900780	林殷旺							
9900085	孫平瑩							
9900701	鐘珣樺							
9900422	張履笙							
9900828	李咋嫦							
9900317	朱毅杉							
9900438	陳詩凱							
9900320	夏子嵐							
9900516	顏期清							
9900890	王富文							
9900577	趙敏虹							
9900200	祝詩仁							
9900768	李夢蘋							
9900790	施繼如							
9900139	吳煦陞							
9900870	賴雪莉							
9900274	劉玫萍							
9900124	高中信							

學號	姓名	出生地	生日	性別	身高	體重	標準體重	增減體重
9900334	汪寶兒	高雄	2003/06/11	女	170 cm	71 kg	---------- 60 kg	減11公斤
9900232	張崴沼	台南	2003/09/10	男	176 cm	90 kg	---------- 68 kg	減22公斤
9900663	張三瑜	高雄	2003/04/14	女	151 cm	40 kg	---------- 49 kg	9公斤
9900192	陳廷文	台北	2003/12/22	男	179 cm	45 kg	---------- 70 kg	25公斤
9900874	葉之媛	宜蘭	2003/08/12	男	178 cm	96 kg	---------- 69 kg	減27公斤
9900207	周苑蒂	台中	2003/01/18	女	178 cm	86 kg	---------- 65 kg	減21公斤
9900711	王芝嵐	桃園	2003/07/29	男	181 cm	56 kg	---------- 71 kg	15公斤
9900537	劉明玲	台北	2003/12/09	男	177 cm	45 kg	---------- 68 kg	23公斤
9900978	陳棟驥	嘉義	2003/09/12	男	184 cm	46 kg	---------- 73 kg	27公斤
9900270	高斯虞	台北	2003/02/16	男	159 cm	70 kg	---------- 56 kg	減14公斤
9900981	郭李樹臨	高雄	2003/10/02	男	157 cm	42 kg	---------- 54 kg	12公斤
9900574	王慶陸	台中	2003/08/10	男	177 cm	52 kg	---------- 68 kg	16公斤
9900648	陳襄堤	台北	2003/10/17	男	158 cm	52 kg	---------- 55 kg	3公斤
9900968	王賢聰	台北	2003/07/24	男	161 cm	79 kg	---------- 57 kg	減22公斤
9900709	羅忠道	台南	2003/10/07	男	167 cm	74 kg	---------- 61 kg	減13公斤
9900760	吳碇彬	花蓮	2003/02/13	男	162 cm	92 kg	---------- 58 kg	減34公斤
9900323	彭添舟	高雄	2003/12/23	男	179 cm	65 kg	---------- 70 kg	5公斤
9900443	陳仕傑	高雄	2003/12/23	男	155 cm	74 kg	---------- 53 kg	減21公斤
9900699	邱逢久	台中	2003/05/11	男	180 cm	75 kg	---------- 70 kg	減5公斤
9900500	李軾遠	台中	2003/03/24	男	178 cm	40 kg	---------- 69 kg	29公斤
9900720	林景穫	屏東	2003/04/25	男	179 cm	49 kg	---------- 70 kg	21公斤
9900791	李賁馥	台北	2003/10/11	男	162 cm	56 kg	---------- 58 kg	2公斤
9900631	陳港波	台北	2003/12/16	男	178 cm	95 kg	---------- 69 kg	減26公斤
9900550	陳嘉馨	高雄	2003/05/02	女	179 cm	99 kg	---------- 66 kg	減33公斤
					169 cm	**65 kg**	**---------63 kg**	**減2公斤**

204 圖書管理

易 中 難

一、題目說明：

1.遠明大學圖書館整理全校所有系所申購的圖書資料。

2.圖書館館員想針對各學院、系所與書名進行篩選查詢，並須顯示目前所查詢的學院別與系所名稱。

二、作答須知：

1.請至 C:\ANS.CSF\EX02 資料夾開啟 **EXD02.xlsx** 檔設計。完成結果儲存於同一資料夾之下，檔案名稱為 **EXA02.xlsx**。

2.建立或複製公式時需考慮是否需使用絕對位址。除題目要求更改之設定外，不能任意改變原有之設定。

三、設計項目：

1.「圖書資料」工作表：

A.在第 1 列之前插入 10 列，將儲存格 A11~H568 套用「褐色, 表格樣式中等深淺 12」樣式（A11~H11 儲存格為表格標題），表格名稱為「圖書資料管理表格」。

B.螢幕凍結第 1 至 11 列。

2.使用「圖書資料」工作表的表格資料設定交叉分析篩選器：

A.指定「學院」與「系所」雙重條件查詢，需一次建立兩個篩選器。

B.篩選器設定：

- 「學院」篩選器：設為 2 欄，套用「深黃褐, 交叉分析篩選器樣式深色 3」，篩選器高度為 5 公分、寬度為 7 公分。
- 「系所」篩選器：設為 6 欄，套用「玫瑰紅, 交叉分析篩選器樣式深色 5」，篩選器高度為 5 公分、寬度為 27 公分。
- 篩選器設定完成後，放在第 1 列~第 10 列範圍之內。

C.自交叉分析篩選器中，選擇「管理學院」的「統計學系」與「資訊管理學系」，並篩選出「題名」欄位內包含"Network"或"模式"兩種字串的資料。

3.「圖書資料-年份」工作表：

A.將「圖書年份」表格移除表格樣式，並且轉換為範圍。

B. 使用 AND、RIGHT、OR、LEFT 函數依序進行格式化條件設定，使儲存格 A2~I557 符合下述條件的圖書資料，整列為「深黃褐, 輔色 3, 較深 25%」字型色彩、粗體字，「深黃褐, 輔色 2, 較淺 40%」填滿色彩：

- 年份在 2010（含）以後。
- 介購號末 4 碼為 6668。
- 書目編號前二碼為 23 或 24。

四、參考結果如下所示：

學院
管理學院 工學院
文學院 外語學院
商學院 理學院
傳播學院

系所
統計學系 資訊管理學系 土木工程學系 大眾傳播學系 中國文學學系
化學學系 日本語文學系 多元文化與語言學... 西班牙語文學系 法國語文學系
俄國語文學系 保險學系 建築學系 英文學系 財務金融學系
會計學系 經濟學系 資訊工程學系 資訊傳播學系 運輸管理學系
德國語文學系 數學學系 機械與機電工程學... 歷史學系 觀光管理學系

	介購號	題名	作者	書目編號	出版社
439	LI10128	Security for mobile networks and platforms	Selim Aissi, Nora Dabbous, Anand R. Prasad.	24897708	Norwood, Mass. : Artech Hou c2006.
503	MI9269	Networked collaborative learning : social interaction and active learning	Guglielmo Trentin.	14621412	Oxford : Chandos, 2010.
523	MS10163	結構方程模式：liserel simplis 原理與應用	邱皓政著	13712569	臺北市：雙葉書廊, 2011[民100
530	MS10163	結構方程模式：實務應用秘笈 = structural equation modeling-tips for practical application	吳明隆, 張毓仁著	25062204	臺北市：五南圖書出版公司 201 99]11月
569					

	介購號	題名	作者	書目編號	出版社	年份
2	AC10137	中国现代女性作家与中国革命. 1905-1948	颜海平著；季剑青译	11908664	北京：北京大學出版社, 2011	2011
3	AC10137	外国女性文学教程	陈晓兰主编	22805081	上海：復旦大學出版社 , 2011.	2011
4	AC10137	她视界：现当代中国女性文学探析	刘媛媛著	25832803	太原：山西人民出版社, 2010	2010
5	AC10137	一片冰心在玉壶：冰心与吴文藻的情爱世界	岳敏编	15068114	北京：東方出版社, 2008	2008
6	AC10137	雨送黄昏花易落：徐志摩与陆小曼的情爱世界	郭丽莺编	12982514	北京：東方出版社, 2008	2008
7	AC10137	万古人间四月天：梁思成与林徽因的情爱世界	黄伟芳编	23872926	北京：東方出版社, 2008	2008
8	AC10137	女性主义文艺美学透视 = Aesthetic insight into feministic literature and arts	陈凤珍著	12708548	北京：光明日報出版社, 2009	2009
9	AC16668	An introduction to Chinese philosophy : from ancient philosophy to Chinese Buddhism	JeeLoo Liu.	12184513	Malden, Mass. : Blackwell Publishing, 2006.	2006
10	AC16668	Racinet's historic ornament in full color : all 100 plates from "L'ornement polychrome," Series I	Auguste Racinet.	13925007	New York : Dover Publications, 1988.	1988
11	AC16668	中国歴史.文学人物図典	滝本弘之編著.	23498565	東京：遊子館, 2010.	2010
12	AC16668	スナップショット：写真の輝き	倉石信乃著.	21053872	東京：大修館書店, 2010.	2010
13	AH16668	日本100名城公式ガイドブック	中城正堯, 福代徹執筆；日本城郭協会監修	24392192	[東京]：学習研究社, 2009.	2009
14	AI16668	Inside the communication revolution : evolving patterns of social and technical interaction	edited by Robin Mansell.	14054521	Oxford : Oxford University Press, 2002.	2002
15	AI16668	Space between people	edited by Stephan Doesinger ; with contributions by Drew Harry ... [et al.].	12421393	Munich : Prestel Pub., 2008.	2008
16	AI16668	Ecology, writing theory, and new media : writing ecology	edited by Sidney I. Dobrin.	13377920	New York : Routledge, 2011.	2011
17	AI16668	Public opinion and political change in China	Wenfang Tang.	24574900	Stanford, Calif. : Stanford University Press, 2005.	2005
18	AM16668	The little black book of style	Nina Garcia ; illustrations by Ruben Toledo.	21189470	New York, N.Y. : It Books 2010.	2010
19	AM16668	Wolfgang Tillmans : lighter	essays by Julie Ault, Daniel Birnbaum Joachim Jäger.	12559106	Ostfildern : Hatje Cantz, c2008.	2008
20	AM16668	Hitchcock	by François Truffaut ; with the collaboration of Helen G. Scott.	24477894	New York : Simon and Schuster, c1984.	1984
21	BB8170	Option pricing in incomplete markets : modeling based on geometric Le´vy processes and minimal entropy martingale measures	Yoshio Miyahara.	15900661	London : Imperial College Press, c2012.	2012
22	BB16668	Simple things : piano, vocal, chords	Jim Brickman.	24643887	Miami, Fla. : Warner Bros., c2001.	2001
23	BB16668	Homecoming	Jim Brickman.	22086983	Van Nuys, CA : Alfred Publishing, c2007.	2007
24	BB16668	Beautiful world : piano, vocal, chords	Jim Brickman.	21709443	Van Nuys, CA : Alfred, c2009.	2009
25	BB16668	World's greatest wedding music : 50 of the most requested wedding pieces	selected and arranged by Dan Fox.	13015514	[Van Nuys, Calif.] : Alfred Pub., c2007.	2007
26	BB16668	Grace: piano, vocal, chords	Jim Brickman.	15705277	Van Nuys, Calif. : Alfred Pub. Co., c2005.	2005
27	BB16668	SchweserNotes for the 2012 CFA exam. Level 2	Kaplan Schweser.	15263623	[La Crosse, Wis.] : Kaplan Schweser, c2011.	2011
28	BB16668	International corporate finance	Jeff Madura.	14013926	Mason, Ohio : South-Western ; Andover : Cengage Learning [distributor], 2010.	2010

圖書資料 圖書資料-年份

206 合併第一季至第四季報表

易 中 難

一、題目說明：

1.鵬緯貿易公司的會計人員，登錄公司的銷貨成本與營業成本。

2.老闆想得知每月總成本與每個成本項目的平均、合計與標準差，另外還需要彙整第一季至第四季的金額，顯示每月金額做比較。

二、作答須知：

1.請至 C:\ANS.CSF\EX02 資料夾開啟 **EXD02.xlsx** 檔設計。完成結果儲存於同一資料夾之下，檔案名稱為 **EXA02.xlsx**。

2.建立或複製公式時需考慮是否需使用絕對位址。除題目要求更改之設定外，不能任意改變原有之設定。

三、設計項目：

1.編輯「第一季」至「第四季」工作表的內容：

A.將四張工作表所見數值均取至千位：

- 可使用 ROUNDDOWN 函數完成作答。
- 例如：815750 變成 815000。

B.計算每月總計項目（儲存格 B11~D11）：以 SUM 函數計算四張工作表內每月成本總和。

2.計算「第一季」至「第四季」工作表內每個成本項目的平均、合計、標準差：

- 儲存格 E2~E10：以 AVERAGE 函數計算四張工作表內每季每個成本項目的平均值。
- 儲存格 F2~F10：以 SUM 函數計算四張工作表內每季每個成本項目的合計。
- 儲存格 G2~G10：以 STDEV.S 與 ROUND 函數計算四張工作表內每季每個成本項目的標準差，四捨五入至整數位數。

3.計算「第一季」至「第四季」工作表內總計項目的平均、合計、標準差：

- 儲存格 E11 使用 AVERAGE 函數計算 B2~D10 範圍的平均值。
- 儲存格 F11 使用 SUM 函數計算 B2~D10 範圍的合計金額。

- 儲存格 G11 使用 STDEV.S 與 ROUND 函數計算 B2~D10 範圍的標準差，需四捨五入至整數位。

	A	B	C	D	E	F	G
1	項目	一月	二月	三月	平均	合計	標準差
2	銷貨成本	1,100,000	1,300,000	1,500,000	1,300,000	3,900,000	200,000
3	薪水	815,000	845,000	870,000	843,333	2,530,000	27,538
4	房租	185,000	185,000	185,000	185,000	555,000	-
5	折舊	100,000	100,000	100,000	100,000	300,000	-
6	出差費	60,000	80,000	100,000	80,000	240,000	20,000
7	其它	59,000	55,000	60,000	58,000	174,000	2,646
8	維護費用	40,000	50,000	60,000	50,000	150,000	10,000
9	辦公室用品	20,000	22,000	25,000	22,333	67,000	2,517
10	郵費	5,000	4,000	6,000	5,000	15,000	1,000
11	總計項目	$ 2,384,000	$ 2,641,000	$ 2,906,000	$ 293,741	$ 7,931,000	$ 444,088

第一季 第二季 第三季 第四季 年度報表

4.「年度報表」工作表：應用合併彙算功能，自儲存格 A1 開始，彙總「第一季」至「第四季」工作表內「一月」至「十二月」所有成本項目（四張工作表的 A1~G11 儲存格）:

- 需建立自動更新功能。
- 標籤名稱來自最左欄、頂端列。
- 需刪除 B 欄。
- A~P 欄之欄寬設定為 11.25。

四、參考結果如下所示：

	A	B	C	D	E	F	G	H	I	J
1		一月	二月	三月	四月	五月	六月	七月	八月	九月
6	銷貨成本	1,100,000	1,300,000	1,500,000	1,023,000	1,209,000	1,395,000	1,142,000	1,349,000	1,557,000
11	薪水	815,000	845,000	870,000	758,000	786,000	809,000	846,000	877,000	903,000
16	房租	185,000	185,000	185,000	172,000	172,000	172,000	192,000	192,000	192,000
21	折舊	100,000	100,000	100,000	93,000	93,000	93,000	103,000	103,000	103,000
26	出差費	60,000	80,000	100,000	55,000	74,000	93,000	62,000	83,000	103,000
31	其它	59,000	55,000	60,000	54,000	51,000	55,000	61,000	57,000	62,000
36	維護費用	40,000	50,000	60,000	37,000	46,000	55,000	41,000	51,000	62,000
41	辦公室用品	20,000	22,000	25,000	18,000	24,000	18,000	27,000	33,000	23,000
46	郵費	5,000	4,000	6,000	4,000	3,000	5,000	5,000	7,000	6,000
51	總計項目	$ 2,384,000	$ 2,641,000	$ 2,906,000	$ 2,214,000	$ 2,458,000	$ 2,695,000	$ 2,479,000	$ 2,752,000	$ 3,011,000

第一季 第二季 第三季 第四季 年度報表

208 Competition

易 中 難

一、題目說明：

1. 電腦技能基金會舉辦 2013 年世界盃程式設計比賽，大會工作人員以 Excel 記錄並計算選手的成績與排名。
2. 由於各題組成績滿分是 10 分，所以必須先將成績換算成滿分為 100 分，並計算平均，再排名，但只顯示前 50 名的名次。

二、作答須知：

1. 請至 C:\ANS.CSF\EX02 資料夾開啟 **EXD02.xlsx** 檔設計。完成結果儲存於同一資料夾之下，檔案名稱為 **EXA02.xlsx**。
2. 建立或複製公式時需考慮是否需使用絕對位址。除題目要求更改之設定外，不能任意改變原有之設定。

三、設計項目：

1. 「Score List」工作表：
   - A. 將儲存格 E2~K311 範圍內，每個儲存格的數值均乘以 10 倍。
   - B. 「Average」欄位（L2~L311）：
     - 使用 ROUND、AVERAGEA 函數。
     - 計算「Score1」~「Score7」欄位的平均成績。
     - 數值需取至小數點後二位，並將格式設定為小數位數 2 位。
   - C. 「Rank」欄位（M2~M311）：利用 RANK.EQ 函數與平均成績計算排名，並以自訂數字格式僅顯示前 50 名（含第 50 名）的名次。
   - D. 隱藏 E~K 欄。
   - E. 建立表格：儲存格 A1~M311 範圍套用「橙色, 表格樣式中等深淺 10」，表格名稱為「Score」。
2. 於「Score List」工作表，進行列印設定：
   - A. 邊界：調整上邊界為 2.4，水平置中對齊。
   - B. 頁首：
     - 左側插入 **Csf.jpg** 圖片，並調整圖片比例為 60%。
     - 中央輸入名稱「Computer Skill Foundation」，換行輸入「Competition」，字體皆為「Arial Black」、「藍色」、16pt。
   - C. 頁尾：中央顯示「Page 頁碼 / 總頁數」格式，"/"符號前後均有一個半形空格，Page 之後亦有一個半形空格。
   - D. 標題列：列印標題的範圍為第 1 列。

四、參考結果如下所示：

	A	B	C	D	L	M
1	Code	Name	Country Code	Country	Average	Rank
2	0001	Robert Kelley	CRC	Costa Rica	79.57	
3	0002	Larry Mcgrady	ITA	Italy	75.71	
4	0003	Stuart Mcintire	DEN	Denmark	89.57	11
5	0004	Allen Messer	SUI	Switzerland	81.29	
6	0005	William Dillard	USA	United States of America	88.86	15
7	0006	Steven Doty	CRC	Costa Rica	68.14	
8	0007	Dewayne Lorenze	RSA	South Africa	87.29	32
9	0008	Gilbert Wilson	CZE	Czech Republic	68.57	
10	0009	Miguel Quiles	ITA	Italy	66.29	
11	0010	Kuo-Ping Yang	TWN	Taiwan	77.86	
12	0011	Philip Sheridan	CAN	Canada	71.00	
13	0012	Eunice Chiou	TWN	Taiwan	79.43	
14	0013	Erwin Hansen	ESP	Spain	82.71	
15	0014	Stephen Land	ESP	Spain	68.86	
16	0015	Robert Carter	CAN	Canada	79.29	
17	0016	Lawrence Snyder	FRA	France	82.14	
18	0017	William Healy	GER	Germany	85.71	
19	0018	Harold Cazier	UKR	Ukraine	82.86	
20	0019	Stephen Taylor	NED	Netherland	84.14	
21	0020	Thomas Tuchnowski	USA	United States of America	81.29	
22	0021	Justin Salmon	AUS	Australia	82.00	
23	0022	Richard Vanhorn	AUS	Australia	84.14	
24	0023	Alfred Fain	AUS	Australia	84.29	
25	0024	William Beckman	CHN	China	85.71	
26	0025	Neil Allen	SUI	Switzerland	82.86	
27	0026	Robert Saltsman	HUN	Hungary	88.14	25

Score List | Country Code

Computer Skill Foundation Competition

Code	Name	Country Code	Country	Average	Rank
0001	Robert Kelley	CRC	Costa Rica	79.57	
0002	Larry Mcgrady	ITA	Italy	75.71	
0003	Stuart Mcintire	DEN	Denmark	89.57	11
0004	Allen Messer	SUI	Switzerland	81.29	
0005	William Dillard	USA	United States of America	88.86	15
0006	Steven Doty	CRC	Costa Rica	68.14	
0007	De				
0008	Gi				
0009	M				
0010	Ku				
0011	Ph				
0012	Eu				
0013	Er				
0014	St				
0015	Ro				
0016	La				
0017	W				
0018	Ha				
0019	St				
0020	Th				
0021	Ju				
0022	Ri				
0023	Al				
0024	W				
0025	Ne				
0026	Ro				
0027	W				
0028	Ra				
0029	M				
0030	Ca				
0031	Ch				
0032	Pe				
0033	Gl				
0034	Ch				
0035	Ru				
0036	Ga				
0037	Ro				
0038	Ve				
0039	Go				
0040	Pa				
0041	Da				
0042	Ja				
0043	Ja				
0044	Th				
0045	Gu				

Computer Skill Foundation Competition

Code	Name	Country Code	Country	Average	Rank
0271	Dennis Purvis	DEN	Denmark	82.14	
0272	Benjamin Trawick Jr	FRA	France	82.14	
0273	William Perugino	SUI	Switzerland	86.14	49
0274	John Mills	GBR	Great Britain	78.57	
0275	Chris Fern	ITA	Italy	68.00	
0276	Randal Mick	CRC	Costa Rica	83.86	
0277	Kyle Cartier	JAM	Jamaica	81.86	
0278	Robert Demeola	AUS	Australia	91.43	3
0279	Carroll Wright	DEN	Denmark	82.57	
0280	Mark La Motte	SVK	Slovakia	83.14	
0281	Jerry Taflampas	GER	Germany	79.00	
0282	Sekar Sethupathi	AUS	Australia	85.71	
0283	Richard Fraze	CHN	China	84.57	
0284	James Moss	GBR	Great Britain	80.43	
0285	Ralph Carter	USA	United States of America	81.57	
0286	James Scheide	SWE	Sweden	80.14	
0287	Robert Long	DEN	Denmark	90.86	4
0288	David Mcduffie	CAN	Canada	78.43	
0289	Michael Galletti	CRC	Costa Rica	80.00	
0290	Lisa Frith	FIN	Finland	90.29	7
0291	Bryan Bowman	POL	Poland	85.57	
0292	Rafael Romero	USA	United States of America	78.29	
0293	Leonard Musselle	GBR	Great Britain	85.43	
0294	Barry Weiss	ITA	Italy	72.43	
0295	Joseph Brett	ITA	Italy	72.43	
0296	Stephen Frazier	JAM	Jamaica	81.57	
0297	Anthony Millward	JAM	Jamaica	83.57	
0298	Greg Klebanoff	SWE	Sweden	80.43	
0299	Jose Hernandez	FRA	France	85.00	
0300	Harold Head	SVK	Slovakia	73.14	
0301	Ronald Burkett	AUS	Australia	82.86	
0302	Louis Cantu	GBR	Great Britain	87.71	28
0303	Salvatore Siciliano	CAN	Canada	78.43	
0304	Hsin-Hsian Wu	TWN	Taiwan	79.71	
0305	Dean Pieper	RUS	Russian Federation	85.00	
0306	Wang Wilson	FRA	France	77.71	
0307	William Chocianowski	CZE	Czech Republic	68.00	
0308	Alan Friedland	SVK	Slovakia	79.00	
0309	Daniel Lee	GER	Germany	83.57	
0310	Nicholas Bodwell	USA	United States of America	86.86	42

Page 7 / 7

210 Product

易 中 難

一、題目說明：

1.緯皓貿易公司的業務經理交辦新來的業務人員，計算 2013 年以美金報價的交易資料，但承接離職人員 Excel 檔案裡，卻發現有許多錯誤且不必要的資料。

2.新來的業務人員欲以快速方式刪除多餘資料後，再以匯率計算美金報價的交易資料。

二、作答須知：

1.請至 C:\ANS.CSF\EX02 資料夾開啟 **EXD02.xlsx** 檔設計。完成結果儲存於同一資料夾之下，檔案名稱為 **EXA02.xlsx**。

2.建立或複製公式時需考慮是否需使用絕對位址。除題目要求更改之設定外，不能任意改變原有之設定。

三、設計項目：

1.「Product」工作表：

A.編輯儲存格資訊：

- 「Region」欄位（B2~B243）：將欄位內的"USA"換成"AUS"。
- 「ProductID」欄位（A2~A243）：刪除儲存格內所有的空白字元。
- 刪除含有"Total"字串的所有列。

B.設定範圍名稱：選取 A1~G151 儲存格範圍，以頂端列為範圍名稱。

C.「SalesAmount」欄位（G2~G151）：

- 使用範圍名稱建立公式，「SalesAmount」為「UnitPrice」與「SalesQty」的乘積。
- 指定為千分位樣式，小數位數 2 位。

D.「LocalAmount」欄位（D2~D151）：

- 使用 VLOOKUP 函數與範圍名稱建立公式。
- 依據「Region」範圍名稱搜尋該地區幣值（「Rate」範圍名稱），之後將結果乘以「SalesAmount」範圍名稱，換算成當地貨幣。

E.建立表格：儲存格範圍 A1~G151 套用「橙色, 表格樣式深色 9」。

F. 列印設定：

- 設定奇偶頁不同。
- 頁首：顯示列印日期與工作表名稱，之間需間隔一個半形空格。奇數頁顯示在右側，偶數頁顯示在左側。
- 頁尾：無論奇偶頁，均在中間顯示頁碼。
- 列印標題的範圍為第 1 列。

四、參考結果如下所示：

	A	B	C	D	E	F	G
1	ProductID	Region	StockoutDate	LocalAmount	UnitPrice	SalesQty	SalesAmount
2	FD	AUS	2013/2/27	1,724.22	0.35	5,000	1,750.00
3	FD	AUS	2013/1/29	2,413.91	0.35	7,000	2,450.00
4	FD	AUS	2013/2/27	2,216.86	0.45	5,000	2,250.00
5	FD	AUS	2013/2/27	7,143.21	1.45	5,000	7,250.00
6	FD	AUS	2013/2/27	3,448.45	0.7	5,000	3,500.00
7	FD	AUS	2013/3/27	6,207.20	0.7	9,000	6,300.00
8	FD	AUS	2013/3/22	19,656.14	2.85	7,000	19,950.00
9	FD	AUS	2013/3/7	14,040.10	2.85	5,000	14,250.00
10	FD	AUS	2013/2/27	3,448.45	0.7	5,000	3,500.00
11	ISD	Korea	2013/1/31	17,049,284.42	4.9	3,046	14,925.40
12	ISD	Korea	2013/10/8	78,361,780.00	4.9	14,000	68,600.00
13	ISD	Korea	2013/1/18	3,449,746.00	3.02	1,000	3,020.00
14	ISD	Korea	2013/2/6	31,984,400.00	2.8	10,000	28,000.00
15	ISD	AUS	2013/2/20	1,104.49	3.8	295	1,121.00
16	ISD	AUS	2013/1/25	1,755.75	5.4	330	1,782.00

Product | Exchange Rate

2019/1/8 Product

ProductID	Region	StockoutDate	LocalAmount	UnitPrice	SalesQty	SalesAmount
FD	AUS	2013/2/27	1,724.22	0.35	5,000	1,750.00
FD	AUS	2013/1/29	2,413.91	0.35	7,000	2,450.00
FD	AUS	2013/2/27	2,216.86	0.45	5,000	2,250.00
FD	AUS	2013/2/27	7,143.21	1.45	5,000	7,250.00
FD	AUS	2013/2/27	3,448.45	0.7	5,000	3,500.00
FD	AUS	2013/3/27	6,207.20	0.7	9,000	6,300.00
FD	AUS	2013/3/22	19,656.14	2.85	7,000	19,950.00
FD	AUS	2013/3/7	14,040.10	2.85	5,000	14,250.00
FD	AUS	2013/2/27	3,448.45	0.7	5,000	3,500.00
ISD	Korea	2013/1/31	17,049,284.42	4.9	3,046	14,925.40
ISD	Korea	2013/10/8	78,361,780.00	4.9	14,000	68,600.00
ISD	Korea	2013/1/18	3,449,746.00	3.02	1,000	3,020.00
ISD	Korea	2013/2/6	31,984,400.00	2.8	10,000	28,000.00
ISD	AUS	2013/2/20	1,104.49	3.8	295	1,121.00
ISD	AUS					
ISD	Taiwan					
ISD	Taiwan					
ISD	Taiwan					
LN	Korea					
LN	AUS					
LN	Korea					
LN	Korea					
LN	Korea					
LN	Korea					
LN	Korea					
LN	Korea					
LN	Taiwan					
LN	AUS					
LN	AUS					
LN	AUS					
LN	Taiwan					
MB	AUS					
MB	AUS					
MB	AUS					
MB	AUS					
MB	Japan					
MB	AUS					
MB	AUS					
MB	Japan					
MB	Japan					
MB	Japan					
MB	Japan					
MB	Japan					
MB	Japan					
MB	Japan					
MB	Korea					
MB	Japan					
MB	Japan					

2019/1/8 Product

ProductID	Region	StockoutDate	LocalAmount	UnitPrice	SalesQty	SalesAmount
MB	Japan	2013/2/4	63,566.10	1.3	600	780.00
MB	Korea	2013/1/23	7,596.30	1.33	5	6.65
MB	Japan	2013/1/31	835,323.75	205	50	10,250.00
MB	Japan	2013/3/5	68,455.80	2.8	300	840.00
MB	Japan	2013/3/26	27,545,310.00	338	1,000	338,000.00
MB	Japan	2013/2/4	1,169,453.25	205	70	14,350.00
MB	Japan	2013/4/12	55,090,620.00	338	2,000	676,000.00
MB	AUS	2013/8/22	137.94	2.8	50	140.00
MB	AUS	2013/8/22	216.76	2.2	100	220.00
MB	AUS	2013/8/22	123.16	2.5	50	125.00
MB	Japan	2013/9/9	45,637.20	2.8	200	560.00
MB	Japan	2013/8/30	4,987.49	1.2	51	61.20
NV	AUS	2013/6/18	4,827.82	0.7	7,000	4,900.00
NV	AUS	2013/6/18	4,827.82	0.7	7,000	4,900.00
NV	AUS	2013/4/30	5,172.67	0.75	7,000	5,250.00
NV	AUS	2013/1/29	5,172.67	0.75	7,000	5,250.00
NV	AUS	2013/2/15	73,895.25	0.75	100,000	75,000.00
NV	AUS	2013/2/15	65,382.52	0.75	88,480	66,360.00
NV	AUS	2013/4/25	146.02	0.6	247	148.20
NV	AUS	2013/4/25	5,765.60	0.6	9,753	5,851.80
NV	AUS	2013/4/9	7,020.05	0.57	12,500	7,125.00
NV	AUS	2013/2/27	3,694.76	0.75	5,000	3,750.00
NV	AUS	2013/4/9	8,867.43	0.6	15,000	9,000.00
NV	Japan	2013/1/4	1,959.95	1.85	13	24.05
NV	AUS	2013/1/8	261.10	0.53	500	265.00
NV	Japan	2013/2/4	3,663,200.25	0.58	77,500	44,950.00
PD	Korea	2013/1/3	28,799,039.34	1.15	21,923	25,211.45
PD	Japan	2013/6/21	108,690,207.48	1822	732	1,333,704.00
PD	Japan	2013/1/7	47,919.06	1.5	392	588.00
PD	AUS	2013/1/4	34.48	0.7	50	35.00
PD	Japan	2013/1/11	119,797.65	1.5	980	1,470.00
PD	Japan	2013/1/31	7,688,809.17	190.60001	495	94,347.00
PD	Korea	2013/1/18	571,150.00	2	250	500.00
PD	Korea	2013/2/22	571,150.00	2	250	500.00
PD	Japan	2013/2/27	896.45	1.1	10	11.00
PD	Korea	2013/3/28	1,085,185.00	1.9	500	950.00
PD	Korea	2013/3/14	1,085,185.00	1.9	500	950.00
PD	Korea	2013/4/29	10,052,240.00	1.1	8,000	8,800.00
SP	Korea	2013/1/31	5,483,040.00	2.4	2,000	4,800.00
SP	Korea	2013/1/31	4,136,953.68	2.4	1,509	3,621.60
SP	Korea	2013/3/18	1,346,086.32	2.4	491	1,178.40
SP	Korea	2013/2/6	12,393,955.00	1.55	7,000	10,850.00
SP	Korea	2013/2/27	23,017,345.00	1.55	13,000	20,150.00
SP	Japan	2013/1/3	4,877,426.85	0.78	76,730	59,849.40
SP	Japan	2013/1/11	785,422.73	0.78	12,356	9,637.68
SP	Japan	2013/1/23	9,789.18	0.78	154	120.12
SP	AUS	2013/9/30	1,655.25	3.36	500	1,680.00
SP	AUS	2013/2/27	1,655.25	3.36	500	1,680.00

2

4-4 第三類：統計圖表之建立與應用能力

302 體重追蹤表

易 中 難

一、題目說明：

1.咪咪想對自己的體重進行減重控制，所以在 2013 年 7 月、8 月每天記錄體重，並設定 7 月的目標體重為 55 公斤，8 月的目標體重為 50 公斤。

2.但是光只是看數據卻看不出減重的成效，所以咪咪想以 Excel 圖表繪製體重控制的狀況，並且想標示距離目標體重的差距，於是利用折線圖表達這些資訊。

二、作答須知：

1.請至 C:\ANS.CSF\EX03 資料夾開啟 **EXD03.xlsx** 檔設計。完成結果儲存於同一資料夾之下，檔案名稱為 **EXA03.xlsx**。

2.建立或複製公式時需考慮是否需使用絕對位址。除題目要求更改之設定外，不能任意改變原有之設定。

三、設計項目：

1. 使用「體重追蹤表」工作表內資料，進行圖表繪製：
   - 使用儲存格 A1~C32 資料範圍，插入「含有資料標記的折線圖」圖表，之後將「體重」數列改為區域圖。
   - 複製原有的「體重」數列（兩個體重數列的資料內容需一致），之後加入的「體重」數列需設為「含有資料標記的折線圖」，使圖表內最後包含三個資料數列（資料數列依序為體重、目標體重、體重）。
   - 三個數列的水平（類別）座標軸皆需設定為「體重追蹤表」工作表之 A2~A32 儲存格。
   - 將圖表移動至「7 月份　圖表」工作表。

2.於「7 月份　圖表」工作表，完成圖表設定：

A.將圖表移動到 B7~P33 儲存格內，套用圖表樣式「樣式 8」。

B.設定圖表標題與座標軸格式：
- 於圖表上方顯示圖表標題，若 B1 儲存格內標題異動，則圖表標題亦隨之異動，名稱顯示為「7 月份　體重追蹤表」。
- 垂直（數值）軸：設定最小值為 52.0。

3.使用「體重追蹤表」工作表內 E1~G32 儲存格資料範圍，插入「組合圖」，將「體重」數列指定為「區域圖」圖表，「目標體重」數列指定為「折線圖」(資料數列依序為體重、目標體重)，最後使用剪下貼上的方式，將圖表移動至「8 月份 圖表」工作表內。

4.於「8 月份 圖表」工作表，完成圖表設定：

A.將圖表移動到 B7~P33 儲存格內。

B.體重（區域圖）之資料數列格式設定：設定框線色彩為「綠色, 輔色 1, 較深 50%」的實心線條、線條寬度 4.5pt。

C.目標體重(折線圖):線條為「橙色」實心線條，線條寬度 4.5pt。

D.顯示圖表標題：

- 名稱為「8 月份 體重追蹤表」，若 B1 儲存格內標題異動，則圖表標題亦隨之異動。
- 字型為「微軟正黑體」、粗體字，字體大小為 20pt。

E.水平（類別）軸設定：

- 數值格式為 dd(aaa)，使得水平軸顯示結果為「日(週 X)」、「垂直」文字方向。
- 座標軸位置在刻度上。
- 字型為「微軟正黑體」，字體大小為 9pt。

F. 垂直（數值）軸：

- 最小值為 48.0。
- 字型為「微軟正黑體」、字體大小為 12pt。

G.設定繪圖區格式：

- 漸層填滿：設定「輕度漸層, 輔色 3」的預設漸層色彩。
- 框線設定為「深藍色」外框、線條寬度 3pt。

四、參考結果如下所示：

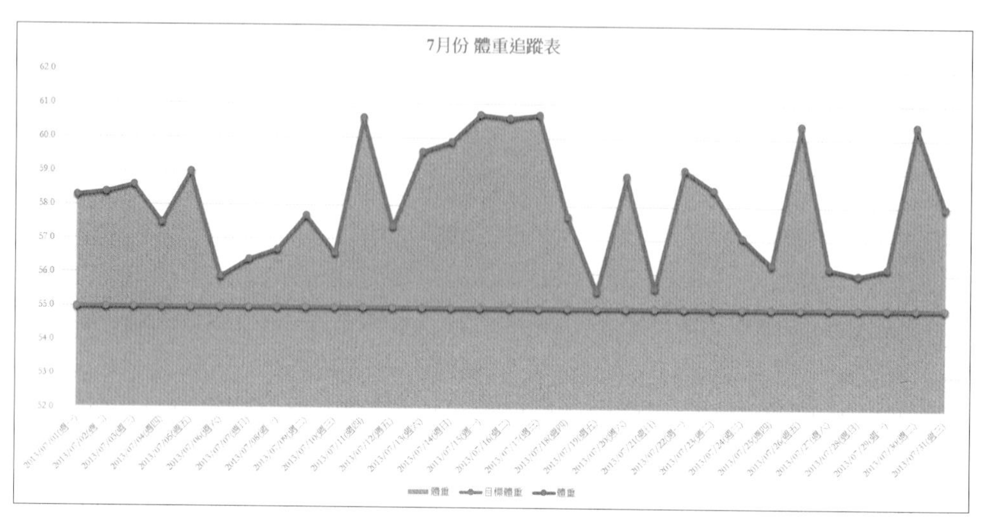
7月份 體重追蹤表
62.0
61.0
60.0
59.0
58.0
57.0
56.0
55.0
54.0
53.0
52.0
體重
目標體重
體重

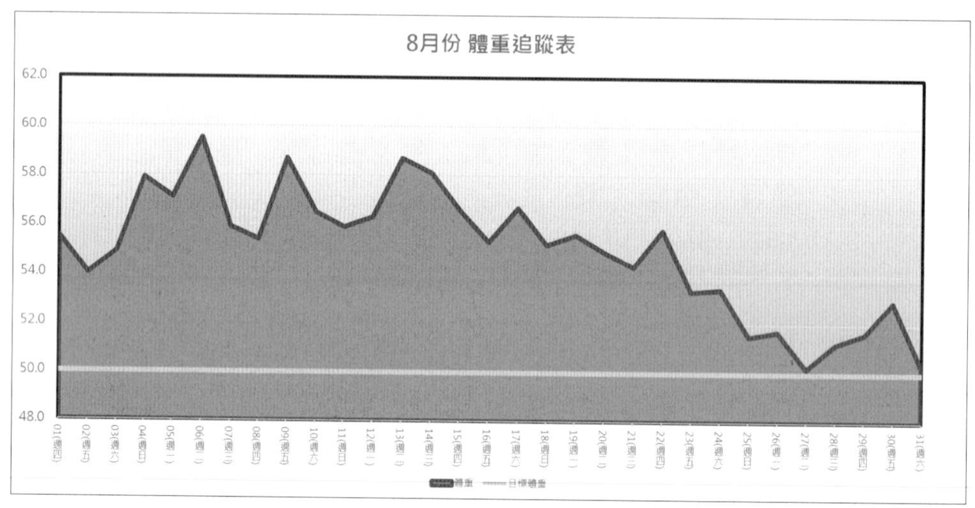
8月份 體重追蹤表
62.0
60.0
58.0
56.0
54.0
52.0
50.0
48.0
體重
目標體重

304 A與B品牌進行二種儀器的檢測結果

易 中 難

一、題目說明：

1.諭維檢測科技公司進行 A、B 二種品牌商品的檢測，但 A、B 品牌檢測間距的最低與最高值相同，但間距不同，並且都需進行二次檢測。

2.檢測人員想依據數據分析 A、B 品牌的商品穩定度，必須將二種品牌繪製在一個圖表內比較，由於間距與變形弧度均為數值資料，所以需使用直線 XY 散佈圖才能發現各品牌在哪個測試點會發生最大的變形。

二、作答須知：

1.請至 C:\ANS.CSF\EX03 資料夾開啟 **EXD03.xlsx** 檔設計。完成結果儲存於同一資料夾之下，檔案名稱為 **EXA03.xlsx**。

2.建立或複製公式時需考慮是否需使用絕對位址。除題目要求更改之設定外，不能任意改變原有之設定。

三、設計項目：

1.繪製圖表於新工作表，並使用兩張工作表作為來源資料：

- 「A 品牌」工作表的 A1~C402 儲存格範圍，使用 A2~A402 作為數列 X 軸。
- 「B 品牌」工作表的 A1~C102 儲存格範圍，使用 A2~A102 作為數列 X 軸。
- 圖表類型為「帶有直線的散佈圖」，套用「樣式 6」。
- 資料數列依序為 A 品牌第一種測試、A 品牌第二種測試、B 品牌第一種測試、B 品牌第二種測試。
- 新工作表名稱為「比較圖表」。

2.於「比較圖表」工作表，設定相關資訊如下：

A.設定標題資訊：

- 在圖表上方顯示圖表標題：「A 與 B 品牌執行二種儀器檢測結果比較圖」。
- X 軸標題（主水平軸標題）：「測試間距」。
- Y 軸標題（主垂直軸標題）：「變形弧度」。

B.顯示第一主水平、第一次要水平、第一主垂直、第一次要垂直格線。

C.將圖例改至下方顯示。

D.設定水平（數值）軸相關資訊如下：

- 設定最小值為 1.0、最大值為 6.0。
- 主要刻度為交叉型態。

E. 將 B 品牌第一種測試，資料數列線條色彩變更為「淺綠色」。

四、參考結果如下所示：

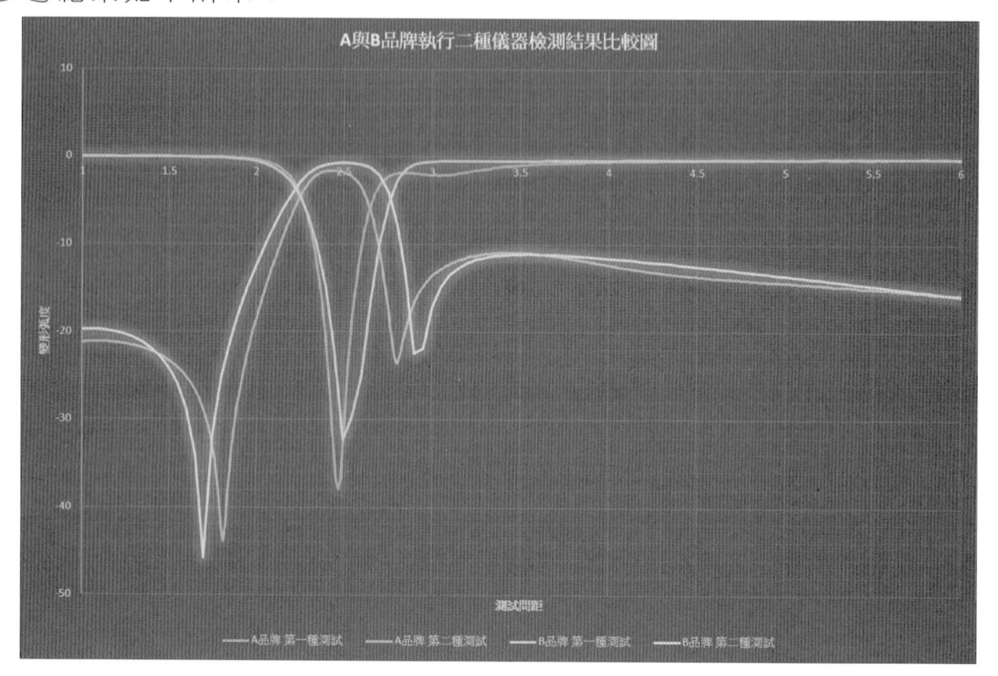

306 萬事通銀行逾期放款分析表

易 中 難

一、題目說明：

1.萬事通銀行想針對民國 93~98 年客戶放款逾期資料進行分析。

2.從數據很難看出端倪，於是想彙整逾期放款天數、筆數與金額，再將此資料繪製成直條圖與折線圖進行比較。

二、作答須知：

1.請至 C:\ANS.CSF\EX03 資料夾開啟 **EXD03.xlsx** 檔設計。完成結果儲存於同一資料夾之下，檔案名稱為 **EXA03.xlsx**。

2.建立或複製公式時需考慮是否需使用絕對位址。除題目要求更改之設定外，不能任意改變原有之設定。

三、設計項目：

1.根據「筆數與金額統計」工作表之樞紐分析表繪製樞紐分析圖於新工作表（工作表式圖表）：

A.圖表類型為組合式圖表中的「群組直條圖-折線圖」，並修改資訊如下：

- 「放款筆數」數列為「含有資料標記的折線圖」，對應副座標軸。
- 「加總/總金額」數列為「群組直條圖」。
- 將新工作表更改名稱為「圖表分析」。

B.套用「樣式 8」圖表樣式。

2.於「圖表分析」工作表，參考結果圖完成以下設定。

A.設定「加總/總金額」的資料數列樣式：

- 類別間距調整成 30%。
- 填滿色彩使用圖樣填滿，圖樣為「橫條紋: 深色」，前景色為「淺藍色」。
- 外框線之線條為 1.5pt 的實心線條、顏色為「深藍色」。

B.直條圖資料標籤：均顯示在終點外側。

C.顯示圖例在圖表下方。

D.欄位按鈕需設定全部隱藏。

E.顯示圖表標題「逾期放款統計圖」，字體大小為 16pt、粗體，顏色為「藍色」，字型設定為「微軟正黑體」。

四、參考結果如下所示：

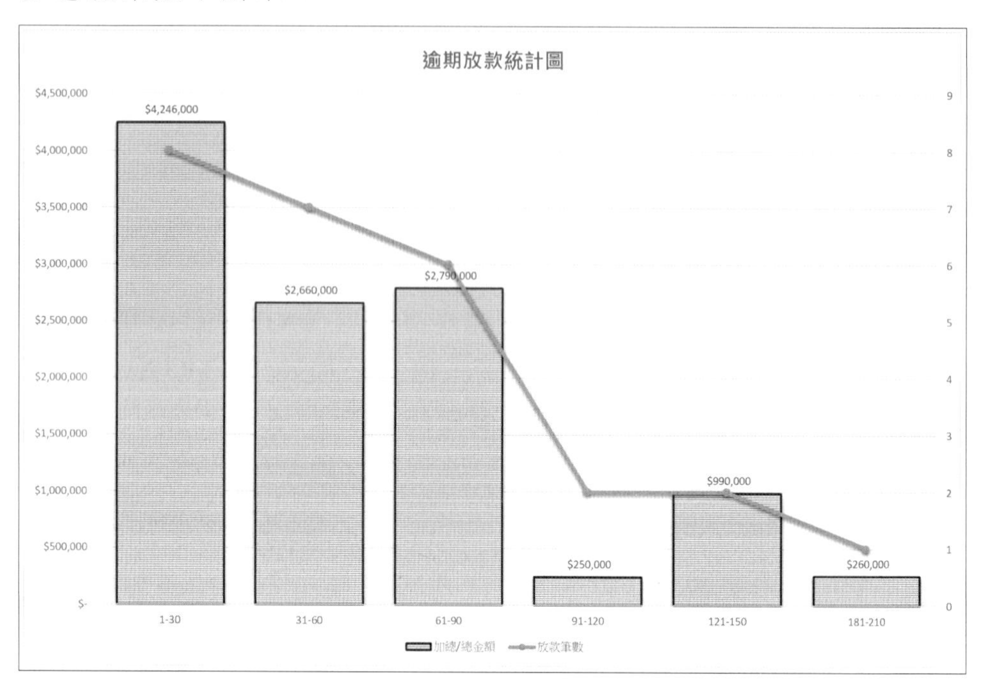
逾期放款統計圖
$4,500,000
$4,000,000
$3,500,000
$3,000,000
$2,500,000
$2,000,000
$1,500,000
$1,000,000
$500,000
$-
9
8
7
6
5
4
3
2
1
0
$4,246,000
$2,660,000
$2,790,000
$250,000
$990,000
$260,000
1-30
31-60
61-90
91-120
121-150
181-210
加總/總金額
放款筆數

308 銷售訂單統計表

易 中 難

一、題目說明：

1. 鵬緯公司的主管想針對訂單資料做檢核，他想利用 Excel 的 VLOOKUP 函數核對資料，並且統計每種紙類的銷售數量，繪製圖表進行分析。
2. 由於各種紙類的銷售量相當懸殊，故應以子母圓形圖，將數量小的資料放在子圖中，這樣才能完整顯示每種數值資料。

二、作答須知：

1. 請至 C:\ANS.CSF\EX03 資料夾開啟 **EXD03.xlsx** 檔設計。完成結果儲存於同一資料夾之下，檔案名稱為 **EXA03.xlsx**。
2. 建立或複製公式時需考慮是否需使用絕對位址。除題目要求更改之設定外，不能任意改變原有之設定。

三、設計項目：

1. 於「訂單」工作表完成以下事項，若牽涉到公式的撰寫，一律使用範圍名稱：

   A. 編輯範圍名稱：
   - 不可更動原有的「產品」範圍名稱。
   - 以儲存格 A1~I51 選取範圍中的頂端列，建立範圍名稱。不可包含「客戶名稱」與「交易金額」範圍名稱，完成後共有 8 筆範圍名稱。

   B.「訂單編號」欄位（A2~A51）：
   - 使用 TEXT 函數。
   - 設定訂單編號（A2~A51）為「交易日期」欄位資料（D2~D51）的"年"與"月"資訊連接「流水號」欄位資料（B2~B51），中間用"-"符號隔開。
   - 例如：交易日期為"2012-01-12"、對應之流水號為"034"、則訂單編號為"2012-01-034"。

   C.「成本」欄位（G2~G51）：
   - 使用 VLOOKUP 函數。
   - 依據「品名」範圍名稱搜尋「產品價格表」工作表內「產品」範圍名稱的成本值。

   D.「成本總值」欄位（H2~H51）：
   - 使用範圍名稱計算成本總值，公式為「數量」*「成本」。

2.於「銷售統計圖」工作表之「總銷售數量」欄位（B4~B9），使用範圍名稱完成公式的撰寫：

- 使用 SUMIF 函數，依據「訂單」工作表內容，計算各產品總銷售數量。

3.於「銷售統計圖」工作表繪製圖表：

A. 繪製「子母圓形圖」:
- 依據「銷售統計圖」工作表 A3~B9 儲存格資料繪製。
- 繪製完成放在 C1~J12 儲存格範圍內。
- 第二個區域為「照片專用紙」與「彩色影印紙」。

B. 套用「圖表樣式 12」，關閉圖例。

C. 圖表區格式設計，套用漸層填滿，並完成如下編輯：
- 只在開始與結束的地方各留下一個漸層停駐點，R、G、B 在開始與結束位置之數值分別設定為 154、195、246 與 225、236、251。
- 於 50%位置新增一漸層停駐點，設定其 R、G、B 值分別為 193、216、248（限定用按鈕的方式新增停駐點，不可使用雙擊的方式）。
- 框線為圓角、框線色彩為「深藍色」、線條寬度 3pt。

D. 編輯資料數列標籤與標題：
- 圖表標題：顯示圖表標題名稱為「總銷售數量」。
- 資料數列標籤：顯示類別名稱與值於資料點的終點內側、以「換行」分隔符號顯示並設定為粗體字。

E. 資料數列格式：立體格式中的上方浮凸需套用「圓形」浮凸效果。

四、參考結果如下所示：

訂單編號	流水號	客戶名稱	交易日期	品名	數量	成本	成本總值	交易金額
2012-01-034	034	愛苑資訊科技公司	101-01-12	傳真紙	543	1,150	624,450	1,219,000
2012-01-021	021	聯邦銀行	101-01-17	A4影印紙	670	650	435,500	636,000
2012-01-078	078	載毅建設	101-01-22	彩色影印紙	264	3,250	858,000	1,799,000
2012-01-107	107	裘穩居	101-01-22	A4影印紙	4580	650	2,977,000	4,221,000
2012-02-029	029	佳全貨運	101-02-15	傳真紙	77	1,150	88,550	213,000
2012-02-049	049	龐熙寶齋	101-02-20	報表紙	148	450	66,600	150,000
2012-02-081	081	希妮卡	101-02-20	傳真紙	254	1,150	292,100	417,000
2012-02-032	032	亮光光清潔公司	101-02-22	A4影印紙	120	650	78,000	98,000
2012-03-052	052	添享居	101-03-07	B4影印紙	126	950	119,700	200,000
2012-03-083	083	遠見雜誌	101-03-28	A4影印紙	3224	650	2,095,600	3,500,000
2012-04-005	005	鼎基資訊股份有限公司	101-04-23	彩色影印紙	70	3,250	227,500	351,000
2012-04-009	009	畢強電機	101-04-26	照片專用紙	340	6,520	2,216,800	5,226,000
2012-04-051	051	壽玢雅齋	101-04-28	報表紙	1285	450	578,250	1,036,000
2012-05-053	053	珊篤小館	101-05-01	彩色影印紙	652	3,250	2,119,000	3,657,000
2012-05-082	082	宇宙企業	101-05-08	A4影印紙	124	650	80,600	118,000
2012-05-033	033	斯巴達PUB	101-05-10	A4影印紙	251	650	163,150	187,000

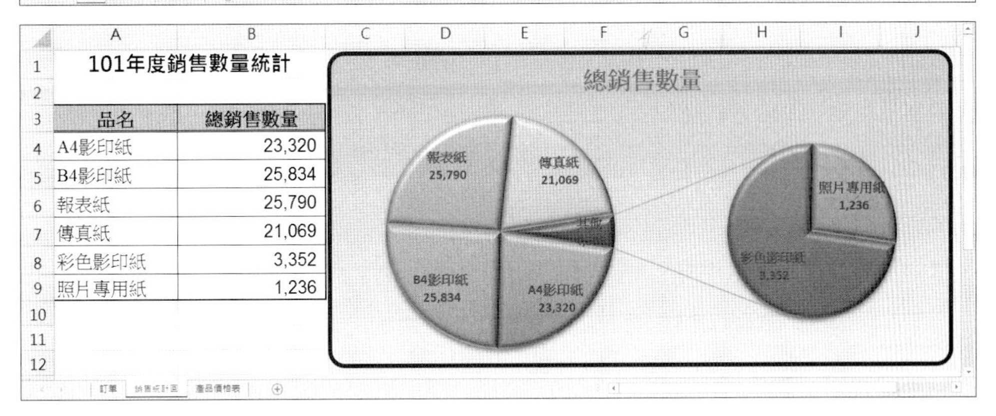

310 各廠牌印表機性能比較表

易 中 難

一、題目說明：

1.識群市調公司受委託進行四種廠牌印表機的使用狀況調查。邀請 27 位均使用過 A、B、C、D 四種印表機的受訪者，進行問卷調查。

2.回收受訪者的問卷進行彙整與統計，但由數據仍難了解各品牌的評價，所以利用雷達圖表示各品牌間的優劣，在越外圈的資料表示評價越高。

二、作答須知：

1.請至 C:\ANS.CSF\EX03 資料夾開啟 **EXD03.xlsx** 檔設計。完成結果儲存於同一資料夾之下，檔案名稱為 **EXA03.xlsx**。

2.建立或複製公式時需考慮是否需使用絕對位址。除題目要求更改之設定外，不能任意改變原有之設定。

三、設計項目：

1.在「問卷統計」工作表的 B30~L33 儲存格，統計每種印表機廠牌在每個項目的出現次數：
- 使用 COUNTIF 函數。
- 使用儲存格資訊完成公式撰寫，公式中不可出現任何字串。

2.使用儲存格 B1~L1 作為類別座標軸與儲存格 A30~L33，進行圖表繪製：
- 設定圖表類型為「含資料標記的雷達圖」、「樣式 8」。
- 將圖表移至新工作表，新工作表名稱命名為「雷達圖」。

3.於「雷達圖」工作表，完成以下事項：

A.圖表區文字：設定字體大小為 16pt。

B.圖表圖例：顯示在右方，大小為 12pt。

C.取消圖表標題。

D.變更色彩為「色彩豐富的調色盤 3」圖表樣式。

E.資料標籤上的類別名稱，字體顏色改為「深藍色」、粗體字。

四、參考結果如下所示：

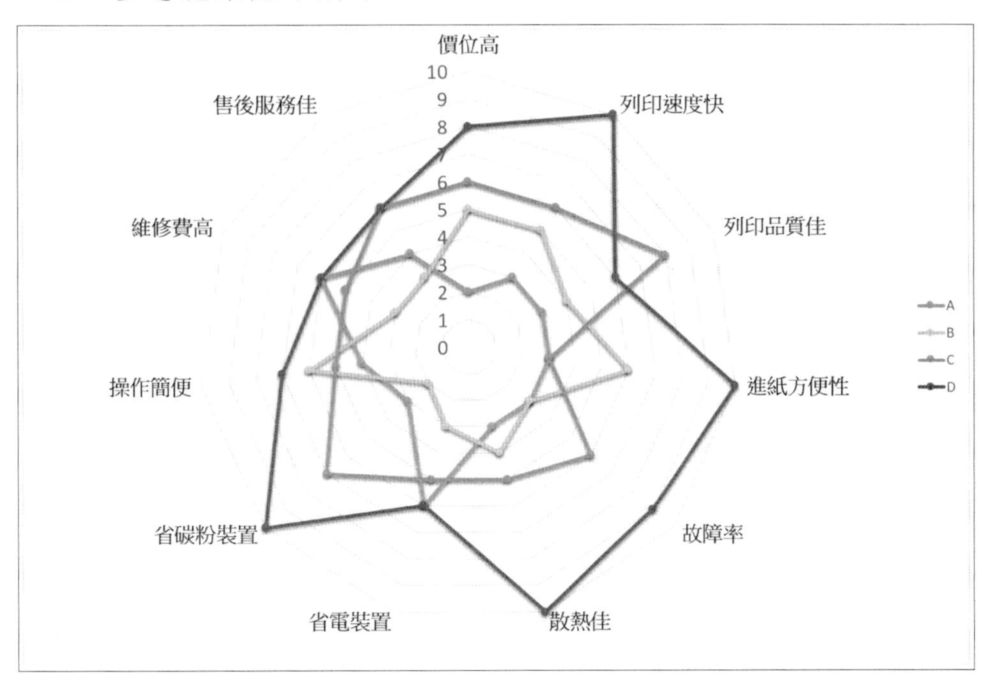
價位高
列印速度快
列印品質佳
進紙方便性
故障率
散熱佳
省電裝置
省碳粉裝置
操作簡便
維修費高
售後服務佳
10
9
8
7
6
5
4
3
2
1
0
A
B
C
D

4-5 第四類：進階資料處理與分析能力

402 關聯式樞紐分析表製作

易 中 難

一、題目說明：

1.業務助理收到一份從 Access 導出的資料，主管要求列出每一年度中每個月份的銷售總額。

2.列出年度銷售總表後，利用年度總表產生年度明細。

3.在資料來源中，發現資料分佈在不同的工作表，因此將資料格式化為表格後進行關聯，產生關聯式樞紐分析報表。

二、作答須知：

1.請至 C:\ANS.CSF\EX04 資料夾開啟 **EXD04.xlsx** 檔設計。完成結果儲存於同一資料夾之下，檔案名稱為 **EXA04.xlsx**。

2.建立或複製公式時需考慮是否需使用絕對位址。除題目要求更改之設定外，不能任意改變原有之設定。

三、設計項目：

1.建立表格名稱：

A.將「訂單資料」工作表的儲存格 A1~K290 格式化為表格，套用「淺藍, 表格樣式淺色 20」，勾選有標題的表格，並將此表格的表格名稱輸入「訂單資料」。

B.將「產品分類」工作表的儲存格 A1~D77 格式化為表格，套用「淺綠, 表格樣式淺色 21」，勾選有標題的表格，並將此表格的表格名稱輸入「產品分類」。

2.建立使用「訂單資料」表格與「產品分類」表格設定關聯圖：選擇關聯要用的表格及欄視窗，表格為「訂單資料」，欄(外部)選擇「產品編號」，關聯表格使用「產品分類」表格，關聯欄(主要)選擇「產品編號」。

3.建立關聯式樞紐分析表：

A.使用「訂單資料」表格與「產品分類」表格建立樞紐分析表：

- 樞紐分析表放置於新的工作表，取名「年度各類產品銷售報表」。
- 列標籤使用「訂單資料」的「產品」欄位。

- 欄標籤使用「訂單資料」的「訂單日期」欄位，並以「年」和「季」組成群組（不需加入「月」群組）。
- 值欄位使用「訂單資料」的「小計」欄位，並進行「加總」運算，若為空白儲存格，顯示 0。
- 篩選欄位使用「產品分類」的「類別名稱」欄位。

B. 修正欄標籤與列標籤，並進行篩選與小計設定：

- 欄標籤重新更名為「年度」，列標籤重新更名為「產品」，以欄標籤篩選出「2015」年度的所有記錄。
- 需展開 2015 年群組，使儲存格 B5~E5 為季 1~季 4。
- 取消「2015 合計欄位」（群組小計不顯示之意）。

C. 插入交叉分析篩選器：

- 使用「產品分類」表格的「類別名稱」作為篩選欄位，此篩選器置於第 3 列~第 14 列之間。

D. 美化報表：

- 樞紐分析表套用「淺綠, 樞紐分析表樣式中等深淺 21」。
- 交叉分析篩選器套用「淺綠, 交叉分析篩選器樣式淺色 6」。

E. 利用交叉分析篩選器選擇「海鮮」類。

4.建立樞紐分析報表：

- 利用「年度各類產品銷售報表」工作表中的樞紐分析表顯示 2015 年度「第 1 季」海鮮類的詳細資料，並將新產生的工作表命名為「2015 年第 1 季海鮮」，資料由 A3 儲存格開始顯示。

四、參考結果如下所示：

	A	B	C	D	E	F
1	類別名稱	海鮮				
2						
3	以下資料的總和: 小計	年度				
4		2015				總計
5		季1	季2	季3	季4	
6	產品					
7	大甲蟹	2096	0	0	0	2096
8	干貝	0	1200	0	0	1200
9	花枝	4746	0	0	8800	13546
10	海哲皮	0	230	2800	0	3030
11	蚵	0	0	1635	0	1635
12	雪魚	3924	0	0	0	3924
13	黃魚	5000	0	0	0	5000
14	墨魚	2268	0	0	0	2268
15	蝦子	3052	0	0	0	3052
16	蝦米	1180	0	0	0	1180
17	魷魚	4760	2975	0	690	8425
18	龍蝦	9646	0	0	0	9646
19	總計	36672	4405	4435	9490	55002

類別名稱：肉/家禽、食品起司、海鮮、特製品、飲料、穀類/麥片、調味品、點心

工作表：2015年第1季海鮮、年度各類產品銷售報表、訂單資料、產品分類

	A	B	C	D	E
1	傳回 以下資料的總和: 小計, 2015 - 季1, 海鮮 (前 1000 列) 的資料				
2					
3	訂單資料[小計]	訂單資料[公司名稱]	訂單資料[地址]	訂單資料[收貨人]	訂單資料[客戶編號]
4	742	和福建設	台中市中港路一段78號	成先生	LAUGB
5	3390	亞太公司	花蓮市花蓮路98號	徐先生	TRADH
6	2096	福星製衣廠股份有限公司	桃園縣富國路42號	劉先生	SUPRD
7	3924	大鈺貿易	新竹市竹北路8號	蘇先生	SAVEA
8	1356	東遠銀行	台北縣中新路11號	王先生	HILAA
9	5000	喻台生機械	花蓮市花蓮路98號	李先生	BERGS
10	2616	東遠銀行	台北縣中新路11號	王先生	HILAA
11	972	賜芳股份	屏東縣永大路4號	黎先生	SPECD
12	1180	悅海	台北縣中新路11號	李柏麟	MAISD
13	8904	大鈺貿易	新竹市竹北路8號	蘇先生	SAVEA
14	1296	師大貿易	宜蘭市經國路55號	周先生	HUNGO
15	4760	大鈺貿易	新竹市竹北路8號	蘇先生	SAVEA
16	436	蘭格英語	桃園縣富國路42號	劉先生	QUEDE

（註：因版本更新後，「2015 年第 1 季海鮮」工作表產生的資料順序可能與參考結果圖不同。）

404 電視節目

易 中 難

一、題目說明：

1.薇薇從網路下載 8 月份有關知識與休閒頻道節目表，方便使用 Excel 超強的篩選功能可以輕易查詢想看的時段與節目。

2.除了可以即時查詢時段，她還設計可以選取三個最愛的節目，系統會自動以指定的填滿色彩標示出這些最愛的節目。

二、作答須知：

1.請至 C:\ANS.CSF\EX04 資料夾開啟 **EXD04.xlsx** 檔設計。完成結果儲存於同一資料夾之下，檔案名稱為 **EXA04.xlsx**。

2.建立或複製公式時需考慮是否需使用絕對位址。除題目要求更改之設定外，不能任意改變原有之設定。

三、設計項目：

1.「節目表-查詢節目」工作表：篩選出「國家地理頻道」欄位資料中含有"報告狗班長"字串的所有節目。

2.「節目表-查詢時段」工作表：篩選在週六與週日（亦即 8 月 24、25 日）晚上 7:00-9:00（不含 9:00）之間播放的所有節目。

3.「節目名稱」工作表：

A.將「知識與休閒頻道節目表」工作表的節目名稱欄位資料（D7~D845）複製到 A2~A840，並針對儲存格 A2~A840，完成以下事項：

- 只保留影集名稱，每個儲存格內的第一個空格前，皆為影集名稱。
- 移除重複資料，資料移除後應剩餘 113 筆，完成後每個影集名稱最後各只保留一筆。
- 將完成的影集名稱遞增排序。

B.將 A2~A114 設定範圍名稱為「節目名稱」。

4.「知識與休閒頻道節目表」工作表：

A.在儲存格 D1~D3 設定資料驗證，來源為「節目名稱」範圍名稱，勿改變儲存格 D1~D3 之預設顏色格式。

B.使用 AND、FIND、NOT、ISBLANK 函數，於儲存格 A7~D845 設定三筆格式化的條件（請依題目順序依序進行設定）:

- 在 D1 儲存格選取該節目後，含有該節目名稱之整列資料以「藍色, 輔色 5, 較淺 80%」填滿色彩顯示，若儲存格 D1 未設定任何資訊，則儲存格 A7~D845 就無相關填滿色彩。
- 在 D2 儲存格選取該節目後，含有該節目名稱之整列資料以「金色, 輔色 4, 較淺 80%」填滿色彩顯示，若儲存格 D2 未設定任何資訊，則儲存格 A7~D845 就無相關填滿色彩。
- 在 D3 儲存格選取該節目後，含有該節目名稱之整列資料以「綠色, 輔色 6, 較淺 80%」填滿色彩顯示，若儲存格 D3 未設定任何資訊，則儲存格 A7~D845 就無相關填滿色彩。

四、參考結果如下所示：

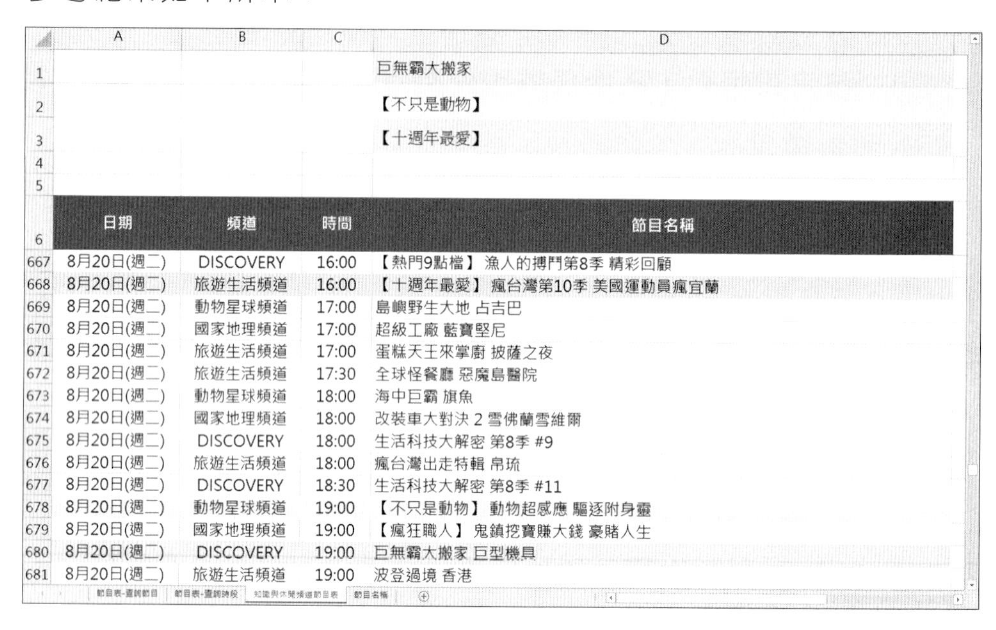

	A	B	C	D
1				巨無霸大搬家
2				【不只是動物】
3				【十週年最愛】
4				
5				
6	日期	頻道	時間	節目名稱
667	8月20日(週二)	DISCOVERY	16:00	【熱門9點檔】 漁人的搏鬥第8季 精彩回顧
668	8月20日(週二)	旅遊生活頻道	16:00	【十週年最愛】 瘋台灣第10季 美國運動員瘋宜蘭
669	8月20日(週二)	動物星球頻道	17:00	島嶼野生大地 占吉巴
670	8月20日(週二)	國家地理頻道	17:00	超級工廠 藍寶堅尼
671	8月20日(週二)	旅遊生活頻道	17:00	蛋糕天王來掌廚 披薩之夜
672	8月20日(週二)	旅遊生活頻道	17:30	全球怪餐廳 惡魔島醫院
673	8月20日(週二)	動物星球頻道	18:00	海中巨霸 旗魚
674	8月20日(週二)	國家地理頻道	18:00	改裝車大對決 2 雪佛蘭雪維爾
675	8月20日(週二)	DISCOVERY	18:00	生活科技大解密 第8季 #9
676	8月20日(週二)	旅遊生活頻道	18:00	瘋台灣出走特輯 帛琉
677	8月20日(週二)	DISCOVERY	18:30	生活科技大解密 第8季 #11
678	8月20日(週二)	動物星球頻道	19:00	【不只是動物】 動物超感應 驅逐附身靈
679	8月20日(週二)	國家地理頻道	19:00	【瘋狂職人】 鬼鎮挖寶賺大錢 豪賭人生
680	8月20日(週二)	DISCOVERY	19:00	巨無霸大搬家 巨型機具
681	8月20日(週二)	旅遊生活頻道	19:00	波登過境 香港

406 榮譽榜

易 中 難

一、題目說明：

1.薇陽高中一年級舉行全校性模擬考，教務處要統計各班排名與全校排名，以及計算每位學生不及格的科目數。

2.教務主任還想標示班排名前三名（含）的人，並且想知道他們是否有不及格科目，如果有則以醒目填滿色彩標示。

二、作答須知：

1.請至 C:\ANS.CSF\EX04 資料夾開啟 **EXD04.xlsx** 檔設計。完成結果儲存於同一資料夾之下，檔案名稱為 **EXA04.xlsx**。

2.建立或複製公式時需考慮是否需使用絕對位址。除題目要求更改之設定外，不能任意改變原有之設定。

三、設計項目：

1.於「一年級」工作表，完成以下事項：

A.「總分」欄位（L2~L669）：使用 SUMPRODUCT 函數、儲存格 D2~K669 與「學分」範圍名稱，計算各科成績總分。

B.「平均」欄位（M2~M669）：
- 使用 SUM、ROUND 函數、「總分」欄位資料（L2~L669）與「學分」範圍名稱。
- 使用總分除以總學分數計算平均值，四捨五入取至小數點二位。

C.「班排名」欄位（N2~N669）：
- 使用 SUMPRODUCT 函數與「班級」、「平均」範圍名稱，依據平均成績顯示在各班排名的名次。
- 函數提示：SUMPRODUCT(條件 1*條件 2*....)。

D.「校排名」欄位（O2~O125）：
- 使用 RANK.EQ、「平均」欄位資料（M2~M125）與「平均」範圍名稱。
- 以平均成績顯示在全校排名的名次。

E.「不及格科數」欄位（P2~P125）：
- 使用 IF、COUNTIF 函數。
- 計算不及格的科目數，若無不及格科目（所有科目成績皆大於或等於 60 分）則不顯示。

F. 在儲存格 A2~P669，設定格式化的條件，格式化規則視窗中，條件一需在條件二上面：

- 條件一：使用 AND 函數，將班排名前三名（含），而且沒有任何不及格者，整列以「藍色」底色填滿，字型為「白色，背景 1」、粗體字顯示。
- 條件二：使用 AND 函數，將班排名前三名（含），有不及格者，整列以「橙色」底色填滿，字型為「紅色」、粗體字顯示。

四、參考結果如下所示：

	A	B	C	D	E	F	G	H	I	J	K	L	M	N	O	P
1	班級	座號	姓名	國文	英文	數學	歷史	地理	主義	物理	生物	總分	平均	班排名	校排名	不及格科數
2	101	1	郭晉瑋	70	85	80	53	71	65	48	62	1609	69.96	27	119	2
3	**101**	**2**	**郭家榮**	**84**	**80**	**95**	**75**	**68**	**87**	**74**	**68**	**1848**	**80.35**	**3**	**6**	
4	101	3	張竣嘉	69	73	65	65	77	59	52	63	1537	66.83	37	186	2
5	101	4	邱俊達	89	74	85	81	80	78	64	60	1798	78.17	8	15	
6	101	5	戴伊蓮	87	73	80	86	89	90	65	66	1841	80.04	4	7	
7	**101**	**6**	**陳昱勳**	**78**	**78**	**95**	**73**	**92**	**94**	**71**	**67**	**1890**	**82.17**	**1**	**3**	
8	101	7	張凱博	81	76	75	73	87	93	41	73	1749	76.04	11	26	1
9	101	8	林佑恩	73	61	90	73	78	52	56	55	1602	69.65	30	125	3
10	101	9	張博舜	76	39	50	80	78	60	56	62	1410	61.30	41	357	3
11	101	10	謝億珊	79	71	63	53	85	82	54	70	1625	70.65	24	101	2
12	101	11	蔡宜靜	79	66	70	71	71	62	64	67	1601	69.61	31	127	
13	**101**	**12**	**邱昱豪**	**89**	**85**	**90**	**78**	**93**	**75**	**63**	**57**	**1881**	**81.78**	**2**	**4**	**1**
14	101	13	林芳儀	71	80	60	68	76	86	52	57	1598	69.48	32	131	2
15	101	14	林岑曄	69	65	80	65	62	82	63	71	1604	69.74	29	124	
16	101	15	楊士弘	74	72	95	77	65	53	52	42	1607	69.87	28	121	3
17	101	16	鄭又綺	85	82	60	76	76	90	56	56	1692	73.57	20	55	2
18	101	17	林喬元	79	72	80	64	75	77	70	50	1671	72.65	21	65	1
19	101	18	陳怡萱	72	74	90	80	86	75	73	64	1786	77.65	9	17	

一年級 學分數

408 監視器報價管理系統

易 中 難

一、題目說明：

1.思鴻安防科技有限公司為監視器製造廠商，業務人員每次要報價時都非常頭痛，因為不同類型產品均在不同工作表內。

2.由於產品類別與種類繁多，並且項目與產品編號的輸入，業務人員都想以下拉式選單來選取；系統還可以在選完產品編號後自動帶出產品名稱、單位與售價，並且自動計算該筆訂單的總金額。

二、作答須知：

1.請至 C:\ANS.CSF\EX04 資料夾開啟 **EXD04.xlsx** 檔設計。完成結果儲存於同一資料夾之下，檔案名稱為 **EXA04.xlsx**。

2.建立或複製公式時需考慮是否需使用絕對位址。除題目要求更改之設定外，不能任意改變原有之設定。

三、設計項目：

1.於「報價單」工作表，使用範圍名稱完成以下事項：

A.設定範圍 B2~B21 的資料驗證：

- 依據「類別」的範圍名稱設定清單式的資料驗證。
- 部分結果應如下圖所示：

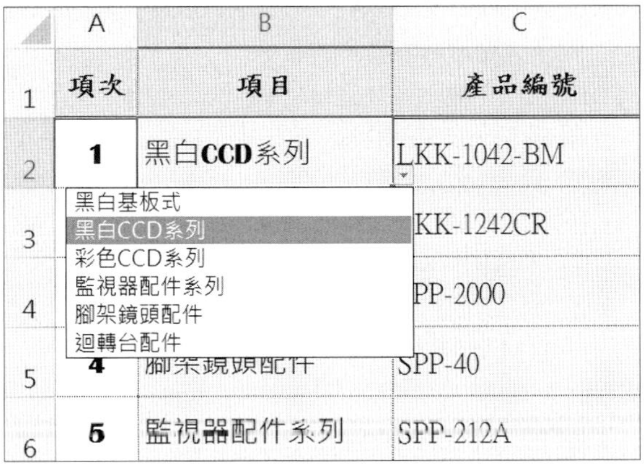

	A	B	C
1	項次	項目	產品編號
2	1	黑白CCD系列	LKK-1042-BM
3			KK-1242CR
4			PP-2000
5	4	腳架鏡頭配件	SPP-40
6	5	監視器配件系列	SPP-212A

黑白基板式
黑白CCD系列
彩色CCD系列
監視器配件系列
腳架鏡頭配件
迴轉台配件

B. 設定範圍 C2~C21 的資料驗證：

- 使用 INDIRECT 函數完成驗證設定。
- 依據「項目」欄位所選取的類別分別選擇相對應的清單。
- 清單的範圍名稱為「黑白基板式清單」、「黑白 CCD 系列清單」、「彩色 CCD 系列清單」、「監視器配件系列清單」、「腳架鏡頭配件清單」、「迴轉台配件清單」，以此清單項目設定清單式的資料驗證。
- 部分結果應如下圖所示：

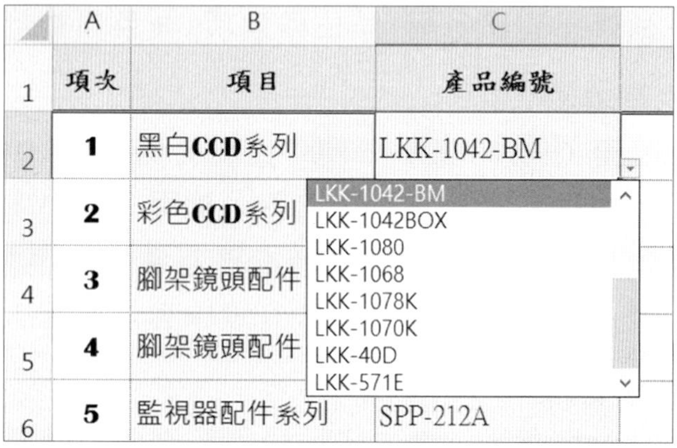

	A	B	C
1	項次	項目	產品編號
2	1	黑白CCD系列	LKK-1042-BM
3	2	彩色CCD系列	
4	3	腳架鏡頭配件	
5	4	腳架鏡頭配件	
6	5	監視器配件系列	SPP-212A

LKK-1042-BM
LKK-1042BOX
LKK-1080
LKK-1068
LKK-1078K
LKK-1070K
LKK-40D
LKK-571E

C. 依據「產品編號」欄位所選取的編號，輸入公式查閱相關工作表的「產品名稱」、「單位」及「售價」資訊，若產品編號為空白，則不顯示產品名稱：

- 使用 IFERROR、VLOOKUP 與 INDIRECT 函數及「項目」欄位對應之範圍名稱。
- 產品名稱：設定範圍 D2~D21 的公式。
- 單位：設定範圍 E2~E21 的公式。
- 售價：設定範圍 G2~G21 的公式。
- 於第 6 項次填入資料：項目為「腳架鏡頭配件」、產品編號為「SPP-80」、數量為 6。
- 於第 7 項次填入資料：項目為「迴轉台配件」、產品編號為「BMW-125A」、數量為 4。

D. 進行合計：

- 使用 SUMPRODUCT 函數。
- 在儲存格 E22 輸入報價總金額的公式，公式內的範圍需使用第 2~21 列，加入新報價資料合計金額會自動更新。
- 顯示格式為「$****1,234」，需利用會計專用格式修改，包含"$"符號，粗體字，無小數位數。需使數字為正數、負數與零時皆可顯示此格式。

2.修改工作表索引標籤色彩：

- 「報價單」為「深紅色」。

● 「類別」為「橙色」。
● 「黑白基板式」、「黑白 CCD 系列」為「黑色，文字 1」。

3.設定從「黑白基板式」至「迴轉台配件」每一張工作表的格式如下：

● A、D 欄的欄寬為 5。
● B、E 欄的欄寬為 15。
● C 欄的欄寬為 40。

四、參考結果如下所示：

項次	項目	產品編號	產品名稱	單位	數量	售價
1	黑白CCD系列	LKK-1042-BM	黑白半球型攝機SONY 附AD	台	10	4,685
2	彩色CCD系列	LKK-1242CR	1/3" 彩色半球型攝影機	台	5	6,033
3	腳架鏡頭配件	SPP-2000	超小型監聽麥克風(長方型)	只	25	744
4	腳架鏡頭配件	SPP-40	4m/m鏡頭	只	8	1,189
5	監視器配件系列	SPP-212A	12" 黑白監視器附聲	台	16	8,421
6	腳架鏡頭配件	SPP-80	8m/m鏡頭	只	6	1,046
7	迴轉台配件	BMW-125A	上下左右迴轉台 (室內)	台	4	1,137
8						
9						
10						
11						
12						
13						
14						
15						
16						
17						
18						
19						
20						
			合計	$***************250,687		

報價單 類別 黑白基板式 黑白CCD系列 彩色CCD系列 監視器配件系列 腳架鏡頭配件 迴轉台配件

410 電子郵件地址

易 中 難

一、題目說明：

1.Ming Shao Community Service Company 是一家日本社群服務公司，由於客服人員須整理客戶的 Email 資料，但發現從主機下載的資料很難整理，每筆資料都分散在不同列。

2.應如何以快速方式整理資料，讓同一客戶資料在同一列，並且由於日本公司提出一項新政策，Email 必須使用客戶的 First name，故須將其 Email 依據 First name 重新設定。

二、作答須知：

1.請至 C:\ANS.CSF\EX04 資料夾開啟 **EXD04.xlsx** 檔設計。完成結果儲存於同一資料夾之下，檔案名稱為 **EXA04.xlsx**。

2.建立或複製公式時需考慮是否需使用絕對位址。除題目要求更改之設定外，不能任意改變原有之設定。

三、設計項目：

1.於「Address Book」工作表，完成以下事項：

A.使用「Data」工作表的資料，依照下列需求轉換後，移到「Address Book」工作表：

- 「Data」工作表中，個人資料包含姓名與電子郵件地址，其中姓名以空格隔開，前段為 Last name，後段為 First name。
- 將個人資料轉換為「Last name」、「First name」與「E-mail」三欄資料，並移到「Address Book」工作表所對應之欄位底下，資料順序不得異動。
- 將「Last name」欄位資料，改為首字大寫，儲存格 A1~D1 需維持原有資料，完成後應填滿 A2~C63 儲存格，部分結果應如下圖所示：

	A	B	C
1	Last name	First name	E-mail
2	Calub	Dyana	E mail:family@cpc.com.jp
3	Graham	Elka	E mail:wuwu@cathlife.com.jp
4	Jones	Leisel	E mail:june@im2.im.tku.edu.jp
5	O'neill	Susie	E mail:pau@mail.csf.org.jp
6	Reilly	Jennifer	E mail:lin@mail.tku.edu.jp
7	Rooney	Giaan	E mail:ming@mail.ntu.edu.jp
8	Ryan	Sarah	E mail:linlin@aeo15.jpnet.net
9	Thomas	Petria	E mail:ppp@moea.gov.jp
10	Thomson	Kirsten	E mail:susu@mail.csf.org.jp
11	White	Tarnee	E mail:hei@aeo16.jpnet.net

Data | Address Book | Email

B. 編輯「New E-mail」欄位資料（D2~D63）：

- 使用 LOWER、RIGHT、LEN、FIND 函數。
- 使用全部小寫的「First name」欄位資料（B2~B63），連接「E-mail」欄位資料（C2~C63）中，"@"符號（含）後的字串，即為「New E-mail」欄位資料（D2~D63），部分結果應如下圖所示：

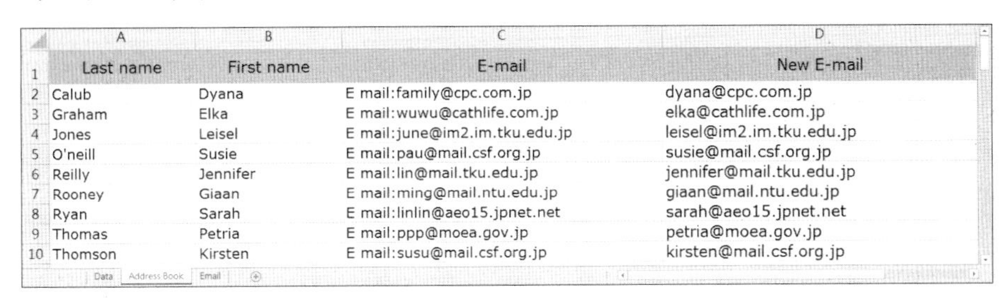

	A	B	C	D
1	Last name	First name	E-mail	New E-mail
2	Calub	Dyana	E mail:family@cpc.com.jp	dyana@cpc.com.jp
3	Graham	Elka	E mail:wuwu@cathlife.com.jp	elka@cathlife.com.jp
4	Jones	Leisel	E mail:june@im2.im.tku.edu.jp	leisel@im2.im.tku.edu.jp
5	O'neill	Susie	E mail:pau@mail.csf.org.jp	susie@mail.csf.org.jp
6	Reilly	Jennifer	E mail:lin@mail.tku.edu.jp	jennifer@mail.tku.edu.jp
7	Rooney	Giaan	E mail:ming@mail.ntu.edu.jp	giaan@mail.ntu.edu.jp
8	Ryan	Sarah	E mail:linlin@aeo15.jpnet.net	sarah@aeo15.jpnet.net
9	Thomas	Petria	E mail:ppp@moea.gov.jp	petria@moea.gov.jp
10	Thomson	Kirsten	E mail:susu@mail.csf.org.jp	kirsten@mail.csf.org.jp

2.於「Email」工作表的 A 欄位之 A1~A62 儲存格建立超連結，並套用相同樣式：

- 使用 HYPERLINK 函數、UPPER 函數、"MAILTO:"字串與「Address Book」工作表建立連結。
- 在 A 欄顯示"Last name"與"First name"，"Last name"放在前、"First name"放在後，中間有一半形空格隔開，並將"Last name"轉換為全部大寫。
- 超連結樣式設定：Verdana 字型、取消底線格式。
- 當按任一姓名時，即可連結至「New E-mail」欄位所對應之郵件地址，系統會自動開啟新郵件，收件者為此姓名的電子郵件地址，部分結果應如下圖所示：

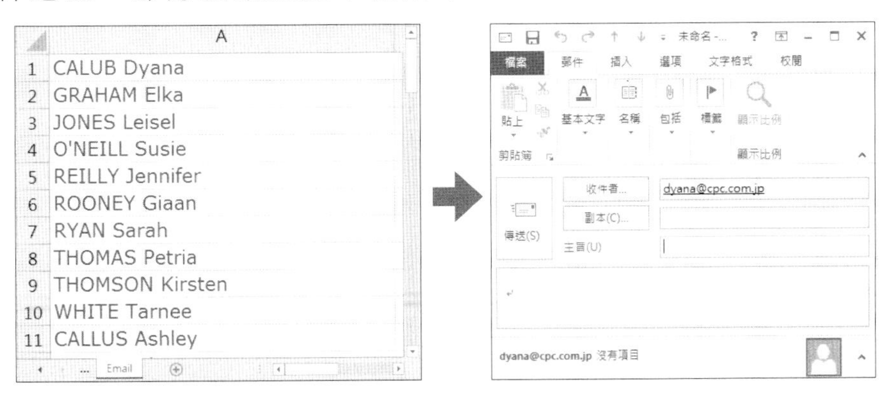

四、參考結果如下所示：

	A	B	C	D
1	Last name	First name	E-mail	New E-mail
2	Calub	Dyana	E mail:family@cpc.com.jp	dyana@cpc.com.jp
3	Graham	Elka	E mail:wuwu@cathlife.com.jp	elka@cathlife.com.jp
4	Jones	Leisel	E mail:june@im2.im.tku.edu.jp	leisel@im2.im.tku.edu.jp
5	O'neill	Susie	E mail:pau@mail.csf.org.jp	susie@mail.csf.org.jp
6	Reilly	Jennifer	E mail:lin@mail.tku.edu.jp	jennifer@mail.tku.edu.jp
7	Rooney	Giaan	E mail:ming@mail.ntu.edu.jp	giaan@mail.ntu.edu.jp
8	Ryan	Sarah	E mail:linlin@aeo15.jpnet.net	sarah@aeo15.jpnet.net
9	Thomas	Petria	E mail:ppp@moea.gov.jp	petria@moea.gov.jp
10	Thomson	Kirsten	E mail:susu@mail.csf.org.jp	kirsten@mail.csf.org.jp
11	White	Tarnee	E mail:hei@aeo16.jpnet.net	tarnee@aeo16.jpnet.net
12	Callus	Ashley	E mail:tony@mail.nyu.edu	ashley@mail.nyu.edu
13	Fydler	Chris	E mail:nacy@aeo15.jpnet.net	chris@aeo15.jpnet.net
14	Hackett	Grant	E mail:toto@mail.systex.com.jp	grant@mail.systex.com.jp
15	Harrison	Regan	E mail:ching@mail.hp.com.jp	regan@mail.hp.com.jp
16	Huegill	Geoff	E mail:wait@mail.epson.com	geoff@mail.epson.com
17	Kirby	William	E mail:chen@mail.kk.com.jp	william@mail.kk.com.jp
18	Klim	Michael	E mail:alex@mail.sony.com.jp	michael@mail.sony.com.jp
19	Mitchell	Ryan	E mail:young@mail.rock.com.jp	ryan@mail.rock.com.jp
20	Norris	Justin	E mail:sandy@mis.tku.edu.jp	justin@mis.tku.edu.jp
21	Pearson	Todd	E mail:gogo@mail.csf.org.jp	todd@mail.csf.org.jp
22	Perkins	Kieren	E mail:didi@aeo17.jpnet.net	kieren@aeo17.jpnet.net
23	Thorpe	Ian	E mail:mimi@mail.ntc.edu.jp	ian@mail.ntc.edu.jp
24	Watson	Josh	E mail:vivi@mail.computer.org.jp	josh@mail.computer.org.jp
25	Welsh	Matthew	E mail:king@mail.lan.com.jp	matthew@mail.lan.com.jp
26	Baranovskaya	Natalya	E mail:popo@city.cy.edu.jp	natalya@city.cy.edu.jp

Data | Address Book | Email

4-6 第五類：進階函數及陣列設定與進階列印能力

502 土木工程學會會員資料

易 中 難

一、題目說明：

1.建築土木技師學會需要彙整學員資料，從過去資料中卻發現只有文字檔的會員資料，會務人員正在煩惱應該如何將文字匯入到 Excel 中。

2.匯入的時候需將日期指定為西元，年齡不匯入。完成後必須隱藏年薪欄位資料。

二、作答須知：

1.請在 C:\ANS.CSF\EX05 資料夾內，建立一名為 **EXA05.xlsx** 的新檔案進行設計，完成結果儲存於同一資料夾之下。

2.建立或複製公式時需考慮是否需使用絕對位址。除題目要求更改之設定外，不能任意改變原有之設定。

三、設計項目：

1.使用[Tab]鍵作為分隔符號，匯入 Unicode 文字檔 **EXD05.txt**，工作表名稱改為「會員資料」，從 A1 儲存格開始匯入資料：
- 「會員編號」欄位（A2~A49）：設定為文字型態欄位。
- 生日：西元日期型態。（注意：匯入時必須是西元日期 YMD 資料型態）
- 年齡：不匯入。

2.將匯入資料的儲存格範圍 A1~K49 轉換為表格，表格樣式為「藍色, 表格樣式中等深淺 9」，將所有欄位調整成最適欄寬。

3.更改「地址」欄位（F2~F49）資料：
- 將所有開頭為"北市"的字串改為"台北市"。
- "北縣"字串改為"新北市"。
- 只要是含有"新北市"的地址，第六個文字均須改為"區"。

4.刪除「電子郵件」欄位所有的空白。

5.使用自訂數字格式來隱藏「年薪」欄位資料（J2~J49），無論是數值或文字均須隱藏，使得儲存格內容顯示為隱藏狀態，部分結果應如下圖所示：

	G	H	I	J	K
1	電話	工作地點	生日	年薪	電子郵件
2	(02)2935-1409	嘉義	1970/12/10		hei@ms16.hinet.net
3	(02)2759-4767	桃園	1971/8/1		ching@mail.hp.com.tw
4	(02)2375-9234	嘉義	1970/6/3		toto@mail.systex.com.tw
5	(02)2755-1573	台北	1978/9/16		john@mail.clock.com.tw
6	(02)2952-0278	台中	1980/8/12		king@mail.lan.com.tw
7	(02)2909-4560	台北	1979/7/27		juimi@mail.csf.org.tw
8	(02)2422-2931	高雄	1977/2/16		yun@tpts5.seed.net.tw
9	(02)2872-7672	嘉義	1981/3/31		rudy@mail.ntu.edu.tw

6.在「李軾遠」(儲存格 B33) 插入註解，名稱為"會長"，在「李絲純」(儲存格 B40) 插入註解，名稱為"副會長"。

7.列印設定：

- 自訂邊界左右為 0.6，列印標題的範圍為第 1 列。
- 調整成 1 頁寬，2 頁高，橫向列印。
- 頁尾中央設定格式為「第×頁，共×頁」。

8.同時設定「允許使用者編輯範圍」為 D2~I49、K2~K49，之後保護工作表，勾選「保護工作表與鎖定的儲存格內容」，不設密碼。

四、參考結果如下所示：

會員編號	姓名	畢業學校	公司	職務	地址	電話	工作地點	生日	年齡	電子郵件
00110	賴雪莉	東南工專電機科	長毅工程股份有限公司	工程師	台北市松山路515巷2弄19號2樓	(02)2935-1409	嘉義	1970/12/10		hei@ms16.hinet.net
00593	張三瑜	華夏工專電機科	三普建設股份有限公司	工地主任	新北市土城區中央路二段270巷22號4樓	(02)2759-4767	桃園	1971/8/1		ching@mail.hp.com.tw
00140	孫平馨	南亞技術學院土木科	億東營造股份有限公司	工程員	台北市松德路117號2樓之1	(02)2375-9234	嘉義	1970/6/3		toto@mail.systex.com.tw
00348	汪寶兒	淡江大學土木系	森城建設股份有限公司	主任	台北市西寧南路4號7樓之12	(02)2755-1573	台北	1978/9/16		john@mail.clock.com.tw
00764	陳楓驥	大漢工商專土木科	元洲營造工程股份有限公司	工地主任	台北市復興南路一段237號4樓之1	(02)2952-0278	台中	1980/8/12		king@mail.lan.com.tw
00791	林晨樺	南亞工專土木科	工井營造有限公司	工地主任	台北市天母東路61巷10號3樓	(02)2909-4560	台北	1979/7/27		juimi@mail.csf.org.tw
00220	高中信	瑞芳高工機工科	森城建設股份有限公司	副主任	台北市章賢街264巷3之2號1樓	(02)2422-2931	高雄	1977/2/16		yun@tpts5.seed.net.tw
00900	鐘珣樺	健行工專土木科	元洲營造工程股份有限公司	工地主任	花蓮縣玉里鎮中山路一段166號	(02)2872-7672	嘉義	1981/3/31		rudy@mail.ntu.edu.tw
00419	羅忠道	中國技術學院土木科	田峰營造有限公司	工程員	台北市溪洲街12號4樓之10	(02)2822-2426	台北	1981/8/8		wuwu@cathlife.com.tw
00863	周苑蒂	大漢工商專土木科	群孚營造有限公司	負責人	新北市泰山區楓江路25巷7號5樓	(02)2888-3284	花蓮	1966/2/15		nini@ms3.hinet.net
00214	王慶臨	中原大學土木系	台灣電力公司	土木工程監工	台北市金華街211號	(02)2391-5761	新竹	1981/1/4		tomy@mail.microsoft.com
00980	李貴稷	南亞工專建築科	三普建設股份有限公司	工地主任	台北市康樂街72巷4號5樓	(02)2292-1173	台北	1980/10/13		yune@mis.im.tku.edu.tw
00961	郭李樹臨	中原大學建築系	三普建設股份有限公司	工務經理	台北市松江路331巷10號2樓	(02)2917-9283	台中	1981/3/26		vivi@mail.computer.org.tw
00394	趙敏虹	台北工專建築設計科	威雅各建築師事務所	設計師	台北市忠孝東路五段372巷29弄39號7樓	(02)2651-5532	高雄	1980/1/23		pau@ms16.hinet.net
00462	邱逢久	新竹高工家俱木工科	威雅各建築師事務所	設計師	新北市板橋區雙十路二段69巷16號14樓之1	(02)2590-0460	高雄	1981/6/13		didi@ms17.hinet.net
00583	陳霖堤	淡江大學土木所	杜風工程顧問有限公司	設計部經理	新北市永和區豫溪街217巷27號2樓	(02)2923-3773	台中	1969/1/21		wait@mail.epson.com
00578	程思嫣	中原大學建築系	國功營造事業股份有限公司	正工程師	基隆市殿安街198巷20號5樓	(02)2941-6465	台東	1972/2/2		linlin@ms15.hinet.net
00173	彭添舟	甄華工專電機科	歐緯建築師事務所	機電主任	台北市青田街7巷4號7樓	(02)2977-5167	台東	1969/3/16		lin@mail.tku.edu.tw
00979	林卡燁	屏東技術學院土木系	頂天營造有限公司	工程師	新北市汐止區湖前街33號3樓	(02)2728-3760	屏東	1969/4/27		ling@ms25.hinet.net
00956	王華南	逢甲大學土木系	長程營造有限公司	主任	新北市新店區新坡一街13號	(02)2260-7126	台中	1980/5/13		frank@grand.bank.com.tw
00408	吳煦熙	淡江大學建築系	太一營造有限公司	主任	台北市三民路96巷5號4樓	(02)2921-9986	宜蘭	1982/3/7		pipi@mis.tku.edu.tw
00297	劉明玲	台北科大土木系	林口鄉公所	監工	新北市三重區成功路40號10樓之1	(02)2631-3263	新竹	1977/12/20		coco@mail.bond.com.tw
00185	李咋婕	四海工商專土木科	鼎祐營造有限公司	工程師	新北市板橋區四川路一段283巷17號2樓	(02)2515-3250	台南	1976/2/7		sala@ms35.hinet.net
00367	陳嘉馨	中央大學地質所	杜風工程顧問有限公司	工程師	新北市中和區中安街178巷13弄2號3樓	(02)8788-3429	台中	1979/1/6		young@mail.rock.com.tw
00459	吳旋彬	台北工專材資科	理成營造工程股份有限公司	工程師	桃園縣蘆竹鄉外社村1鄰4號	(02)2456-2390	台北	1980/9/9		ming@mail.ntu.edu.tw
00646	朱毅杉	台北工專材資科	理成營造工程股份有限公司	工程師	新北市新店區北宜路一段121之6號10樓	(02)2968-8310	台北	1980/2/19		susu@mail.csf.org.tw
00490	江德源	中原大學土木系	亞新工程顧問股份有限公司	工程師	新北市三重區福德南路36號13樓之3	(02)2896-2545	高雄	1976/4/16		gogo@mail.csf.org.tw
00484	劉玫萍	萬能工商專土木科	亞新工程顧問股份有限公司	技術員	新北市三重區重新路四段214巷5弄3號2樓	(02)2393-4259	台南	1969/9/12		juju@tpts5.seed.net.tw
00198	王艾禎	台灣大學農工系	羅富杰建築師事務所	負責人	基市崇孝街42巷48弄5號4樓	(02)2933-7350	新竹	1970/4/30		chen@mail.kk.com.tw
00711	李夢薇	台灣工業技術學院機工	交通部台灣鐵路管理局	工務員	新北市板橋區林園街1號5樓	(02)2521-1449	高雄	1978/10/5		nacy@ms15.hinet.net
00951	陳詩凱	逢甲大學會計系	佳樂營造有限公司	負責人	台北市公館路231巷7弄8號4樓	(02)2602-0907	高雄	1980/12/25		bone@tpts5.seed.net.tw
00548	李軾逍	嘉義高工建築科	索樂工程股份有限公司	監工	台北市和平東路一段456號7樓	(02)2269-4541	台北	1975/12/25		pau@mail.csf.org.tw
00688	林殷旺	高雄工學院土木系	金石營造有限公司	監工	台北市青田街8巷14號2樓之2	(02)2324-3743	宜蘭	1970/11/19		maria@mail.ligh.com.tw
00631	高斯廣	高雄工商專土木科	林口鄉公所	副工程師	台北市羅斯福路五段176巷3弄6號4樓	(02)2917-5036	嘉義	1980/9/14		tony@mail.nyu.edu
00982	張維笙	台北科大土木系	春原營造股份有限公司	工程師	台北市民權西路10巷2之1號3樓	(02)2977-6956	台北	1969/12/18		sandy@mis.tku.edu.tw
00256	祝詩仁	逢甲大學交管系	春原營造股份有限公司	工程師	新北市林口區中山路145號7樓	(02)2975-3799	新竹	1981/4/21		popo@city.cy.edu.tw
00989	王芝惠	萬能工商專土木科	春原營造股份有限公司	估算工程師	新北市土城區中央路四段56之2號2樓	(02)2861-7147	高雄	1970/5/5		family@cpc.com.tw
00782	陳仕傑	台北工專土木科	春原營造股份有限公司	工程師	台北市凱旋路31號	(02)2968-3596	台北	1976/10/19		keny@ms13.hinet.net
00947	李綠純	宜蘭農工專土木科	博允土木技師事務所	工程師	台北市和平東路37號	(02)2821-8311	高雄	1979/12/26		mimi@mail.ntc.edu.tw
00141	葉之媛	東南工專土木科	博允土木技師事務所	工程師	台北市民生東路一段15號7樓	(02)2432-4307	台北	1976/11/15		milin@mail.cy.gov.tw
00582	張駿沼	淡江大學土木系	太一營造有限公司	工程師	台北市東興街42號6樓	(02)2225-1647	宜蘭	1965/8/14		yuki@ms7.hinet.net

第1頁，共2頁

會員編號	姓名	畢業學校	公司	職務	地址	電話	工作地點	生日	年齡	電子郵件
00355	施繼如	中原大學建築系	三星建設股份有限公司	技術員	新北市板橋區中正路413巷2弄26號2樓	(02)2794-8336	高雄	1979/9/7		alex@mail.sony.com.tw
00619	夏子嵐	中原大學土木系	萬得孚建設股份有限公司	主任	台北市石牌路二段31號4樓	(02)2863-8219	台北	1981/12/11		sun@mis.im.tku.edu.tw
00458	陳廷文	嘉義高工建築科	首億開發股份有限公司	工程師	基隆市基金一路208巷142號2樓	(02)2587-2314	嘉義	1984/8/28		jacky@ms11.hinet.net
00448	陳海陞	台北科大土木系	佳樺工程股份有限公司	工程師	新北市新店區玉光街100號	(02)2945-3709	台北	1976/6/27		ppp@moea.gov.tw
00347	王富文	台北工專土木科	創銘開發有限公司	工程師	基隆市信一路40號	(02)2644-4051	高雄	1980/4/29		june@im2.im.tku.edu.tw
00839	陳港波	東南工專土木科	載毅建設股份有限公司	工程師	新竹市百齡五路76號2樓	(02)2233-7917	台南	1969/10/9		willie@ms11.hinet.net
00186	顏雨清	淡江大學建築系	富礎建設有限公司	工程師	台北市基隆路三段264號10樓	(02)2377-2168	台中	1968/5/25		jerry@ms11.hinet.net

第2頁，共2頁

504 筆記型電腦銷售統計

易 **中** 難

一、題目說明：

1. 鴻源電子 3C 賣場的筆記型電腦銷售部門，須統計每個品牌不同經銷商每個月份的銷售量。
2. 需列印銷貨明細資料裡數量佔前 80%的銷售資料，並限制印在 1 頁寬度內。

二、作答須知：

1. 請至 C:\ANS.CSF\EX05 資料夾開啟 **EXD05.xlsx** 檔設計。完成結果儲存於同一資料夾之下，檔案名稱為 **EXA05.xlsx**。
2. 建立或複製公式時需考慮是否需使用絕對位址。除題目要求更改之設定外，不能任意改變原有之設定。

三、設計項目：

1. 於「品牌統計」工作表之 B4~N28 儲存格完成以下需求：
   - 使用範圍名稱及 SUMIFS 函數，依據 A1 所選取的月份，計算在「銷貨明細」工作表中每種品牌、每個經銷商於當月份的銷售數量。
   - 「銷貨明細」及「品牌統計」工作表所有日期資料均為當月份的第一天，帶入公式時，不可破壞原有之格式設定，部分結果應如下圖所示：

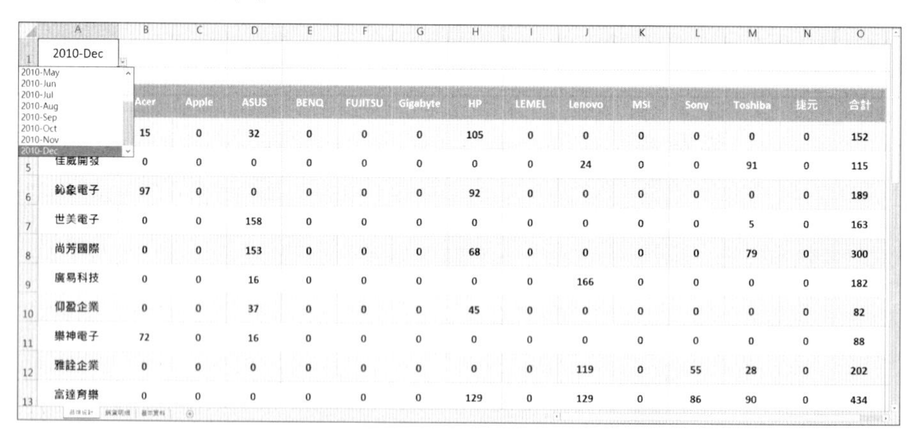

2010-Dec

2010-May
2010-Jun
2010-Jul
2010-Aug
2010-Sep
2010-Oct
2010-Nov
2010-Dec

	Acer	Apple	ASUS	BENQ	FUJITSU	Gigabyte	HP	LEMEL	Lenovo	MSI	Sony	Toshiba	捷元	合計
[illegible]	15	0	32	0	0	0	105	0	0	0	0	0	0	152
佳威開發	0	0	0	0	0	0	0	0	24	0	0	91	0	115
鈊象電子	97	0	0	0	0	0	92	0	0	0	0	0	0	189
世美電子	0	0	158	0	0	0	0	0	0	0	0	5	0	163
尚芳國際	0	0	153	0	0	0	68	0	0	0	0	79	0	300
廣易科技	0	0	16	0	0	0	0	0	166	0	0	0	0	182
仰盈企業	0	0	37	0	0	0	45	0	0	0	0	0	0	82
樂神電子	72	0	16	0	0	0	0	0	0	0	0	0	0	88
雅詮企業	0	0	0	0	0	0	0	0	119	0	55	28	0	202
富達育樂	0	0	0	0	0	0	129	0	129	0	86	90	0	434

2. 「銷貨明細」工作表：僅顯示「銷貨月份」、「商品名稱」、「經銷商」及「數量」四個欄位資料。

3.編輯「銷貨明細」工作表的列印格式：

- 將資料轉換成「藍色，表格樣式中等深淺 2」表格樣式，待篩選後亦可顯示帶狀列（格列變色）功能。
- 將「商品名稱」欄位（C2~C993）與「數量」欄位（F2~F993）進行資料篩選，僅顯示出「ASUS」與「Acer」商品以及含有綠色 ⬆ 符號的資料，部分結果應如下圖所示：

	A	C	E	F
1	銷貨月份	商品名稱	經銷商	數量
12	2010-Oct	ASUS A8Jn A84PT1ZDD	泛亞科技	⬆ 91
32	2010-Mar	Acer Aspire 5102WLMi	晉大電子	⬆ 98
78	2010-May	ASUS A3H A35A420DD	小崧貿易	⬆ 95
80	2010-Oct	ASUS M9J M94PT55DD	聯銳科技	⬆ 90
98	2010-Apr	ASUS A8Tc A84PT52DD	溢騰企業	⬆ 92
110	2010-Jan	Acer Aspire 5633WLMi	德忠科技	⬆ 84
115	2010-Dec	Acer Ferrari 1005WTMi	詠友科技	⬆ 90
121	2010-Sep	ASUS U5F U56T2ADD	尚芳國際	⬆ 86
130	2010-Feb	Acer Aspire 1652WLMi	泛亞科技	⬆ 86
132	2010-Mar	Acer Aspire 5502Z WXMi	世美電子	⬆ 87
134	2010-May	Acer Aspire 5571AWXMi-U	鐳隆企業	⬆ 84
158	2010-Jan	ASUS W3J W3HT23DD	尊博電子	⬆ 91
173	2010-Jul	ASUS F3P F3APVT55DD	泰偉企業	⬆ 94
211	2010-Sep	Acer Aspire 5571AWXMi-U	詠友科技	⬆ 92
218	2010-Feb	Acer Aspire 5571AWXMi-U	富達育樂	⬆ 96
239	2010-Nov	ASUS F2J F25BT23DD	廣易科技	⬆ 91
250	2010-Aug	ASUS A3H A35A420DD	泰偉企業	⬆ 95
251	2010-Oct	Acer Aspire 5562WXMi-V	泛亞科技	⬆ 93
254	2010-Apr	ASUS A6Jc A6QT2XDD	尚芳國際	⬆ 85
263	2010-Aug	ASUS A8H A84P420DD	凱瀧國際	⬆ 92
265	2010-Jan	ASUS F3Ja F3APT56DD	尊博電子	⬆ 86
266	2010-Sep	ASUS A3H A35A420DD	陸陽科技	⬆ 83

品牌統計 銷貨明細 基本資料

- 列印設定：列印標題的範圍為第 1 列。

4.設定「品牌統計」及「銷貨明細」工作表列印格式：

- 調整為 1 頁寬。
- 水平置中對齊。
- 頁首中央為工作表名稱，頁尾中央為「第×頁/共×頁」。

四、參考結果如下所示：

品牌統計

2010-Dec

經銷商＼品牌	Acer	Apple	ASUS	BENQ	FUJITSU	Gigabyte	HP	LEMEL	Lenovo	MSI	Sony	Toshiba	捷元	合計
泛亞科技	15	0	32	0	0	0	105	0	0	0	0	0	0	152
佳威開發	0	0	0	0	0	0	0	0	24	0	0	91	0	115
鈊象電子	97	0	0	0	0	0	92	0	0	0	0	0	0	189
世美電子	0	0	158	0	0	0	0	0	0	0	0	5	0	163
尚芳國際	0	0	153	0	0	0	68	0	0	0	0	79	0	300
廣易科技	0	0	16	0	0	0	0	0	166	0	0	0	0	182
仰盈企業	0	0	37	0	0	0	45	0	0	0	0	0	0	82
樂神電子	7													
雅詮企業	0													
富達育樂	0													
小崧貿易	0													
凱瀧國際	0													
德忠科技	7													
陸陽科技	6													
溢騰企業	0													
可好科技	0													
銀旺股份	0													
泰偉企業	9													
尊博電子	0													
昇朕電子	0													
聯銳科技	9													
鐳隆企業	7													
高凱科技	5													
晉大電子	0													
詠友科技	9													
合計	72													

銷貨明細

銷貨月份	商品名稱	經銷商	數量
2010-Oct	ASUS A8Jn A84PT1ZDD	泛亞科技	↑ 91
2010-Mar	Acer Aspire 5102WLMi	晉大電子	↑ 98
2010-May	ASUS A3H A35A420DD	小崧貿易	↑ 95
2010-Oct	ASUS M9J M94PT55DD	聯銳科技	↑ 90
2010-Apr	ASUS A8Tc A84PT52DD	溢騰企業	↑ 92
2010-Jan	Acer Aspire 5633WLMi	德忠科技	↑ 84
2010-Dec	Acer Ferrari 1005WTMi	詠友科技	↑ 90
2010-Sep	ASUS U5F U56T2ADD	尚芳國際	↑ 86
2010-Feb	Acer Aspire 1652WLMi	泛亞科技	↑ 86
2010-Mar	Acer Aspire 5502Z WXMi	世美電子	↑ 87
2010-May	Acer Aspire 5571AWXMi-U	鐳隆企業	↑ 84
2010-Jan	ASUS W3J W3HT23DD	尊博電子	↑ 91
2010-Jul	ASUS F3P F3APVT55DD	泰偉企業	↑ 94
2010-Sep	Acer Aspire 5571AWXMi-U	詠友科技	↑ 92
2010-Feb	Acer Aspire 5571AWXMi-U	富達育樂	↑ 96
2010-Nov	ASUS F2J F25BT23DD	廣易科技	↑ 91
2010-Aug	ASUS A3H A35A420DD	泰偉企業	↑ 95
2010-Oct	Acer Aspire 5562WXMi-V	泛亞科技	↑ 93
2010-Apr	ASUS A6Jc A6QT2XDD	尚芳國際	↑ 85
2010-Aug	ASUS A8H A84P420DD	凱瀧國際	↑ 92
2010-Jan	ASUS F3Ja F3APT56DD	尊博電子	↑ 86
2010-Sep	ASUS A3H A35A420DD	陸陽科技	↑ 83
2010-May	ASUS F3Ja F3APT56DD	晉大電子	↑ 97
2010-Sep	Acer Aspire 5672WLMi	詠友科技	↑ 85
2010-Feb	Acer Aspire 3628AWXMi	泰偉企業	↑ 85
2010-Dec	ASUS F3Jc F3APT55DD	溢騰企業	↑ 81
2010-Nov	ASUS A8Je A84PET56DD	凱瀧國際	↑ 99
2010-Dec	ASUS A6K A6QT30DD	世美電子	↑ 89
2010-Apr	ASUS A8M A84P34+DD	富達育樂	↑ 82
2010-Oct	Acer TravelMate C213TMi	溢騰企業	↑ 87
2010-Mar	Acer TravelMate 3022WTNi-L	尊博電子	↑ 80
2010-Oct	ASUS A8Jn A84PT23DD	凱瀧國際	↑ 95
2010-Mar	Acer TravelMate 4222WLMi	詠友科技	↑ 87
2010-Sep	ASUS M9J M9ZT23DD	雅詮企業	↑ 80
2010-Sep	ASUS A8Jn A84PT2ADD	聯銳科技	↑ 92
2010-Apr	ASUS V6J V6XT24DD	廣易科技	↑ 83
2010-Dec	ASUS W3J W3HT23DD	詠友科技	↑ 89
2010-Nov	ASUS W3J W3HT72DD	世美電子	↑ 84
2010-Jul	ASUS A3H A35A420DD	詠友科技	↑ 90
2010-May	Acer TravelMate 2483WXCi	小崧貿易	↑ 80
2010-Jun	ASUS A6R A6B730DD	小崧貿易	↑ 81
2010-Jan	ASUS A6R A6B390DR	雅詮企業	↑ 98
2010-Jan	ASUS U5F U56T55DD	溢騰企業	↑ 90
2010-Dec	Acer TravelMate 3043WTMi	泰偉企業	↑ 95
2010-May	ASUS W2Pc W27KCT72DD	聯銳科技	↑ 91

第 1 頁/共 2 頁

506 分頁列印報表

易 中 難

一、題目說明：

1.精彩有限公司的業務助理收到一份資料庫導出的訂單資料，排版非常凌亂，業務主管要求依照城市排序並分頁列印。

2.在印製報表時，欄位太多，要將所有欄位擠進同一頁列印。

二、作答須知：

1.請至 C:\ANS.CSF\EX05 資料夾開啟 **EXD05.xlsx** 檔設計。完成結果儲存於同一資料夾之下，檔案名稱為 **EXA05.xlsx**。

2.建立或複製公式時需考慮是否需使用絕對位址。除題目要求更改之設定外，不能任意改變原有之設定。

三、設計項目：

1.「訂單資料」工作表：

A.刪除空白列、新增「城市」欄位並排序：

- 刪除儲存格 A1~K195 範圍內的空白列。
- 在地址欄位（K 欄）左側新增一欄，並將儲存格 K1 的欄位名稱命名為「城市」。
- 於儲存格 K2~K98，利用 LEFT 函數，取出「地址」欄位中的縣市。
- 依照「城市」工作表中，儲存格 A1~A11 的順序遞增排序「訂單資料」工作表資料。

B.列高及欄寬：

- G~K 欄欄寬 8，其餘欄位寬度自動調整。
- 1~98 列列高 30。

C.A1~L1 標題列儲存格套用「藍色, 輔色 5」填滿色彩，「白色, 背景 1」字型色彩。

2.列印設定：

A. 紙張方向改為橫向。

B. 將所有欄放入單一頁面。

C. 將第 1 列設定為列印標題列。

D. 修改邊界設定：

- 上邊界 2.5、下邊界 1.5，置中方式「水平置中」。

E. 頁首頁尾設定：

- 頁首中間內容：輸入「精彩有限公司」，字型為「標楷體」、字體為 24pt、粗體字，字型色彩「藍色」。
- 頁首右方內容：輸入「(總管理處)」（括弧為半形），字型為「新細明體」、字體為 14pt、標準字型樣式，字型色彩「藍色」，單一底線。
- 頁尾中間：「第×頁，共×頁」。

F. 依照「城市」分頁，每一個城市單獨列印於新的起始頁面上（共 11 頁）。

四、參考結果如下所示：

精彩有限公司

(總管理處)

訂單號碼	客戶編號	公司名稱	訂單日期	產品編號	產品	單價	數量	小計	收貨人	城市	地址
10248	VINET	山泰企業	2015-07-04	72	酸起司	348	5	1,740	余小姐	台北市	台北市北平東路24號3樓之一
10248	VINET	山泰企業	2015-07-04	42	糙米	98	10	980	余小姐	台北市	台北市北平東路24號3樓之一
10251	VICTE	千固	2015-07-08	65	海苔醬	168	20	3,360	陳先生	台北市	台北市北平東路24號
10251	VICTE	千固	2015-07-08	22	再來米	168	6	1,008	陳先生	台北市	台北市北平東路24號
10251	VICTE	千固	2015-07-08	57	小米	156	15	2,340	陳先生	台北市	台北市北平東路24號
10264	FOLKO	雅洲信託	2015-07-24	2	牛奶	152	35	5,320	陳先生	台北市	台北市北平東路64號
10264	FOLKO	雅洲信託	2015-07-24	41	蝦子	77	25	1,925	陳先生	台北市	台北市北平東路64號
10267	FRANK	棕國信託	2015-07-29	76	檸檬汁	144	15	2,160	余小姐	台北市	台北市北平東路42號3樓之一
10267	FRANK	棕國信託	2015-07-29	59	蘇澳起司	440	70	30,800	余小姐	台北市	台北市北平東路42號3樓之一
10267	FRANK	棕國信託	2015-07-29	40	蝦米	147	50	7,350	余小姐	台北市	台北市北平東路42號3樓之一
10274	VINET	山泰企業	2015-08-06	71	義大利起司	172	20	3,440	余小姐	台北市	台北市北平東路24號3樓之一
10274	VINET	山泰企業	2015-08-06	72	酸起司	278	7	1,946	余小姐	台北市	台北市北平東路24號3樓之一
10281	ROMEY	德化食品	2015-08-14	24	汽水	36	6	216	陳先生	台北市	台北市北平東路24號
10281	ROMEY	德化食品	2015-08-14	35	芭樂汁	144	4	576	陳先生	台北市	台北市北平東路24號
10281	ROMEY	德化食品	2015-08-14	19	糖果	73	1	73	陳先生	台北市	台北市北平東路24號
10282	ROMEY	德化食品	2015-08-15	57	小米	156	2	312	陳先生	台北市	台北市北平東路24號
10282	ROMEY	德化食品	2015-08-15	30	黃魚	207	6	1,242	陳先生	台北市	台北市北平東路24號

第1頁，共11頁

精彩有限公司

(總管理處)

訂單號碼	客戶編號	公司名稱	訂單日期	產品編號	產品	單價	數量	小計	收貨人	城市	地址
10257	HILAA	東遠銀行	2015-07-16	39	運動飲料	144	6	864	王先生	新北市	新北市中新路11號
10257	HILAA	東遠銀行	2015-07-16	77	辣椒粉	104	15	1,560	王先生	新北市	新北市中新路12號
10257	HILAA	東遠銀行	2015-07-16	27	牛肉乾	351	25	8,775	王先生	新北市	新北市中新路13號
10258	ERNSH	正人資源	2015-07-17	2	牛奶	152	50	7,600	王先生	新北市	新北市永和區中正南路一段112號
10258	ERNSH	正人資源	2015-07-17	5	麻油	170	65	11,050	王先生	新北市	新北市永和區中正南路一段112號
10258	ERNSH	正人資源	2015-07-17	32	白起司	256	6	1,536	王先生	新北市	新北市永和區中正南路一段112號
10262	RATTC	學仁貿易	2015-07-22	5	麻油	170	12	2,040	王先生	新北市	新北市中新路17號
10262	RATTC	學仁貿易	2015-07-22	56	白米	304	2	608	王先生	新北市	新北市中新路18號
10262	RATTC	學仁貿易	2015-07-22	7	海鮮粉	240	15	3,600	王先生	新北市	新北市中新路19號
10263	ERNSH	正人資源	2015-07-23	24	汽水	36	28	1,008	王先生	新北市	新北市永和區中正南路一段112號
10263	ERNSH	正人資源	2015-07-23	16	餅乾	139	60	8,340	王先生	新北市	新北市永和區中正南路一段112號
10263	ERNSH	正人資源	2015-07-23	74	雞湯塊	80	36	2,880	王先生	新北市	新北市永和區中正南路一段112號
10263	ERNSH	正人資源	2015-07-23	30	黃魚	207	60	12,420	王先生	新北市	新北市永和區中正南路一段112號
10272	RATTC	學仁貿易	2015-08-02	20	豆乾	648	6	3,888	王先生	新北市	新北市中新路24號
10272	RATTC	學仁貿易	2015-08-02	31	溫馨起司	100	40	4,000	王先生	新北市	新北市中新路25號
10272	RATTC	學仁貿易	2015-08-02	72	酸起司	278	24	6,672	王先生	新北市	新北市中新路26號

第2頁，共11頁

508 年度財務報表

易 中 難

一、題目說明：

1.遠達工程顧問公司的財務人員，目前所拿到的年度報表資料，數值內有許多小數位數，她想一次刪除這些位數，並計算各項與每月的金額。

2.公司的報表有固定的格式，財務人員所彙整的年度報表，必須依據公司報表樣式直接套用。

二、作答須知：

1.請至 C:\ANS.CSF\EX05 資料夾開啟 **EXD05.xlsx** 檔設計。完成結果儲存於同一資料夾之下，檔案名稱為 **EXA05.xlsx**。

2.建立或複製公式時需考慮是否需使用絕對位址。除題目要求更改之設定外，不能任意改變原有之設定。

三、設計項目：

1.於「年度報表」工作表，完成以下設定：

A.刪除小數位數：刪除每筆數字資料的小數位數，只取整數位。

B.「會計科目」欄位（A2~A26）格式：「藍色」字體者增加縮排 1 個字，「綠色」字體者增加縮排 2 個字。

C.針對「綠色」字體的各項收支，使用 SUM 函數計算「第一季」~「第四季」欄位中，每一筆費用進出的合計資訊（需在 3~4 列、7~8 列與 12~24 列進行計算）：

- 第一季：一月~三月合計。
- 第二季：四月~六月合計。
- 第三季：七月~九月合計。
- 第四季：十月~十二月合計。

D.使用 SUM 函數計算「營業收入 小計」資料（儲存格 B5~Q5），計算方式為所對應的「工程收入」＋「材料收入」。

E.使用 SUM 函數計算「銷貨成本 小計」資料（儲存格 B9~Q9），計算方式為所對應的「工程支出」＋「材料支出」。

F.計算「營業毛利」資料（儲存格 B10~Q10），為所對應的「營業收入 小計」－「銷貨成本 小計」。

G.使用 SUM 函數計算「營業費用 小計」（儲存格 B25~Q25），為所對應「廣告費」~「雜費」的合計。

H.計算「營業淨利」（儲存格 B26~Q26），為所對應的「營業毛利」－「營業費用 小計」。

I. 使用 SUM 函數計算「年度合計數」資料（需在 3~5 列、7~10 列與 12~26 列進行計算），為「第一季」、「第二季」、「第三季」與「第四季」各項資料總和。

2.套用樣式：將「報表樣式」工作表的格式設定套用到「年度報表」工作表，部分結果應如下圖所示：

	A	B	C	D	E
1	會計科目	一月	二月	三月	第一季
2	營業收入				
3	工程收入	493,109	502,972	513,031	1,509,112
4	材料收入	116,457	117,505	118,563	352,525
5	營業收入 小計	$609,566	$620,477	$631,594	$1,861,637
6	銷貨成本				
7	工程支出	315,590	321,902	328,340	965,832
8	材料支出	4,931	5,029	5,130	15,090
9	銷貨成本 小計	$320,521	$326,931	$333,470	$980,922
10	營業毛利	$289,045	$293,546	$298,124	$880,715

3.設定「年度報表」工作表之列印格式：

A.邊界：上為 3.5、下為 2.5、左右為 1、頁首頁尾為 1.3，水平置中。

B.頁首中央：輸入「遠達工程公司 101 年度財務報表」，「遠達工程公司」字型為「標楷體」、字體為 20pt、粗體字；第二段顯示「101 年度財務報表」，字型為「標楷體」、字體為 14pt、粗體字。

C.頁尾中央：設定格式為「第 × 頁/共 × 頁」。（注意：數字前後各有一半形空格）

D.每頁均須列印標題列（第一列）及會計科目（第一欄），以季為單位，使用分頁符號分成四頁印出（每頁需包含當季所有相關資料，「年度合計數」欄位與第四季資料一起列印）。

四、參考結果如下所示：

遠達工程公司
101年度財務報表

會計科目	一月	二月	三月	第一季
營業收入				
工程收入	493,109	502,972		
材料收入	116,457	117,505		
營業收入 小計	$609,566	$620,477		
銷貨成本				
工程支出	315,590	321,902		
材料支出	4,931	5,029		

遠達工程公司
101年度財務報表

會計科目	四月	五月	六月	第二季
營業收入				
		533,758	544,433	1,601,483
		120,707	121,793	362,130
		$654,465	$666,226	$1,963,613
		341,605	348,437	1,024,949
		5,337	5,444	16,013

遠達工程公司
101年度財務報表

會計科目	七月	八月	九月	第三季
營業收入				
工程收入	555,321	566,428		
材料收入	122,889	123,995		
營業收入 小計	$678,210	$690,423		
銷貨成本				
工程支出	355,405	362,514		
材料支出	5,553	5,664		
銷貨成本 小計	$360,958	$368,178		
營業毛利	$317,252	$322,245		
營業費用				
廣告費	62,950	62,950		
薪資	84,074	85,587		
租金	15,993	16,313		
水電費	3,650	3,741		
保險費	5,245	-		
電話費	4,258	4,364		
辦公用品	4,164	4,248		
訓練費	3,147	3,147		
差旅費	14,738	14,929		
修繕費	24,878	25,375		
運費	8,329	8,496		
交際費	24,878	25,375		
雜費	2,414	2,432		
營業費用 小計	$258,718	$256,957		
營業淨利	$58,534	$65,288		

第 3 頁/共 4 頁

遠達工程公司
101年度財務報表

會計科目	十月	十一月	十二月	第四季	年度合計數
營業收入					
工程收入	589,311	601,098	613,120	1,803,529	6,613,629
材料收入	126,237	127,373	128,520	382,130	1,468,780
營業收入 小計	$715,548	$728,471	$741,640	$2,185,659	$8,082,409
銷貨成本					
工程支出	377,159	384,702	392,396	1,154,257	4,232,721
材料支出	5,893	6,010	6,131	18,034	66,131
銷貨成本 小計	$383,052	$390,712	$398,527	$1,172,291	$4,298,852
營業毛利	$332,496	$337,759	$343,113	$1,013,368	$3,783,557
營業費用					
廣告費	62,950	62,950	62,950	188,850	755,400
薪資	88,696	90,293	91,918	270,907	1,001,827
租金	16,972	17,311	17,657	51,940	190,467
水電費	3,930	4,029	4,129	12,088	43,416
保險費	-	-	-	-	10,490
電話費	4,585	4,700	4,818	14,103	50,652
辦公用品	4,419	4,508	4,598	13,525	49,597
訓練費	3,147	3,147	3,147	9,441	37,764
差旅費	15,320	15,519	15,721	46,560	175,890
修繕費	26,401	26,929	27,467	80,797	296,285
運費	8,839	9,016	9,196	27,051	99,198
交際費	26,401	26,929	27,467	80,797	296,285
雜費	2,468	2,487	2,505	7,460	28,865
營業費用 小計	$264,128	$267,818	$271,573	$803,519	$3,036,136
營業淨利	$68,368	$69,941	$71,540	$209,849	$747,421

第 4 頁/共 4 頁

510 明遠大學學生操行與學業成績資料

易 中 難

一、題目說明：

1.明遠大學資傳系導師，須以學生操行與學業成績進行統計分析，統計操行優、甲、乙、丙、丁的學生，學業成績分布狀況。

2.依據學業成績級距統計人數，且繪製直條圖，最後需列印呈報。

二、作答須知：

1.請至 C:\ANS.CSF\EX05 資料夾開啟 **EXD05.xlsx** 檔設計。完成結果儲存於同一資料夾之下，檔案名稱為 **EXA05.xlsx**。

2.建立或複製公式時需考慮是否需使用絕對位址。除題目要求更改之設定外，不能任意改變原有之設定。

三、設計項目：

1.「名次分析」工作表：

- 使用 COUNTIFS 函數。
- 使用「操行」與「學業成績」範圍名稱，計算每種操行各成績的人數（C3~C7、E3~E7 與 G3~G7 儲存格）。

2.「成績統計」工作表：

A. 以「成績」工作表的表格資料內容，使用「成績表格」範圍名稱，在 A3 儲存格建立群組式樞紐分析表，列標籤使用「學業成績」欄位，B3 儲存格 Σ 值的欄位名稱變更為「人數」。

B. 按照學業成績製作群組，最小值為 60，最大值 99，間距為 5，套用「以列表方式顯示」的報表版面配置。

C. 繪製樞紐分析圖：

- 格式：設為群組直條圖、套用「樣式 4」的圖表樣式。
- 位置：置於儲存格 C3~K17 之內。

D. 列印設定：橫向列印、縮放比例為 120%，水平置中對齊。

四、參考結果如下所示：

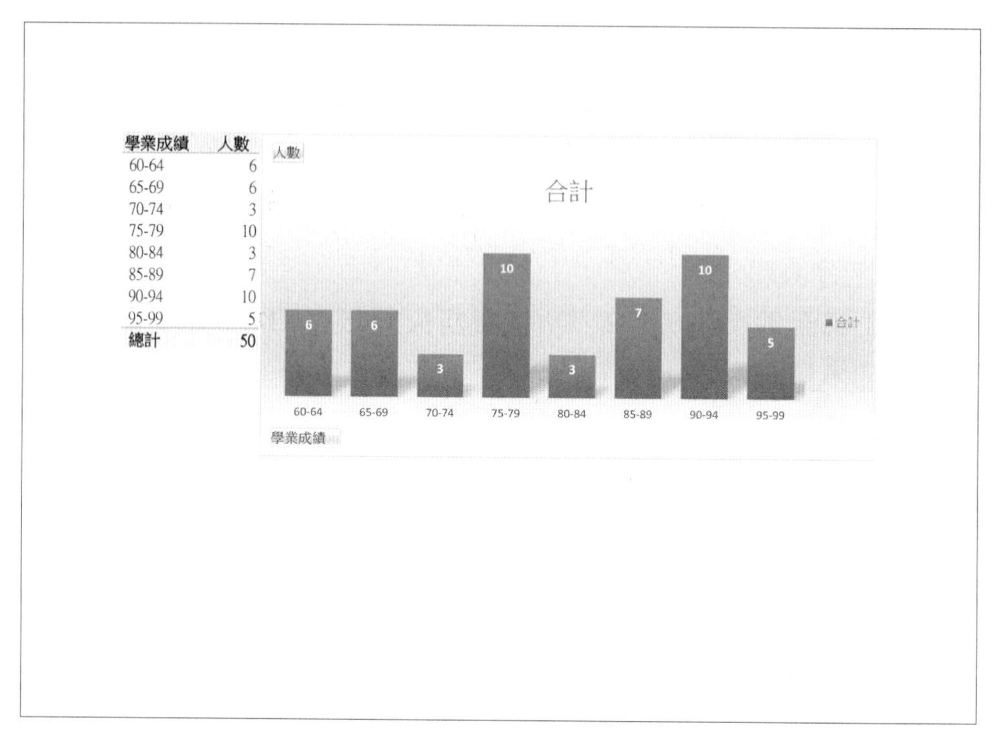

學業成績	人數
60-64	6
65-69	6
70-74	3
75-79	10
80-84	3
85-89	7
90-94	10
95-99	5
總計	50

5

CHAPTER

第五章 ▶

PowerPoint 2019

認證題庫

5-1 術科題庫分類及涵蓋技能內容

類　別	技　能　內　容
第　一　類	建立簡報素材及放映技能
	1. 新增投影片、套用版面配置 2. 複製投影片、插入外部簡報投影片、從大綱插入投影片 3. 套用佈景主題或範本 4. 設定投影片大小、起始編號、直向或橫向 5. 插入投影片的頁尾、編號、日期及時間 6. 設定文字的字型、陰影、色彩、間距、方向與套用文字效果 7. 設定段落的間距、行距、縮排、分欄、文字方向與對齊方式 8. 加入段落的編號清單、項目符號、調整清單縮排與增加/減少清單階層的應用 9. 新增圖片、文字方塊、文字藝術師文字、SmartArt 圖形、表格與圖表等物件 10. 設定物件的位置、大小、填滿、外框、替代文字與套用樣式 11. 在版面配置區、圖案、文字方塊或 SmartArt 圖形內輸入文字 12. 取代與取代字型的應用 13. 插入內嵌或連結視訊、套用視訊樣式及視訊選項的設定 14. 插入內嵌或連結音訊、套用圖片樣式及音訊選項的設定 15. 建立背景音樂 16. 建立文字或物件的進入、強調、結束及移動路徑的單一或多重動畫效果 17. 動畫效果選項的設定、複製動畫效果與觸發程序 18. 建立文字或物件的超連結與工具提示文字

類　　別	技　　能　　內　　容
	19. 建立動作按鈕與動作設定 20. 設定投影片轉場的換頁效果、換頁音效與換頁方式 21. 自動調整選項的設定與應用 22. 新增與編輯相簿 23. 隱藏投影片
技能內容說明：	評核受測者是否具備建立簡報應有的基本能力。以各種不同方式新增投影片，調整版面配置，套用佈景主題、範本與版面配置，編輯文字與段落的格式，加入文字、各種物件、音訊或視訊，設定超連結、動畫與轉場效果，移動、刪除或隱藏投影片等的基本建構能力。
第　二　類	編輯與美化簡報及自訂放映技能
	1. 調整版面配置區的大小與位置 2. 變更單一或全部投影片的背景 3. 運用選取窗格調整各物件的堆疊層次、建立群組 4. 變更圖案與文字方塊的填滿、外框、大小、排列、旋轉、圖案樣式、快速樣式與圖案效果 5. 變更圖片的形狀、外框、大小、排列、旋轉、圖案樣式與圖片效果 6. 文字或圖片與 SmartArt 圖形的轉換 7. 變更 SmartArt 圖形版面配置、色彩、樣式與立體效果 8. 變更文字藝術師文字的填滿、外框與文字效果 9. 變更圖表的圖表項目、圖表樣式與圖表篩選 10. 變更表格與儲存格的網底、框線、表格樣式與效果 11. 表格欄列的增減、儲存格的合併、分割與對齊方式 12. 組織投影片成章節 13. 編輯或移除超連結、變更超連結文字的色彩 14. 變更或移除動畫效果、觸發程序、效果選項與順序 15. 新增或移除視訊、音訊的書籤，剪輯視訊或音訊 16. 調整視訊色彩、海報圖文框、重新設定設計與校正

類　　別	技　　能　　內　　容
	17. 調整音訊色彩、美術效果、壓縮、變更圖片、校正、移除背景 18. 自訂投影片放映的方法與應用 19. 設定投影片放映的類型、放映的投影片與放映方式 20. 變更投影片的排列順序、刪除投影片
技能內容說明：	評核是否具備編輯與美化簡報、放映細節、互動式播放效果和建立自訂放映的能力。包含編輯各式素材特效、選擇美術風格配色、影音剪輯、展示效果及自訂放映。
第　三　類	簡報母片設計與應用技能
	1. 新增投影片母片、新增投影片版面配置與重新命名 2. 選擇母片版面配置區的標題、文字、日期、投影片編號與頁尾元素 3. 顯示或隱藏母片中的標題、頁尾 4. 在投影片母片設定標題、內容版面配置區及頁尾的字型、段落格式與位置 5. 在版面配置區自訂標題及內容版面配置區提示文字 6. 在投影片母片的內容版面配置區設定項目符號或編號清單的外觀與對齊方式 7. 在投影片母片的版面配置區設定標題或文字的動畫效果 8. 套用佈景主題，微調佈景主題的色彩、字型及效果 9. 套用佈景主題的背景樣式、隱藏投影片背景佈景主題中的任何圖形 10. 自訂投影片大小、投影片起始編號與方向 11. 建立投影片日期與時間、投影片編號、頁首與頁尾 12. 在講義或備忘稿頁面新增頁首或頁尾 13. 自訂簡報在列印為講義時的外觀 14. 自訂簡報與備忘稿一併列印為講義時的外觀 15. 套用一張或多張投影片母片至簡報

類　別	技　能　內　容
	16. 在投影片母片的版面配置建立物件的超連結 17. 在投影片母片的版面配置建立物件的動畫效果
技能內容說明：	評核受測者是否具備自訂簡報母片範本的能力。內容包含母片管理、版面設計、美術風格設計、紙本輸出版面及重新套版。
第　四　類	與其他軟體的整合技能
	1. 多份投影片檔案整合 2. 內嵌或連結 Excel 工作表 3. 內嵌或連結 Excel 圖表 4. 內嵌或連結 Word 表格 5. 圖表的設計、版面配置、圖表格式、圖表動畫效果 6. 表格的設計、版面配置、表格格式、表格動畫效果 7. 匯入投影片與大綱整理 8. 匯出為 PDF/XPS 文件檔 9. 匯出為視訊檔 10. 將簡報封裝成光碟 11. 建立講義 12. 儲存為播放檔 13. 儲存為圖片檔 14. 儲存為 Word 大綱文字檔 15. 儲存為 ODF 開放文件格式
技能內容說明：	評核受測者是否具備與其他 Office 系列軟體共用和檔案整合能力。內容包含既有資料建立連動圖表、轉置成其他共用檔案格式和結合商業範本。

5-2 第一類：建立簡報素材及放映技能

102 王小明的自我介紹

易 中 難

一、題目說明：

1. 王小明剛進大學，要利用 3 分鐘的簡報向老師同學們做自我介紹，但因為準備的時間有限，所以快速地利用「心智圖」構思出簡報的內容，現在請將這份心智圖，透過簡單的美術設計，快速地製作出簡潔而有重點的簡報。
2. 小明依據原始規劃的心智圖將節點上的文字輸入在純文字中，再利用以大綱模式匯入已經調整完字型和大小的母片，變成一張張的投影片，再依目的進行排版與樣式設計，簡潔且清楚地表達出重點。

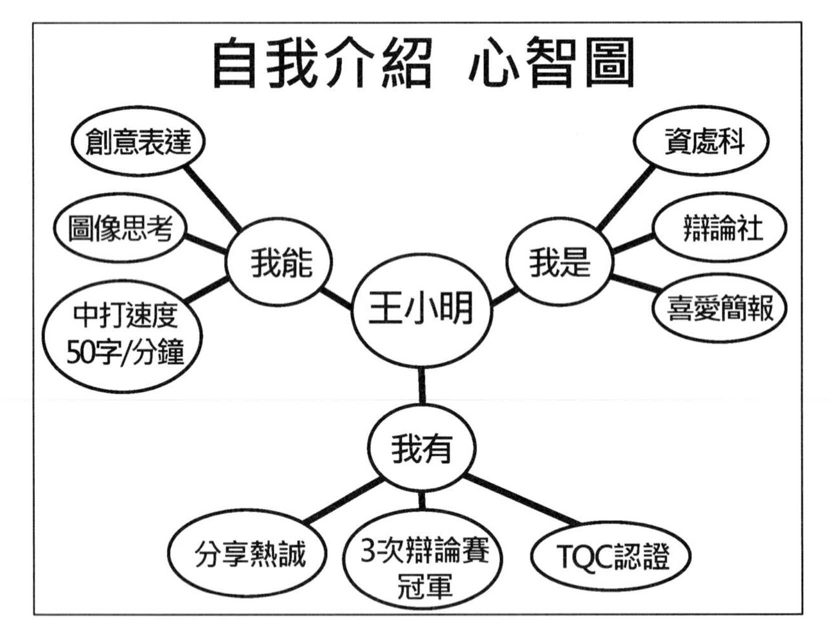

二、作答須知：

1. 請至 C:\ANS.CSF\PP01 資料夾，開啟 **PPD01.pptx** 檔案進行設計。完成結果儲存於同一資料夾之下，檔案名稱為 **PPA01.pptx**。
2. 本題各評分點彼此相互關聯，作答不完整，將影響各評分點之得分，請特別注意。

3.作答時如設定錯誤，請使用[復原]功能將該點還原至題目初始狀態後再次作答。

三、設計項目：

1.小明將心智圖的各節點儲存在純文字檔案中，現在請以「一張投影片，一個節點文字」的方式匯入到投影片上：
利用「從大綱插入投影片」方式，由心智圖各節點的純文字檔案（**01_Mind_mapping.txt**）建立簡報內容。

2.建立簡報的大綱，可讓聽眾預先了解重點項目：

- 請在投影片 1（王小明）之後，新增一張「only content」版面配置的投影片，成為投影片 2。
- 輸入「我是」、「我有」、「我能」三段文字在同一個內容版面配置區，並設定編號（1. 2. 3.），如圖所示：

1.我是
2.我有
3.我能

- 調整全部文字的字元間距為「非常寬鬆」(加寬間距值：6pt)。

3.編輯投影片的順序：小明檢視全部投影片後，為了要呈現更流暢的簡報劇本，將投影片的順序進行調整，如下表所示：

順序	投影片內容	順序	投影片內容
1	王小明	8	TQC 認證
2	1.我是 2.我有 3.我能	9	3 次 辯論賽冠軍
3	我是	10	分享熱誠
4	資處科	11	我能
5	辯論社	12	中打速度 50 字/分鐘
6	喜愛簡報	13	圖像思考
7	我有	14	創意表達

4.變更指定投影片的版面配置：
除了投影片 2（1.我是 2.我有 3.我能）、投影片 9（3 次 辯論賽冠軍）、投影片 10（分享熱誠）和投影片 12（中打速度 50 字/分鐘），其餘投影片全部套用「只有標題」版面配置。

5.投影片 2（1.我是 2.我有 3.我能）的內容版面配置區新增動畫：「淡出」進入動畫效果、期間為 2 秒。

6.投影片 10（分享熱誠）新增圖案：
- 刪除「按一下以新增文字」的文字版面配置區。
- 插入一「心形」圖案，設定其樣式為「溫和效果-紅色, 輔色 5」。
- 圖案大小：高度 6.27 公分，寬度 7.51 公分。
- 圖案位置：皆從左上角、水平位置 8.95 公分、垂直位置 10.51 公分。

7.將投影片 3（我是）、投影片 7（我有）和投影片 11（我能）的文字，設定「文字陰影」、字型色彩為「紅色, 輔色 5」。

8.設定所有投影片轉場以「隨機」效果，期間為 0.5 秒。

四、參考結果如下所示：

王小明	1.我是 2.我有 3.我能	我是
1	2	3
資處科	辯論社	喜愛簡報
4	5	6
我有	TQC認證	3次 辯論賽冠軍
7	8	9
分享熱誠 	我能	中打速度 50字/分鐘
10	11	12
圖像思考	創意表達	
13	14	

104 旅遊相簿

易 中 難

一、題目說明：

1.本題是梅林將旅遊所拍攝的照片分類製作成數位相簿的簡報，分享給朋友們欣賞。梅林將第 1 張投影片設計成相簿目錄，只要點選地名的圖片位置即可快速看到相關的照片，呈現互動感。

2.將簡報素材置入後，進行版面大小的調整、設定目錄的互動連結功能並加入頁碼和主題資訊，最後統一字型，讓簡報看起來一致又美觀。

二、作答須知：

1.請至 C:\ANS.CSF\PP01 資料夾，開啟 **PPD01.pptx** 檔案進行設計。完成結果儲存於同一資料夾之下，檔案名稱為 **PPA01.pptx**。

2.本題各評分點彼此相互關聯，作答不完整，將影響各評分點之得分，請特別注意。

3.作答時如設定錯誤，請使用[復原]功能將該點還原至題目初始狀態後再次作答。

三、設計項目：

1.新增相簿，將景點圖片匯入（新增相簿後會自動生成一個簡報檔，請另存新檔為 **PPA01.pptx**，後續全部設計請在 **PPA01.pptx** 操作）：

- 從作答資料夾內選取相簿中的圖片，將照片順序調整為：「九份老街-1~-4」→「南庄-1~-4」→「日月潭-1~-4」→「墾丁-1~-4」。
- 每張投影片放四張圖片，圖片外框為「簡易框架，白色」。
- 每張圖片下方有該圖片的檔案名稱。
- 套用作答資料夾內的佈景主題（**Thumbtack.potx**）。

2.將投影片大小改為「標準 (4:3)」，確保最適大小。

3.編輯第 1 張投影片：

A.套用「標題」版面配置，並將副標題的內容修改為「點選標出的地名」。

B. 複製台灣地圖（**Taiwan_map.pptx**）投影片所有的圖片，貼到本簡報的第 1 張投影片上，圖片位置需與原投影片相同，並設定滑鼠按下圖片九份連結到第 2 張投影片、南庄連結到第 3 張投影片、日月潭連結到第 4 張投影片、墾丁連結到第 5 張投影片。

4.設定投影片編號和頁尾：

- 設定第 2 張投影片編號為 1。
- 從第 2 張投影片起，每張投影片加入編號與頁尾，頁尾顯示「台灣旅遊景點」，並設定「標題投影片中不顯示」。

5.設定簡報只播放第 1 張投影片，其餘投影片必須透過互動連結才能切換，呈現出互動效果。

6.整份簡報中的中文字型改為「微軟正黑體」。

四、參考結果如下所示：

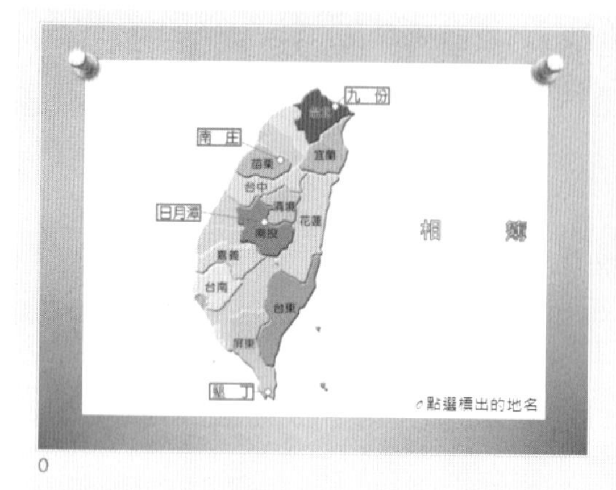

0

1

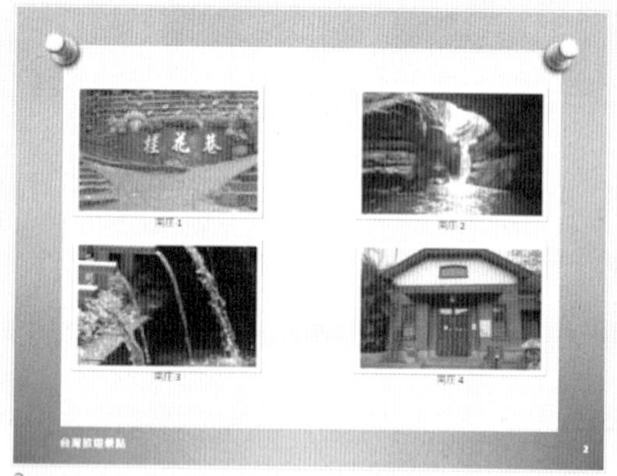
2

3

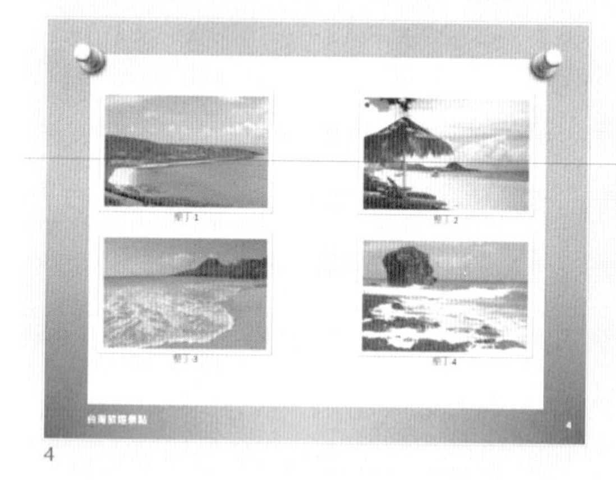
4

106 茶

易 中 難

一、題目說明：

1.本題是關於茶講座的進場播放簡報。梅林是公司的飲茶社社長，預計舉辦茶入門的講座，並把當天會試喝的茶加在簡報中一起介紹。梅林已經將講義 Word 文件編輯好大綱，接下來套用簡報範本，快速產生一份專業的簡報，並設定轉場效果讓簡報呈現進場影片的效果。

2.透過版面配置的調整、文字、段落、插圖等編修，再加上適當的轉場效果，使簡報播放起來好像在翻閱書籍。

二、作答須知：

1.請至 C:\ANS.CSF\PP01 資料夾，開啟 **PPD01.potx** 檔案進行設計。完成結果儲存於同一資料夾之下，檔案名稱為 **PPA01.pptx**。

2.本題各評分點彼此相互關聯，作答不完整，將影響各評分點之得分，請特別注意。

3.作答時如設定錯誤，請使用[復原]功能將該點還原至題目初始狀態後再次作答。

三、設計項目：

1.使用 **PPD01.potx** 範本建立新簡報：

- 開啟範本檔案後，另存新檔為 **PPA01.pptx** 簡報檔，後續全部設計請在 **PPA01.pptx** 操作。
- 刪除投影片 1，再匯入 **Outline.docx** 大綱內容。

2.套用佈景主題的版面配置：

- 投影片 1 套用「茶_標題投影片」、投影片 2~4 套用「茶 1_標題及物件」、投影片 5~7 套用「茶 2_標題及物件」。
- 投影片 2~7 套用版面配置後，簡報內容格式（含色彩、字型等）必須與範本的格式一致。

3.編輯投影片 1 標題：

A.文字方向改為垂直，對齊文字為置中，並設定 1.5 倍行高。

B.設定字型為「標楷體」，字型色彩與左邊圖中茶的綠色相同。

4.在投影片 2~4 的圖片版面配置區分別插入圖片，並套用「透視圖陰影, 白色」圖片樣式。投影片 2（台灣山茶）插入**茶-1.jpg**、投影片 3（阿薩姆紅茶）插入**茶-2.jpg**、投影片 4（紅玉十八號）插入**茶-3.jpg**。

5.在投影片 5（製茶過程）將文字「一、」~「六、」之前的項目符號改以 **Green.gif** 的圖片項目符號。

6.設定所有投影片轉場動畫：

A.「頁面捲曲」效果，期間為 2 秒。

B.每隔 3 秒自動換頁，取消按滑鼠換頁並設定連續放映到按下[Esc]鍵為止。

四、參考結果如下所示：

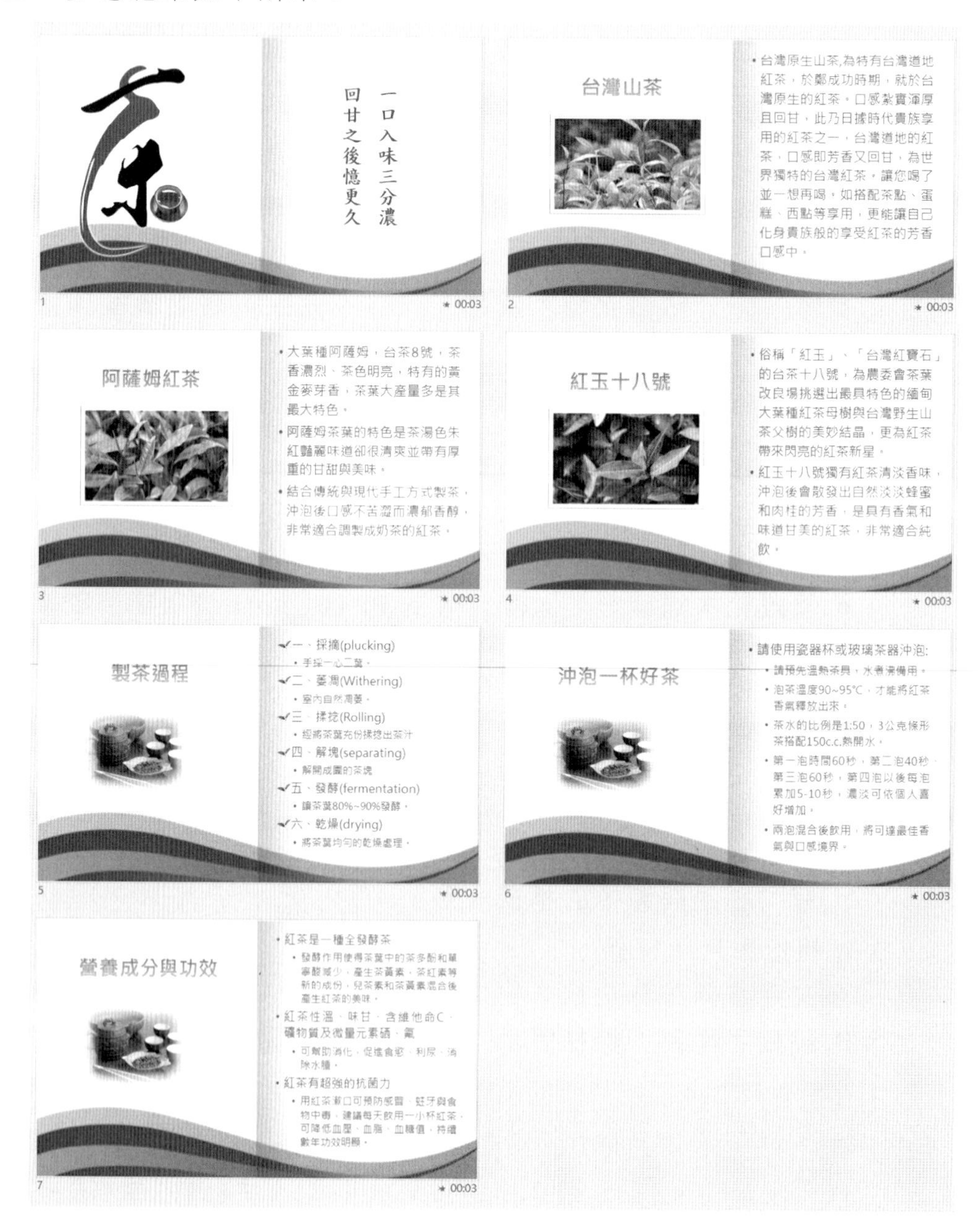

108 小小表演會

易 中 難

一、題目說明：

1.在簡報置入背景音樂，並新增和設定動畫及動作按鈕的連結，達到簡易的互動和多媒體應用。

二、作答須知：

1.請至 C:\ANS.CSF\PP01 資料夾，開啟 **PPD01.pptx** 檔案進行設計。完成結果儲存於同一資料夾之下，檔案名稱為 **PPA01.pptx**。

2.本題各評分點彼此相互關聯，作答不完整，將影響各評分點之得分，請特別注意。

3.作答時如設定錯誤，請使用[復原]功能將該點還原至題目初始狀態後再次作答。

三、設計項目：

1.在投影片 1 以 **Orchestra09.mp3** 為簡報背景音樂，並設定「在背景播放」。

2.在投影片 2（舞蹈--沙漠幻影）的圖片舞者（dancer）設定下列的動畫，在按下「進場」按鈕，讓舞者有出現的效果：

- 動畫圖庫：「飛入」進入動畫效果。
- 動畫效果選項：自右。
- 期間：3 秒。
- 平滑結束：3 秒。

3.在投影片 3(美妙的音樂)設定圖片 cheers_1~cheers_3 與 cheers_4 靠下對齊在同一個水平線。

4.在投影片 3（美妙的音樂）的左側插入「動作按鈕：聲音」圖案，並設定：

- 圖案大小：高度 1.84 公分，寬度 2.25 公分。
- 圖案位置：皆從左上角、水平位置 2.03 公分、垂直位置 15.24 公分。
- 替代文字：描述輸入「clap_play」。
- 按一下滑鼠就播放「鼓掌」聲。
- 圖案樣式：「色彩填滿-橙色，輔色 4」。

5.在投影片 4（完結篇）按下「再看一次」按鈕，就跳至「第一張投影片」，並播放「鼓掌」聲。

6.在投影片 4（完結篇）右下角插入「動作按鈕: 移至終點」圖案，並設定：

- 圖案大小：高度 1.84 公分，寬度 2.25 公分。
- 圖案位置：皆從左上角、水平位置 21.15 公分、垂直位置 15.24 公分。
- 替代文字：描述輸入「close_b」。
- 按一下滑鼠就「結束放映」。
- 圖案樣式：「鮮明效果-橙色, 輔色 4」。

四、參考結果如下所示：

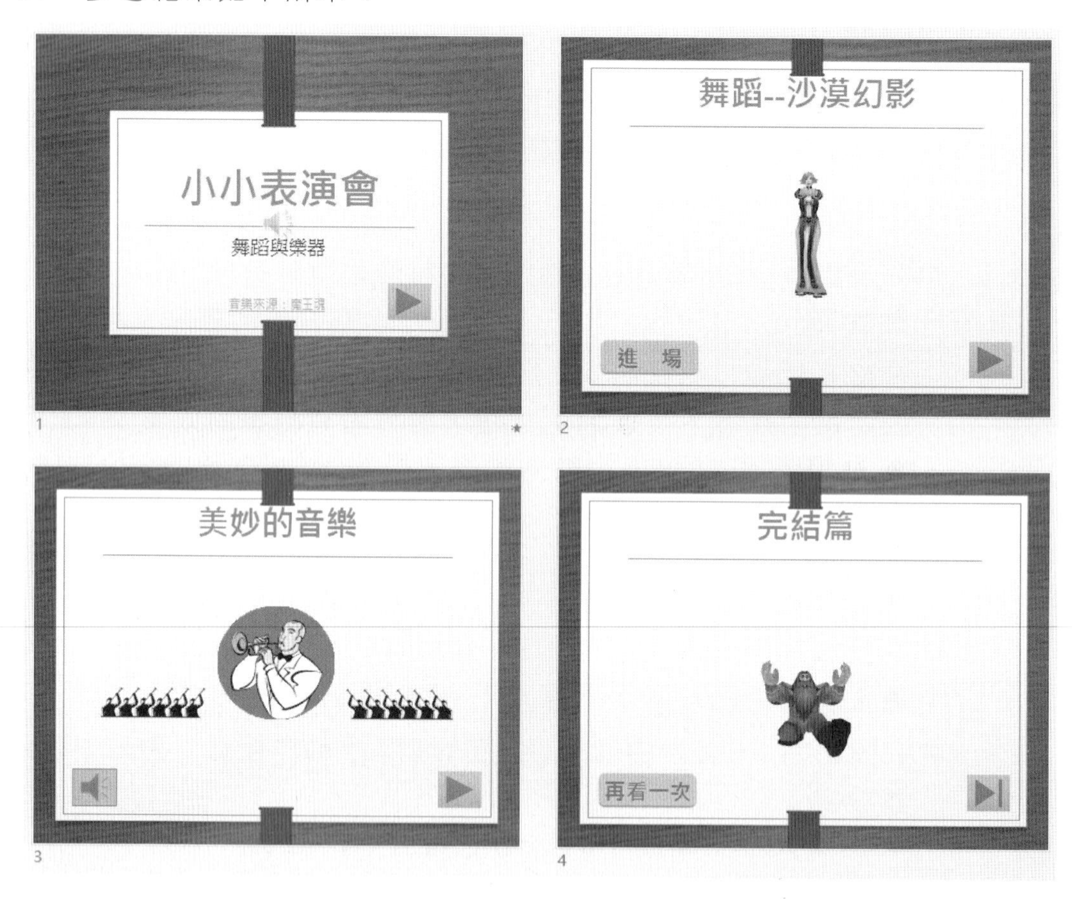

110 穿戴式行動裝置

易 中 難

一、題目說明：

1.本題是柯小豪與同學們分工製作的電腦課報告，柯小豪所負責的部分是將同學們所製作好的簡報進行彙整。為了使簡報更加活潑、生動，柯小豪還加了一些互動動畫，使同學們在聽報告時，可以更加專注。

2.將兩份簡報合併，並統一佈景主題與調整版面配置，接著再增加動畫設定、超連結設定，使簡報風格一致並提昇簡報趣味性。

二、作答須知：

1.請至 C:\ANS.CSF\PP01 資料夾，開啟 **PPD01-1.pptx** 檔案進行設計。完成結果儲存於同一資料夾之下，檔案名稱為 **PPA01.pptx**。

2.本題各評分點彼此相互關聯，作答不完整，將影響各評分點之得分，請特別注意。

3.作答時如設定錯誤，請使用[復原]功能將該點還原至題目初始狀態後再次作答。

三、設計項目：

1.在投影片的最後匯入 **PPD01-2.pptx** 簡報檔中的第 2~7 張投影片（1.四眼天機~6.運動良伴），依序為投影片 4~9，並套用「標題大圖片」版面配置。

2.投影片 2 的動畫效果：

A.投影片開始時，利用「與前動畫同時」動畫開始方式，使所有線段皆消失不見，必須透過以下的互動設定才能顯示。

B.圓形圖案互動設定：

- 按下任一圓形圖案時，其直線立即以「擦去」動畫效果指向「◎」符號位置。
- 「擦去」動畫效果選項：群組 1~3 為「自左」，群組 4~6 為「自右」。
- 當再按下另一圓形圖案時，則前一直線及◎符號才會消失。

（注意：動畫設定必須照著群組 1~6 的順序設定，否則此小點不予計分。）

3.投影片 3 的超連結：當按下任一張小圖，即自動連結到相對應大圖片的投影片。

4.編輯投影片 4~9：

A.將投影片 4 的圖案□調整成◀動作按鈕。

• 圖案樣式：「色彩填滿-淺粉藍，輔色 1」。

B.當游標移到◀，即自動回到投影片 3。

C.將調整好的◀複製，並貼到投影片 5~9。

四、參考結果如下所示：

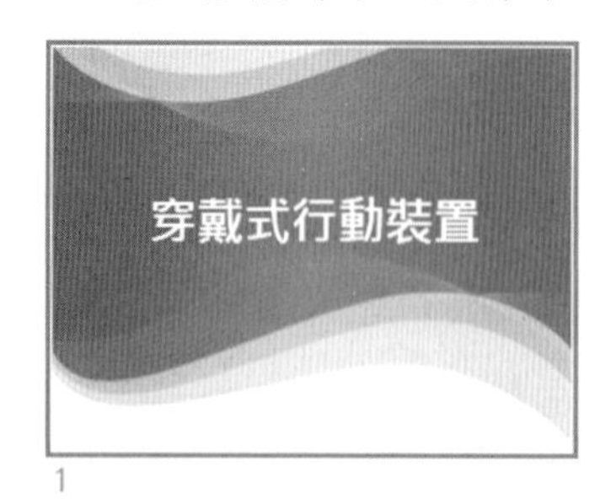

1

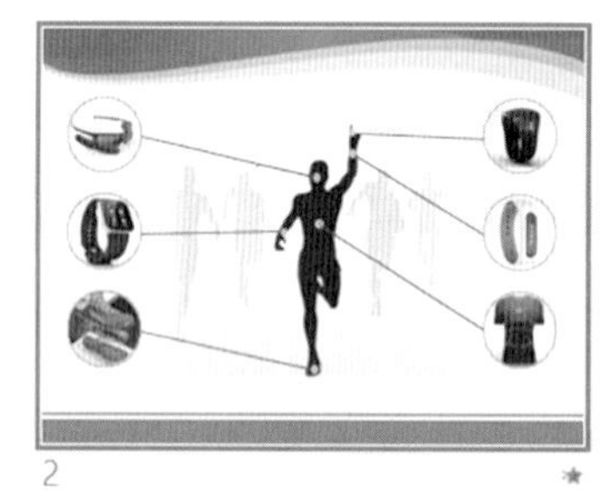
2

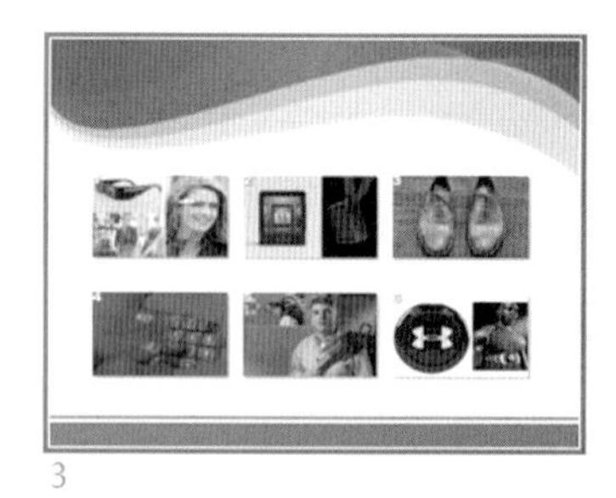
3

4

5

6

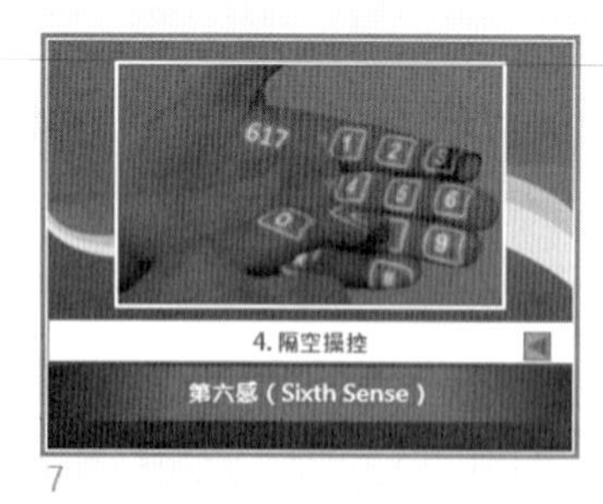

7

8

9

5-3 第二類：編輯與美化簡報及自訂放映技能

202 小明的旅遊儲蓄計畫

易 中 難

一、題目說明：

1.小明要向班上同學簡報自己的旅遊儲蓄計畫，當中利用有力的圖像呈現出旅遊目的地，並使用表格呈現七月份的收支狀況，包含收入、支出、餘額與各項收支的明細，最後以旅費與每月儲蓄金額估算出計畫時程。

2.在 PowerPoint 投影片中已經有現成的文字、影像與資料表，請依目的進行排版與樣式設計，簡潔且清楚地表達出重點。

二、作答須知：

1.請至 C:\ANS.CSF\PP02 資料夾，開啟 **PPD02.pptx** 檔案進行設計。完成結果儲存於同一資料夾之下，檔案名稱為 **PPA02.pptx**。

2.本題各評分點彼此相互關聯，作答不完整，將影響各評分點之得分，請特別注意。

3.作答時如設定錯誤，請使用[復原]功能將該點還原至題目初始狀態後再次作答。

三、設計項目：

1.編輯投影片 1 的圖片和投影片背景：

A. 拖曳小豬撲滿圖片（內容版面配置區）的右下角，以鎖定長寬比的方式放大至投影片的右下角，如圖所示：

B. 編輯投影片的背景，實心填滿為「黑色, 文字 1」。

2.編輯投影片 2 的 101 大樓圖片（圖片版面配置區），圖片框線寬度為 5pt。

3.編輯投影片 3 中的表格樣式，突顯出資料重點：

A.表格樣式選項勾選「標題列」，並修改表格樣式為「中等深淺樣式 2」。

B.在不改變整體表格寬度的條件下，「收入」、「支出」和「餘額」3 欄的寬度均相等。

C.修改「餘額」欄，內容為「680」的儲存格樣式：

- 字型：粗體、大小為 28、色彩為紅色（R:255、G:0、B:0）。
- 網底：色彩為玫瑰紅（R:242、G:220、B:219）。

D.儲存格內的文字對齊方式（包含沒有文字的儲存格）：

- 「收入」、「支出」和「餘額」3 欄均為靠右對齊。
- 「備註說明」欄為靠左對齊。
- 所有欄位標題文字則維持置中對齊。

4.編輯投影片 4 中「4000 元」的「反射」文字效果：

- 透明度：60%。
- 距離：2pt。

5.編輯投影片 5 的顯示格式：

A.「6 個月」的「反射」文字效果：

- 透明度：60%。
- 距離：2pt。

B.圖案 ÷（除號）的圖案外框：無外框。

C.複製投影片 4 中文字「4000 元」的動畫效果，到投影片 5 中的文字「6 個月」上。

四、參考結果如下所示：

1

101

- 好高
- 好玩
- 好新奇

2

7月份 收支表

收入	支出	餘額	備註說明
1,200			每週爸媽固定給的零用錢
500			奶奶給的
800			考試100分媽媽的獎勵
1,500			打工的薪水
	135		松山到新竹的車資
	600		六福村
	80		3支原子筆
	300		小華的生日禮物
	500		隨身碟
	100		麥當勞
	800		周杰倫演唱會
	1,200		電腦書2本+故事書3本

680

3

旅費

4000元

4 *

4000元 ÷ 680元/每月

6個月

5 *

204 海關出口貿易統計

易 中 難

一、題目說明：

1. 本題是針對簡報的閱讀性所做的細部調整。秘書小紋請助理整理一份 2010 年特定項目的海關出口貿易統計簡報，要在下午提供給經理。小紋檢視簡報後，覺得內容簡潔有力，但是投影後就不太容易看清楚，而且圖表在太多資料顯示的情況下焦點過多，便針對簡報的閱讀性來做細部的修改。
2. 改變投影片的配色，修改表格和圖表的排版、類型、動畫設定和備忘稿的補充，讓簡報變得更容易閱讀。

二、作答須知：

1. 請至 C:\ANS.CSF\PP02 資料夾，開啟 **PPD02.pptx** 檔案進行設計。完成結果儲存於同一資料夾之下，檔案名稱為 **PPA02.pptx**。
2. 本題各評分點彼此相互關聯，作答不完整，將影響各評分點之得分，請特別注意。
3. 作答時如設定錯誤，請使用[復原]功能將該點還原至題目初始狀態後再次作答。

三、設計項目：

1. 變更投影片的佈景主題色彩為「Office」。
2. 編輯投影片 2 的表格和顯示格式：
   A. 表格樣式變更為「中等深淺樣式 3-輔色 1」。
   B. 表格樣式需包含「標題列」和「帶狀列」，並取消首欄。
   C. 設定標題列的儲存格文字，除了「月別」，其他皆為靠右對齊。
   D. 調整第 1 欄寬度為 3 公分，再平均其餘各欄欄寬。
3. 編輯投影片 2 的文字方塊（單位:億美元）顯示格式：
   - 字型大小：24。
   - 取消圖案內的文字自動換行。
   - 左邊界：0 公分，讓單位的顯示與表格對齊。
4. 編輯投影片 2 的備忘稿：
   - 在文字「選了」的後面，補述「5 項產品」(數字為半形)。

5.編輯投影片 3 的圖表：

A.變更為「折線圖」，套用「樣式 12」。

B.新增圖表標題，在圖表上方，輸入文字「單位:億美元」(冒號為半形)，將位置移到圖表範圍內的最左上角。

C.圖表區全部字型(不含標題 1)：色彩為「黑色, 文字 1, 較淺 5%」、大小為 24。

D.變更動畫的效果選項為「依類別」，並取消圖表背景動畫。

四、參考結果如下所示：

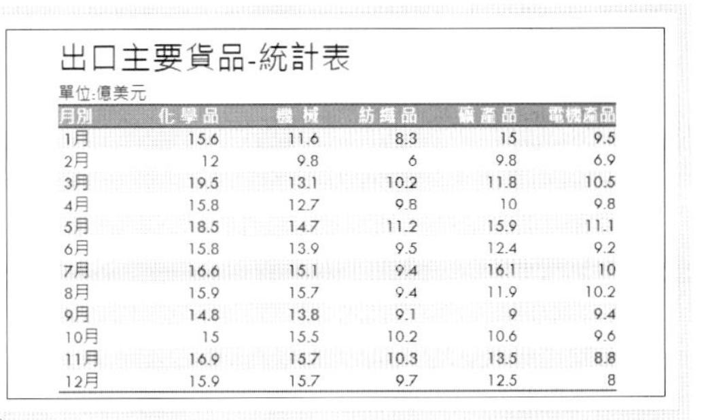

出口主要貨品-統計表

單位:億美元

月別	化學品	機械	紡織品	礦產品	電機產品
1月	15.6	11.6	8.3	15	9.5
2月	12	9.8	6	9.8	6.9
3月	19.5	13.1	10.2	11.8	10.5
4月	15.8	12.7	9.8	10	9.8
5月	18.5	14.7	11.2	15.9	11.1
6月	15.8	13.9	9.5	12.4	9.2
7月	16.6	15.1	9.4	16.1	10
8月	15.9	15.7	9.4	11.9	10.2
9月	14.8	13.8	9.1	9	9.4
10月	15	15.5	10.2	10.6	9.6
11月	16.9	15.7	10.3	13.5	8.8
12月	15.9	15.7	9.7	12.5	8

2

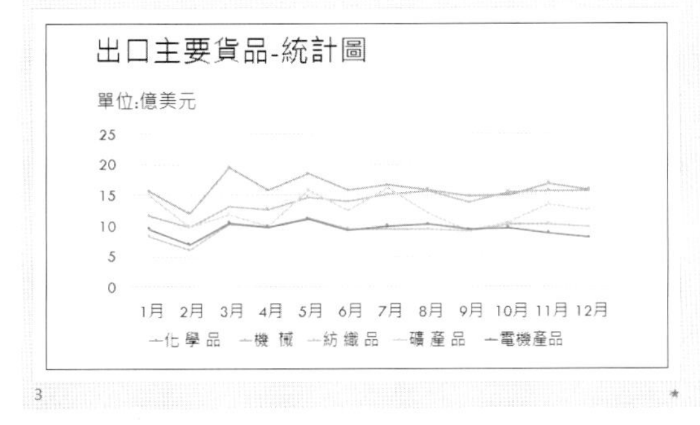

206 名言佳句

易 中 難

一、題目說明：

1.王小明在看完一本簡報書後，要向老師和同學們分享心得，他將書本中的名言佳句做成一張張的投影片，並且也利用了簡報書中的設計概念。王小明已經使用 PowerPoint 預設的樣式完成初版的製作，播放後覺得重點未能表達清楚且風格過於沉重，針對這部分進行微調。

2.在 PowerPoint 投影片中已經有現成的文字、影像，請依目的進行排版與樣式設計，簡潔且清楚地表達出重點。

二、作答須知：

1.請至 C:\ANS.CSF\PP02 資料夾，開啟 **PPD02.pptx** 檔案進行設計。完成結果儲存於同一資料夾之下，檔案名稱為 **PPA02.pptx**。

2.本題各評分點彼此相互關聯，作答不完整，將影響各評分點之得分，請特別注意。

3.作答時如設定錯誤，請使用[復原]功能將該點還原至題目初始狀態後再次作答。

三、設計項目：

1.編輯投影片 1 簡報者圖片(內容版面配置區)：維持圖片長寬比，調整圖片大小至布滿整張投影片。

2.調整投影片 1 中的物件堆疊順序，如下表所示：

圖層順序	物件名稱
第 1 層	圖片
第 2 層	標題
第 3 層	內容版面配置區

3.編輯投影片 1 標題的顯示格式：

A.取消標題圖案外框，加上「位移：向上」外陰影效果。

B.調整標題文字靠左對齊，文字方塊的左邊界為 2.5 公分、上邊界為 0.3 公分。

C.修改「簡報」和「溝通」文字色彩為深紅色（R:192、G:0、B:0）並加上文字陰影。

4.編輯投影片 1 的 Logo 圖片裁剪，位移 X 為 1.9 公分。

5.編輯投影片 2 的顯示格式：

A.背景顏色為實心填滿橘色（R:228、G:108、B:10）。

B.下方白色矩形取消外框。

C.複製投影片 1 的 Logo 圖片貼上投影片 2，大小位置需一致。

6.編輯投影片 2 的動畫：

- 取消「打動人心的簡報，通常技術不難」的動畫。
- 修改「難在真誠且流暢的表達」的動畫為「淡出」進入效果、期間為 2 秒。

四、參考結果如下所示：

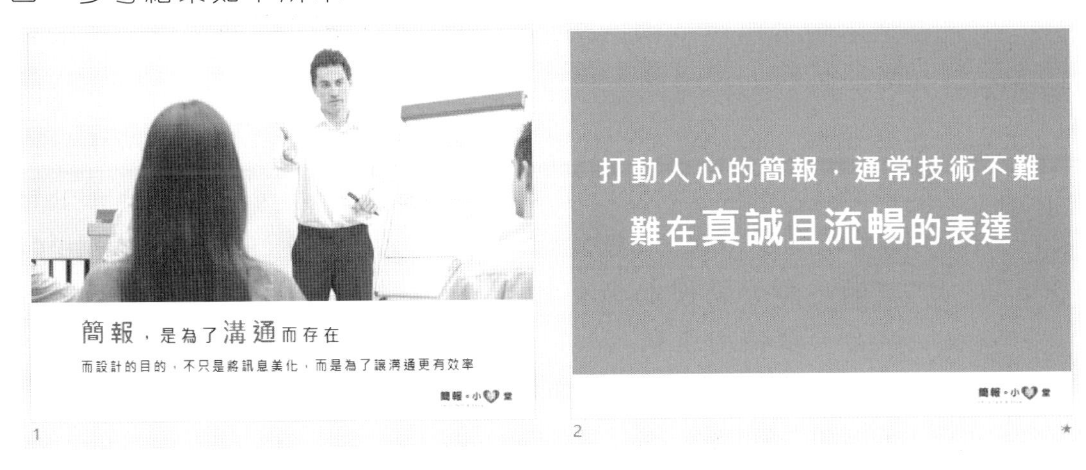

208 雲端運算介紹

易 中 難

一、題目說明：

1.本題是製作給學生的參考資料簡報。雲端運算是目前非常重要的概念與技術，多虧了高速網路連結，讓資料數位化儲存得以實現，因此在古典大學資訊科學系課堂上，教授希望同學在畢業前，能夠對於當代雲端運算有基本的認識，以增加工作競爭優勢，因此規劃這次團體作業。教授指示助教王小明將雲端運算概念與傳統儲存觀念用簡易的圖示與動畫來說明。

2.修改簡報背景、圖解排列、挑選符合主題且突顯重點的圖案形狀和底色，並精簡動畫。

二、作答須知：

1.請至 C:\ANS.CSF\PP02 資料夾，開啟 **PPD02.pptx** 檔案進行設計。完成結果儲存於同一資料夾之下，檔案名稱為 **PPA02.pptx**。

2.本題各評分點彼此相互關聯，作答不完整，將影響各評分點之得分，請特別注意。

3.作答時如設定錯誤，請使用[復原]功能將該點還原至題目初始狀態後再次作答。

三、設計項目：

1.編輯投影片 4 的 3 張圖片（floppy、CD 和 USB）：

A.對齊：靠上對齊。

B.圖片堆疊順序：將圖片 CD 和 USB 的順序對調（讓 CD 在 USB 的上面），而且不能改變其他物件的堆疊順序。

2.編輯投影片 4 的內容版面配置區：

- 拉長內容版面配置區下方的高度，使之貼齊投影片下方邊緣。
- 實心填滿的色彩為「白色, 背景 1」，遮蓋底圖讓整張投影片更乾淨，避免左邊圖解的焦點被轉移。

3.編輯投影片 4 的圖案（s_arrow_1~9）的動畫：原動畫設計太過冗長，將動畫修改如下表所示：

順序	對應物件	開始
5	s_arrow_1	按一下
	s_arrow_2	與前動畫同時
	s_arrow_3	與前動畫同時
6	s_arrow_4	按一下
	s_arrow_5	與前動畫同時
	s_arrow_6	與前動畫同時
7	s_arrow_7	按一下
	s_arrow_8	與前動畫同時
	s_arrow_9	與前動畫同時

4.編輯投影片 5 的圖案（矩形和直線單箭頭接點）：

A.變更圖案（矩形）的形狀為「雲朵形」。

B.圖案（直線單箭頭接點 18）的開始箭頭類型為「箭頭」，其他 4 個圖案（直線單箭頭接點）的格式再調整與圖案（直線單箭頭接點 18）相同。

5.編輯投影片的動畫：（提示：不更動母片裡的動畫設定）

- 投影片 1：取消全部的動畫。
- 投影片 4：取消「內容版面配置區 5」的動畫。（提示：只刪除 1 個動畫，要保留內容版面配置區裡全部內文的動畫）
- 投影片 5：取消「內容版面配置區 5」的動畫。（提示：只刪除 1 個動畫，要保留內容版面配置區裡全部內文的動畫）
- 投影片 6：僅保留「雲端運算三大好處」的動畫。
- 投影片 8：僅保留「雲端運算生活應用」的動畫。

四、參考結果如下所示：

請見 **Reference_result.wmv**，影片中轉場效果為手動操作錄製，除了設計項目指示，其餘不需額外設定。

210 台灣蝴蝶

易 **中** 難

一、題目說明：

1.對於較多張投影片的簡報，可自訂「章節」來分類，將同性質的投影片利用「自訂放映」歸類管理，可使雜亂無章的投影片變得有序。

2.透過「超連結」或「動作」設定串聯各投影片，主講者在簡報時可依現場需求，隨時調整投影片的切換順序。

二、作答須知：

1.請至 C:\ANS.CSF\PP02 資料夾，開啟 **PPD02.pptx** 檔案進行設計。完成結果儲存於同一資料夾之下，檔案名稱為 **PPA02.pptx**。

2.本題各評分點彼此相互關聯，作答不完整，將影響各評分點之得分，請特別注意。

3.作答時如設定錯誤，請使用[復原]功能將該點還原至題目初始狀態後再次作答。

三、設計項目：

1.新增章節：

- 新增「蝴蝶類別」章節：從投影片 3~8。
- 新增「保育類蝴蝶」章節：從投影片 9~13。

2.自訂放映：

- 自訂放映名稱「蝴蝶類別」：從投影片 3~8。
- 自訂放映名稱「保育類蝴蝶」：從投影片 9~13。

3.編輯投影片 1：

A.變更圖片藍色蝴蝶（圖片 3）的動畫設定：「水平方向」縮放。

B.設定按下「蝴蝶的一生」即連結至投影片 2。

C.設定按下「臺灣蝴蝶的類別」即跳到「蝴蝶類別」自訂放映，顯示後返回。

D.設定按下「臺灣保育類蝴蝶」即跳到「保育類蝴蝶」自訂放映，顯示後返回。

4.設定超連結的文字色彩為「白色, 文字 1」，已瀏覽過的超連結文字色彩為「橙色, 輔色 4」，將新的佈景主題色彩儲存名稱為「BF」。

5.將投影片 2 的文字方塊(文字版面配置區)轉為 SmartArt 圖形的「區段循環圖」。

6.編輯投影片 3 的 SmartArt 圖形(內容版面配置區):

- 變更 SmartArt 圖形版面配置為「六邊形圖組」。
- 變更色彩為「彩色-輔色」。

7.設定簡報只能播放投影片 1,其餘投影片必須透過超連結換頁。

四、參考結果如下所示:

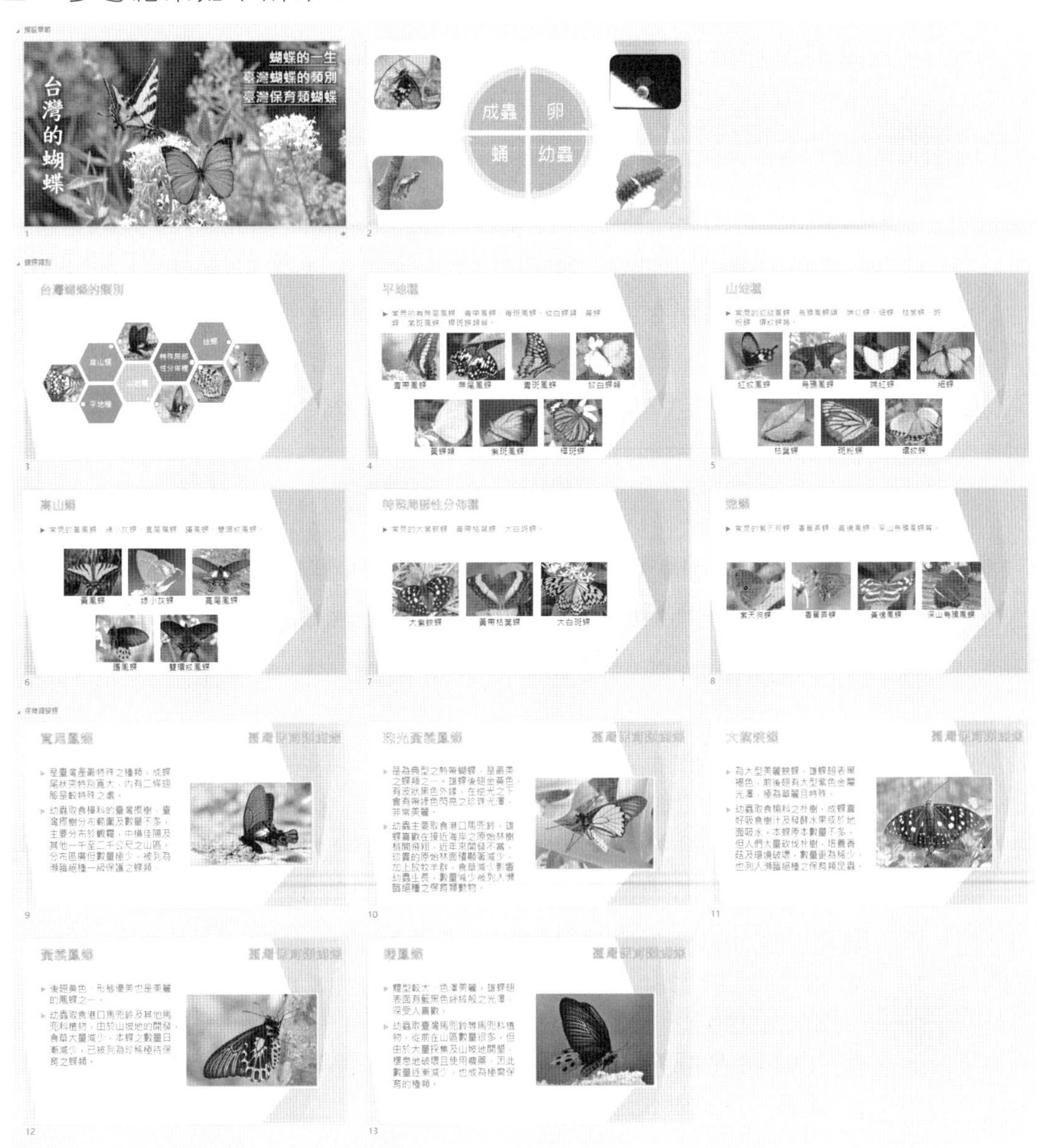

5-4 第三類：簡報母片設計與應用技能

302 餐廳 MENU

易 中 難

一、題目說明：

1. 美式創意料理餐廳不滿意廣告公司所設計的簡報式菜單，希望換個設計風格，並可隨時更換菜單也不會破壞投影片的美觀與一致性，還要求可讓顧客透過觸控螢幕的方式來翻閱菜單。
2. 設計公司依以上的需求，更改了餐廳 MENU 的套用範本及新增放映設定，完成一份簡單精美的餐廳 MENU。

二、作答須知：

1. 請至 C:\ANS.CSF\PP03 資料夾，開啟 **PPD03.pptx** 檔案進行設計。完成結果儲存於同一資料夾之下，檔案名稱為 **PPA03.pptx**。
2. 本題各評分點彼此相互關聯，作答不完整，將影響各評分點之得分，請特別注意。
3. 作答時如設定錯誤，請使用[復原]功能將該點還原至題目初始狀態後再次作答。

三、設計項目：

1. 將 **PPD03.pptx** 簡報套用 **PPD03.potx** 範本檔，投影片 2~8 套用「MENU」版面配置。
2. 刪除未使用到投影片母片的版面配置，並在「備忘稿」左半部繪製一矩形：
   - 大小：高度為 19 公分、寬度為 17 公分。
   - 圖案樣式：無框線，填滿 80%透明度的黑色。
   - 替代文字：描述輸入「shape」。
   - 位於紋理化後的白色底圖（圖片 6）上一層。
3. 編輯投影片母片的「MENU 版面配置」:
   - 第 2 張投影片右下角的圖片（圖片 8）移到「MENU 版面配置」的相同位置。
   - 調整標題配置區（Title）: 右縮寬度到對齊左邊內容版面配置區的右框線。
   - 標題配置與內容版面配置區之間的橫線：寬度改為 12.5 公分。

- 調整左邊的內容版面配置區（Content Placeholder）：取消項目符號，置中對齊。
- 調整右邊的圖片版面配置區：對齊投影片垂直置中位置。

4. 設定所有投影片皆以「頁面捲曲」轉場效果手動切換，播放時停留在第一張投影片（其餘投影片的切換由下一題設計）。

5. 新增自訂放映 B2~B8，每一個自訂放映所包含的投影片依序為：「B2：投影片 2」、「B3：投影片 3」、「B4：投影片 4」、「B5：投影片 5」、「B6：投影片 6」、「B7：投影片 7」、「B8：投影片 8」。

6. 利用超連結功能設定，當按下第一張投影片右邊的任何圓角矩形區時，投影片即切換至相對應標題的投影片，等放映完後又返回到第一張投影片。

四、參考結果如下所示：

BIDUI
Food & Drinks
筆堆
筆堆美式創意料理餐廳
筆堆歐姆蛋系列 OMELETT
前菜系列 STARTERS
健康沙拉系列 SALAD
義大利麵系列 PASTA
主廚好推薦 SPECIAL MEAL
燉飯系列 RISOTTO
帕尼尼系列 PANINI
1
筆堆歐姆蛋系列
OMELET
Veggie Omelet
Bacon & mushroom
Denver Omelet
Spinach & Smoked Salmon
2
前菜系列
STARTERS
Fries w / Garlic Ailoli Sauce
Calaman
Pulled Pork Cheese Fries
Pulled Pork Nachos
Smoked Salmon Carpacio
Bidui's Chicken Wings
Buidi's Combo
3
健康沙拉系列
SALAD
Bidui's Salad
Greek Salad with Lemon Vinaigrette
Ceasar Salad
Two choices of meat
A. Chicken breast
B. Salmon Steak
4
義大利麵系列
PASTA
Tomato & Basil Spaghetti
Clam un White Wine
Chicken Pesto Cream
Carbonara
Shrimp Scampi
Porcini Mushroom and Truffle
Seafood Arabiata
Bacon & Mussel Cream
Beef Bourguignon
5
主廚推薦
SPECIAL MEAL
Norwegian Salmon Lemon & Garlic
Cream Sauce
Bidui BBQ Ribs
(24 oz + -)
Crispy Pata
(64 oz + -)
6
燉飯系列
RISOTTO
Porcini Mushroom Truffle Risotto
Seafood Tomato Risotto
Squid Risotto Negra
Seafood Pesto Cream Risotto
7
帕尼尼系列
PANINI
Ham & Cheese Melt
BBQ Pulled pork
Nacho Cuban
Mushroom overload
Chicken saltimbocca
Meat Lover
Roast beef onion
Grilled Salmon Steak Cream Cheese
8

304 預售屋廣告

易 中 難

一、題目說明：

1.這是一份預售屋簡報的半成品，本題重點在於如何利用母片只設定一次版面配置的效果，全部投影片就會一同修改，減少重複設定的時間，完成一份專業形象的簡報。

2.編修前請先播放簡報後再作答。刪除母片中無使用的版面配置，有使用的需重新命名，並編輯背景與版面配置區，再將圖片設定動畫效果，透過按鈕連結切換圖片和說明，營造互動效果。

二、作答須知：

1.請至 C:\ANS.CSF\PP03 資料夾，開啟 **PPD03.pptx** 檔案進行設計。完成結果儲存於同一資料夾之下，檔案名稱為 **PPA03.pptx**。

2.本題各評分點彼此相互關聯，作答不完整，將影響各評分點之得分，請特別注意。

3.作答時如設定錯誤，請使用[復原]功能將該點還原至題目初始狀態後再次作答。

三、設計項目：

1.設定投影片母片「備忘稿」：

A.刪除未使用的版面配置。

B.將「石板　備忘稿」的背景改為 **Bg.jpg** 圖片。

C.將「石板　備忘稿」的投影片編號版面配置區字型大小改為 28。

D.字型：「Gill Sans MT/微軟正黑體/微軟正黑體」，如圖所示：

2.設定投影片母片的「標題及物件　版面配置」和「1_標題及物件　版面配置」：

- 將「標題及物件」版面配置名稱改為「建案資訊」。
- 將「1_標題及物件」版面配置名稱改為「建案圖片」。

- 延續上一步驟，將「建案圖片 版面配置」的「圖片」提示文字改為「插入建案圖片」，將「按一下以編輯母片標題樣式」提示文字改為「圖片說明」。
- 延續上一步驟，將「建案圖片 版面配置」中的圖片版面配置區加入動畫：「放大/縮小」強調動畫效果、以 5 秒速度放大 120%、與前動畫同時。

3.投影片 3 套用「建案圖片」版面配置，圖片版面配置區插入 **Ppd03.jpg** 圖片。

4.編輯最後一張投影片：

- 設定按一下 1 即連結至投影片 3。
- 將 改為 按鈕，設定按一下 按鈕即連結至投影片 11。
- 複製所有物件（1 個圖片、8 個矩形和 1 個動作按鈕），分別貼到投影片 3~10。
- 刪除該投影片。

5.設定投影片 3~10 不能按滑鼠換頁，可透過按鈕來切換。

四、參考結果如下所示：

請見 **Reference_result.wmv**，影片中的滑鼠游標出現的圓圈僅表示滑鼠按下的動作，除了設計項目指示，其餘不需額外設定。

306 履歷表撰寫演講宣傳

易 中 難

一、題目說明：

1.本題是利用母片修改投影片的風格，並製作成範本供後續使用。

2.學校因應畢業季的到來邀請來賓演講履歷表的撰寫技巧，請系學會製作宣傳簡報。系學會會長認為宣傳必須視覺化，語句精簡明瞭，配合關聯性的圖片更為有效，便將這樣的理念傳達給製作簡報的幹部。隔天會長看到檔案後，覺得有達到視覺化原則，但美術風格太過嚴肅，而且製作幹部已經自訂了複雜的母片，要套其他佈景主題還得重新排版，故決定自己來修改母片。

3.進入投影片母片，修改母片的背景樣式、字型、色彩和版面配置，再根據投影片的播放步調設定動畫和強調的標語，完成後再將投影片重新套版儲存，再另存為範本檔供其他活動的宣傳使用。

二、作答須知：

1.請至 C:\ANS.CSF\PP03 資料夾，開啟 **PPD03.pptx** 檔案進行設計。完成結果儲存於同一資料夾之下，檔案名稱為 **PPA03.pptx** 和 **PPA03.potx**。

2.本題各評分點彼此相互關聯，作答不完整，將影響各評分點之得分，請特別注意。

3.作答時如設定錯誤，請使用[復原]功能將該點還原至題目初始狀態後再次作答。

三、設計項目：

1.設定投影片母片「備忘稿」：

A.色彩：Office。

B.字型：「Garamond-TrebuchetMs/微軟正黑體/微軟正黑體」，如圖所示：

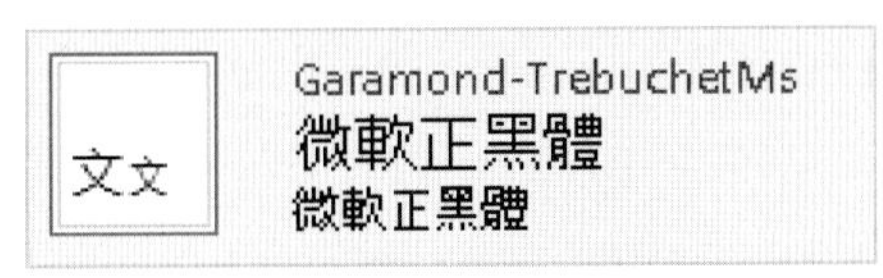

C.背景格式：填滿方向為「從中央」、停駐點 1 的位置為「75%」。

2.投影片母片中，設定「重點標語 版面配置」右邊的內容版面配置區（slogan）:

- 動畫 :「淡出」進入動畫效果。

3.設定投影片母片的「含標題的圖片 版面配置」:

A. 刪除下方的黑色矩形圖案（Rectangle）。

B. 標題（Title）:

- 字型色彩 :「黑色, 文字 1」。
- 大小 : 高度 3.18 公分、寬度 21.17 公分。
- 位置 : 皆從左上角、水平位置 1.27 公分、垂直位置 0 公分。

C. 圖片版面配置區（Picture Placeholder）:

- 大小 : 取消鎖定長寬比，高度 15.87 公分。
- 位置 : 皆從左上角、垂直位置 3.18 公分。
- 填滿 : 無填滿。

4.投影片母片中，設定「收尾 版面配置」的標題（Title）:

- 大小 : 高度 3.07 公分、寬度 18.51 公分、旋轉 : 328 度。
- 位置 : 皆從左上角、水平位置 10.17 公分、垂直位置 14.17 公分。
- 圖案填滿 : 深紅色（R:192、G:0、B:0）。
- 圖案效果 : 外陰影的「位移: 向下」。
- 字型色彩 :「白色, 背景 1」。
- 對齊方式 : 置中。

5.離開投影片母片，將全部投影片進行重設，試播後確認符合需求，另存新檔為範本檔和簡報檔，檔名皆為 **PPA03**。（注意 : 儲存檔案路徑為 C:\ANS.CSF\PP03）

四、參考結果如下所示：

畢業季即將來臨

而您

準備好了嗎？

1

您是否不知道怎麼寫履歷表？

2

您是否不知道找什麼工作？

3

您是否不知道自己喜歡什麼？

4

履 歷 表 撰 寫

瀾海科技公司 王小明 主任
將逐一為您解答！

2014年06月15日
下午2:00-4:00
學校大禮堂

不見不散

5

308 The Physics of Baseball

易 中 難

一、題目說明：

1. 本題是製作物理課的上課教材簡報。潔西卡是個優秀的物理老師，想用生活中的例子向學生解釋物理是無所不在的。她以棒球為範例，從網路上尋找資料整理成教材，並下載了簡報範本。為了讓內文看起來更舒適清楚且讓學生明確知道目前解說的地方，透過簡單的母片修改，將簡報設定字型和動畫。
2. 開啟簡報範本檔，修改母片的字型和色彩以及內文顯示的項目符號、行距、段落和動畫設定，完成設定並儲存為佈景主題後，再開啟已經輸入內容的簡報進行套版。

二、作答須知：

1. 請至 C:\ANS.CSF\PP03 資料夾，開啟 **PPD03.potx** 檔案進行設計。完成結果儲存於同一資料夾之下，檔案名稱為 **BBALL.thmx** 和 **PPA03.pptx**。
2. 本題各評分點彼此相互關聯，作答不完整，將影響各評分點之得分，請特別注意。
3. 作答時如設定錯誤，請使用[復原]功能將該點還原至題目初始狀態後再次作答。

三、設計項目：

1. 設定投影片母片「備忘稿」：
   A. 字型：「Arial-Times New Roman/微軟正黑體/新細明體」，如圖所示：

   B. 色彩：「綠黃色」。

2. 設定投影片母片「備忘稿」的文字版面配置區(Text Placeholder)：
   A. 動畫：
   - 動畫圖庫：「擦去」進入動畫效果。
   - 開始：按一下。
   - 方向：自左。

B. 段落：
- 與前段間距：5pt。
- 行距：多行。
- 位於：1.2。
- 對齊方式：「左右對齊」。

C. 第一層（按一下以編輯母片文字樣式）：
- 項目符號：圖片 **Icon.png**，大小為 80%字高。
- 字型：大小為 32。
- 段落：文字之前為 0.73 公分、間距值為 0.73 公分。

D. 第二層：
- 字型：大小為 28。

3.將以上設定儲存成「BBALL」佈景主題檔（注意：儲存檔案路徑為 C:\ANS.CSF\PP03，覆蓋同一資料夾下的 **BBALL.thmx**）。再開啟 **PPA03.pptx** 簡報，套用方才儲存的「BBALL」佈景主題，試播後儲存檔案。（注意：此步驟若無操作，將全部不予計分）

四、參考結果如下所示：

THE PHYSICS OF BASEBALL

Jessica Wang

1

WHERE IS THE PHYSICS?

- Short answer: Everywhere
- Long answer: Its when you hit the ball, take a bad hop, give it some spin, use a batting doughnut, cheat by corking your bat, catch a fly ball, play the wind, and just about every where else.

2

HITTING: LEAD OFF

- Principles
- Rotational Inertia
- Depending on how long the bat is and how heavy the bat is (or more specifically where the center of mass of the bat is), determines how difficult a bat is to swing.
- Center of Mass is defined as $x_{com} = \frac{1}{v\int xdv}$

3

HITTING: 2 HOLE

- For a bat-like object, rotational Inertia is (1/4)MR2 + (1/12)ML2 where M is the mass, R is the radius and L is the length of the bat.
- Notice that if either the length or the mass of the bat goes up, the bat is harder to swing.

4

HITTING: 3 MAN

- Why such dramatic hits?
- The answer is the Trampoline Effect.
- Both the ball and bat act as springs and mutually compress each other

5

HITTING: 5 SPOT

- More controversial topics
- Corked bats: Do they work?
- Principles- cork replaces some of the wood, making the bat less massive and thus easier to swing
- -In theory this should make the ball go farther because you can swing the bat faster

6

HITTING: 6TH POSITION

- But....A corked bat has less mass, thus less momentum.
- Overall, the hit ball speed evens out after just a few inches.
- Conclusion: No real

7

HITTING: THE PITCHER

- Wood vs. Metal bats: What's the difference?
- Wood bats are solid, mass is evenly distributed over the bat, center of mass is farther from the hands.
- A metal bat with the same mass and length of a wooden bat is still easier to swing. Since it's hollow, its center of mass is much closer to the hands.

8

PITCHING: THE ACE

- Four Action Forces
- Gravity
- Pitched Force
- Drag Force – force opposite direction of motion caused by air resistance
- Magnus Force – force resulting from pressure differences caused by spin

9

PITCHING: MIDDLE STARTERS

- Drag Force
- FD = ½CD(v)ρAv2
- CD(v) = Drag Coefficient
- ρ = Air Density
- A = Cross-sectional area of projectile
- v = velocity
- FD is always directly opposite direction of motion

10

PITCHING: ROUNDING OUT

- Magnus Force
- Air moves past a spinning ball at different speeds
- Speed differences create pressure differences
- Pressure differences result in a net force
- Raised laces create greater magnus force

11

PITCHING: RELIEF

- Fastball (90+ mph)
- Backspin creates rising effect
- Easiest pitch to control
- Curveball (75-82 mph)
- Topspin enduces dramatic sweeping drop
- Slower speeds create bigger drop

12

PITCHING: THE SET-UP MAN

- Slider (81-88 mph)
- Lateral and vertical spin and movement
- Higher speed creates sliding motion
- Knuckleball (~65 mph)
- No spin
- Air pushes ball in unpredictable flight path

13

PITCHING: THE CLOSER

- Sinker (83-88 mph)
- 2-seam grip and less rotation
- Lower magnus force

14

PITCHING: THE CLOSER

- Splitter (84-89 mph)
- Wide grip and tumbling motion
- Late unexpected dro

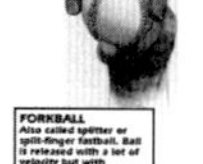

15

310 中文練功坊

易 **中** 難

一、題目說明：

1.本題是製作問答活動的簡報範本。杜小瀾是中文能力測驗中心的人員，公司高層覺得這個測驗對大家很有幫助，便要求全體員工在每個星期一早上的集會時間，花 5 分鐘給大家腦力激盪當收心操，並藉機提升大家的中文能力，這個的活動會持續 2 個月。

2.為了避免花太多時間在調整排版上，聰明的杜小瀾利用母片來製作題目的模版，再將這個類型的簡報一定會有的頁面保留下來，另存成簡報範本，並寫下詳細的使用說明，日後有類似的活動可以快速修改利用。

3.開啟檔案後將佈景主題匯入，變更版面配置後，設定版面配置的排版和動畫，並設定講義母片的編排，完成當週的簡報。再將完成的簡報僅保留一個題目的格式範例，並將使用說明放在備忘稿中，另存成簡報範本。

二、作答須知：

1.請至 C:\ANS.CSF\PP03 資料夾，開啟 **PPD03.pptx** 檔案進行設計。完成結果儲存於同一資料夾之下，檔案名稱為 **PPA03.pptx** 和 **PPA03.potx**。

2.本題各評分點彼此相互關聯，作答不完整，將影響各評分點之得分，請特別注意。

3.作答時如設定錯誤，請使用[復原]功能將該點還原至題目初始狀態後再次作答。

三、設計項目：

1.套用作答資料夾下的「China」佈景主題。

2.將「題目」章節內的 11 張投影片（投影片 2~12）套用「題目模版」版面配置。

3.設定投影片母片的「題目模版 版面配置」:

A.左邊的內容版面配置區（content subject）:

- 大小：高度 9 公分、寬度 21.59 公分。
- 位置：皆從左上角、水平位置 1.91 公分、垂直位置 3.93 公分。

B. 右邊的內容版面配置區（content ans）:

- 大小：高度 4.14 公分、寬度 21.59 公分。
- 位置：皆從左上角、水平位置 1.91 公分、垂直位置 13.4 公分。

4.投影片母片中，設定「題目模版 版面配置」的文字格式：

A. 標題（Title）:

- 字型：色彩為「橄欖綠，輔色 3」。
- 標題提示文字：「題號」。

B. 上面的內容版面配置區（content subject）:

- 項目符號：「無」。
- 第一層（編輯母片文字樣式）: 字型大小為 32，後段為 12pt，提示文字為「題目敘述」。
- 第二層：字型大小為 32、字型色彩為「藍色，輔色 1」，提示文字為「答案選項」。

C. 下面的內容版面配置區（content ans）:

- 項目符號：「無」。
- 第一層（編輯母片文字樣式）: 字型大小為 44，後段為 12pt、字型色彩為「橙色，輔色 6，較深 25%」，提示文字為「解答」。
- 第二層：字型大小為 32、字型色彩為「紅色，輔色 2」，提示文字為「答案含選項」。

5.投影片母片中，設定「題目模版 版面配置」下面的內容版面配置區（content ans）動畫為「淡出」進入動畫效果。

6.設定「講義母片」，輸入文字：

- 頁首：「中文練功坊」。
- 頁尾：「解答」。
- 另存新檔為 **PPA03.pptx**。

7.製作簡報範本：

- 刪除投影片 3~12。
- 將使用說明（**Instruction.txt**）裡的內容全部複製，貼在投影片 2（[熱身題]）的備忘稿。
- 另存新檔為 **PPA03.potx** 範本檔案，給後續的活動做使用。（注意：儲存檔案路徑為 C:\ANS.CSF\PP03，覆蓋同一資料夾下的 **PPA03.potx**）

四、參考結果如下所示：

1.範本

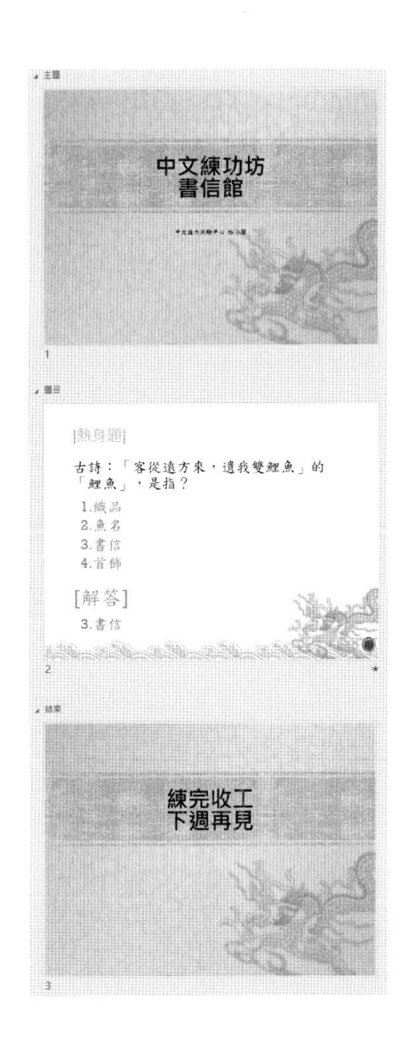

2.投影片

中文練功坊
書信館
[熱身題]
古詩：「客從遠方來，遺我雙鯉魚」的「鯉魚」，是指？
1.織品
2.魚名
3.書信
4.首飾
[解答]
3.書信
[1]
用於親友長輩問候祝福語，何者為非？
1.恭請　鈞安
2.敬請　崇安
3.順問　近好
4.敬頌　崇祺
[解答]
3.順問　近好
[2]
用於師長問候祝福語，可用何者？
1.順頌　時綏
2.順候　近祉
3.敬請　道安
4.順候　近祉
[解答]
3.敬請　道安
[3]
用於商界問候祝福語，可用何者？
1.恭賀　新禧
2.敬頌　新禧
3.敬請　籌安
4.敬請　學安
[解答]
3.敬請　籌安
[4]
對於老師，不可用何者自稱？
1.臣
2.生
3.學生
4.受業
[解答]
1.臣
[5]
對於長官，可用何者自稱？
1.職
2.愚
3.小兄
4.弟
[解答]
1.職
[6]
對於長輩，不可用何者提稱語？
1.尊前
2.尊鑒
3.尊右
4.道旨
[解答]
4.道旨
[7]
對於平輩，不可用何者提稱語？
1.台鑒
2.大鑒
3.惠鑒
4.如晤
[解答]
4.如晤
[8]
對於直屬長官，不可用何者提稱語？
1.台鑒
2.鈞鑒
3.賜鑒
4.芳鑒
[解答]
4.芳鑒
[9]
對於教育界，不可用何者提稱語？
1.著席
2.撰席
3.缺席
4.史席
[解答]
3.缺席
[10]
對於師長，可用何者提稱語？
1.講座
2.太座
3.博愛座
4.雙魚座
[解答]
1.講座
練完收工
下週再見

5-5 第四類：與其他軟體的整合技能

402 瑞秋的例會報告

易 中 難

一、題目說明：

1.本題是業務部例會報告前，林小恩經理指派瑞秋彙整來自組員們所完成的圖表檔案。組員小妮與小明各使用不同的 Office 軟體，因此產生了不同風格的圖表。經理要求瑞秋所彙整的圖表檔案必須與部門範本的色彩具有一致性，並且根據經理報告的方式設定圖表動畫效果。

2.將 Excel 及 Word 檔案分別進行複製，並採取正確方式貼上於 PowerPoint 投影片中，最後依目的進行圖表動畫效果設定。

二、作答須知：

1.請至 C:\ANS.CSF\PP04 資料夾，開啟 **PPD04.pptx** 檔案進行設計。完成結果儲存於同一資料夾之下，檔案名稱為 **PPA04.pptx**、**Market.odp**、**PPA04.docx** 和 **PPA04.ppsx**。

2.本題各評分點彼此相互關聯，作答不完整，將影響各評分點之得分，請特別注意。

3.作答時如設定錯誤，請使用[復原]功能將該點還原至題目初始狀態後再次作答。

三、設計項目：

1.選用正確的貼上方式，將小明工作報告（**Ming_WorkReport.xlsx**）中的圖表複製於投影片 3 的內容版面配置區。貼上於 PowerPoint 的圖表，必須具備以下兩個條件：

- 條件一：貼上圖表的色彩、大小與位置必須與投影片 2 相同，以達成簡報風格的一致性。
- 條件二：貼上的圖表資料必須與 Excel 檔案進行連結，以便 Excel 資料修正時，投影片的圖表資料能進行同步更新。

2.設定投影片 3 的圖表動畫：

- 動畫圖庫：「擦去」進入動畫效果。
- 順序：採取能讓圖表資料依北部、中部、南部群組方式出現的動畫效果。
- 方向：自下。

3.於投影片 3 的備忘稿處加入文字說明，內容如下：「北部 T640-A 型產品銷售創下歷史新高」。

4.選用正確的貼上方式，將小妮工作報告（**Jenny_WorkReport.docx**）中的圖表複製於投影片 4 的內容版面配置區。貼上於 PowerPoint 的圖表色彩、大小與位置，必須與投影片 2 相同，以達成簡報風格的一致性。

5.設定投影片 4 的圖表動畫：

- 動畫圖庫：「淡出」進入動畫效果。
- 順序：採取能讓圖表資料依 T650-A 型、T650-B 型、T650-C 型、T650-D 型群組方式出現的動畫效果。

6.於投影片 4 的備忘稿處加入文字說明，內容如下：「T650-C 型產品因競爭者出現導致銷售業績下跌」。

7.因考量跨平台及軟體版本的問題，所以將簡報檔案轉換成開放文件格式（OpenDocument Format，ODF），以利於跨平台、版本分享，檔名為 **Market.odp**。

8.將完成的簡報，傳送到 Word 建立講義，選取備忘稿位於投影片下方的輸出模式，並將檔名儲存為 **PPA04.docx**。

9.將完成的簡報，儲存為 PowerPoint 簡報和 PowerPoint 播放檔，檔名皆為 **PPA04**。

四、參考結果如下所示：

請見 **Reference_result.mp4**，切換效果不需設定。

404 從 PowerPoint 出發

易 中 難

一、題目說明：

1.本題是 R 公司企畫部策略會報的前期作業。以 PowerPoint 作為出發點，再將相關應用延伸至 Word 及 Excel。

2.企畫部廖經理使用 PowerPoint 擬定提案大綱，並交由組員珊珊撰寫企畫書、進行資料分析，並製作投影片。廖經理要求 Word、Excel、PowerPoint 的色彩必須與公司母片具有一致性。

3.將 PowerPoint 檔案儲存為 Word 大綱模式，再將簡報範本儲存為佈景主題檔，並於 Word 及 Excel 的資料中，分別套用佈景主題色彩。

二、作答須知：

1.請至 C:\ANS.CSF\PP04 資料夾，開啟設計項目指定的檔案進行設計。完成結果儲存於同一資料夾之下，檔案名稱為 **PPA04.pptx**、**PPA04.rtf**、**PPA04.thmx**、**PPA04.ppsx**、**Monthly operational objective.xlsx** 和 **Annual operational objectives.docx**。

2.本題各評分點彼此相互關聯，作答不完整，將影響各評分點之得分，請特別注意。

3.作答時如設定錯誤，請使用[復原]功能將該點還原至題目初始狀態後再次作答。

三、設計項目：

1.將 R 公司範本檔（**R slide master.potx**），儲存為 **PPA04** 佈景主題檔（注意：儲存檔案路徑為 C:\ANS.CSF\PP04，覆蓋同一資料夾下的 **PPA04.thmx**）。

2.將廖經理提案大綱（**Outline Proposal – Liao.pptx**），儲存為珊珊撰寫 Word 企畫書時可使用的大綱檔，檔名為 **PPA04.rtf**。

3.開啟各月營運目標（**Monthly Operational Objective.xlsx**），套用 **PPA04** 佈景主題，將 A3:E17 儲存格範圍格式化為表格，套用「靛藍, 表格樣式中等深淺 9」表格樣式，並直接存檔。

4.開啟年度營運目標（**Annual Operational Objectives.docx**），套用 **PPA04** 佈景主題，設定「公司年度營運目標」表格的樣式為「格線表格 4-輔色 2」，並直接存檔。

5.開啟 **PPD04.pptx**，將投影片 2 的內文轉換為 SmartArt 圖形，設定為矩陣圖中的「格線矩陣圖」樣式，請另存新檔覆蓋同一資料夾下的 **PPA04.pptx**，後續全部設計請在 **PPA04.pptx** 操作。

6.延續上述操作，將投影片 3 的內文轉換為 SmartArt 圖形，設定為循環圖中的「無方向性循環圖」樣式。

7.延續上述操作，採超連結方式，將投影片 4 內文「公司年度營運目標」連結至 **Annual operational objectives.docx**。

8.延續上述操作，採超連結方式，將投影片 4 內文「公司各月營運目標」連結至 **Monthly operational objective.xlsx**。

9.延續上述操作，將完成的 **PPA04.pptx** 儲存，再另儲存為 PowerPoint 播放檔，檔名為 **PPA04.ppsx**。

四、參考結果如下所示：

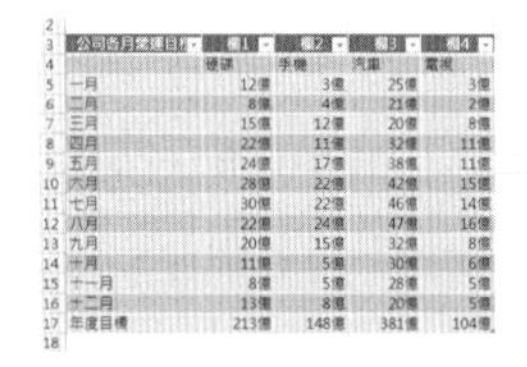

公司各月營運目標	欄1	欄2	欄3	欄4
	硬碟	手機	汽車	電視
一月	12億	3億	25億	3億
二月	8億	4億	21億	2億
三月	15億	12億	20億	8億
四月	22億	11億	32億	11億
五月	24億	17億	38億	11億
六月	28億	22億	42億	15億
七月	30億	22億	46億	14億
八月	22億	24億	47億	16億
九月	20億	15億	32億	8億
十月	11億	5億	30億	6億
十一月	8億	5億	28億	5億
十二月	13億	8億	20億	5億
年度目標	213億	148億	381億	104億

項目設計 3

公司年度營運目標			
硬碟	手機	汽車	電視
213 億	148 億	381 億	104 億

項目設計 4

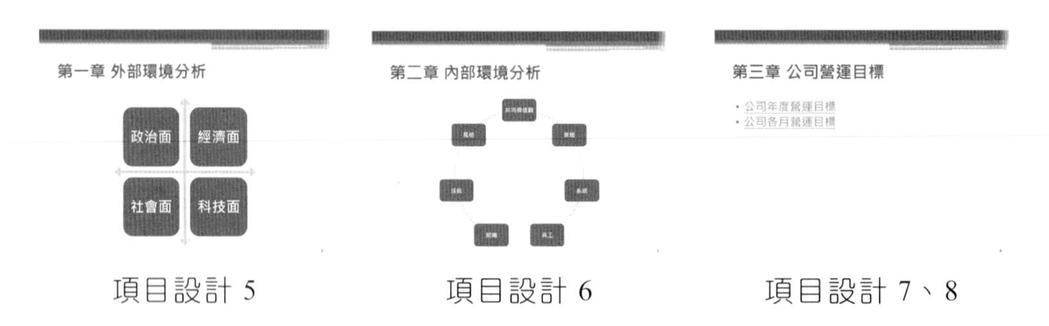

項目設計 5　項目設計 6　項目設計 7、8

406 Zodiac 台灣業務報告

易 中 難

一、題目說明：

1.本題是貿易公司 Zodiac 專案協理負責向美國 CEO Michelle Hult 簡報台灣地區市場。Michelle Hult 多年以來經營亞洲市場，而到台灣來學習中文，中文造詣非常好，因此簡報將以中英文穿插進行。簡報內容規劃分成四個部分：(1)市佔率；(2)營業額；(3)每年會員數量；(4)地區業務部門的盈虧金額。已取得其他部門提供的相關 Excel 和 PowerPoint 檔案資料，並將內容規劃大綱和市佔率先置入公司制式的簡報母片。

2.將連接的 Excel 檔案更新，再將 Excel 和 PowerPoint 檔案分別進行複製，並採取正確方式置入投影片中，存檔後再匯出成 PDF 檔案格式和投影片講義，方便各式平台的閱讀和列印。

二、作答須知：

1.請至 C:\ANS.CSF\PP04 資料夾，開啟 **PPD04.pptx** 檔案進行設計。完成結果儲存於同一資料夾之下，檔案名稱為 **PPA04.pptx**、**PPA04.pdf**、**PPA04.docx** 和 **2016_Performance_report.xlsx**。

2.本題各評分點彼此相互關聯，作答不完整，將影響各評分點之得分，請特別注意。

3.作答時如設定錯誤，請使用[復原]功能將該點還原至題目初始狀態後再次作答。

三、設計項目：

1.更新投影片 2 的圖表資料：檢查圖表資料時，發現其他品牌在中區的銷售數量有誤，需要進行修正和更新。

- 將 **2016_Performance_report.xlsx** 活頁簿檔案內「市場銷售狀況」工作表取消保護，儲存格「F3」的數值修改為「395」後，儲存檔案。
- 回到投影片 2，更新圖表連結路徑。

2.設定投影片 3 的圖表和顯示格式：

- 將 **2016_Performance_report.xlsx** 活頁簿檔案內「Zodiac 營業額、成本與利潤」工作圖表連結貼入投影片 3 的內容版面配置區。
- 圖表色彩必須與佈景主題相同。

3.設定投影片 4 的圖表和顯示格式：

- 將 **2016_Performance_report.xlsx** 活頁簿檔案內「Zodiac 各地區營運狀況」工作圖表連結貼入投影片 4 內容版面配置區。
- 圖表色彩必須與佈景主題相同。
- 將該圖表標題修改為「無」。

4.匯入投影片 5 的圖表和設定顯示格式：

- 將 **Zodiac asia membership annual report.pptx** 的投影片 7（Zodiac 台灣每年會員數量），匯入成為投影片 5。
- 圖表色彩必須與佈景主題相同。

5.將完成的簡報，傳送到 Word 建立講義，選取備忘稿位於投影片下方的輸出模式，並將檔名儲存為 **PPA04.docx**。

6.匯出為 PDF 檔案：為了防止內容和版面有變動，也考慮到每個人 Office 版本和閱讀平台可能各不相同，將簡報存檔後再匯出成 PDF 檔案，提供給其他與會人員參考。

- 將完成的簡報，儲存為 PowerPoint 簡報且匯出為 PDF 檔案，檔名皆為 **PPA04**。

四、參考結果如下所示：

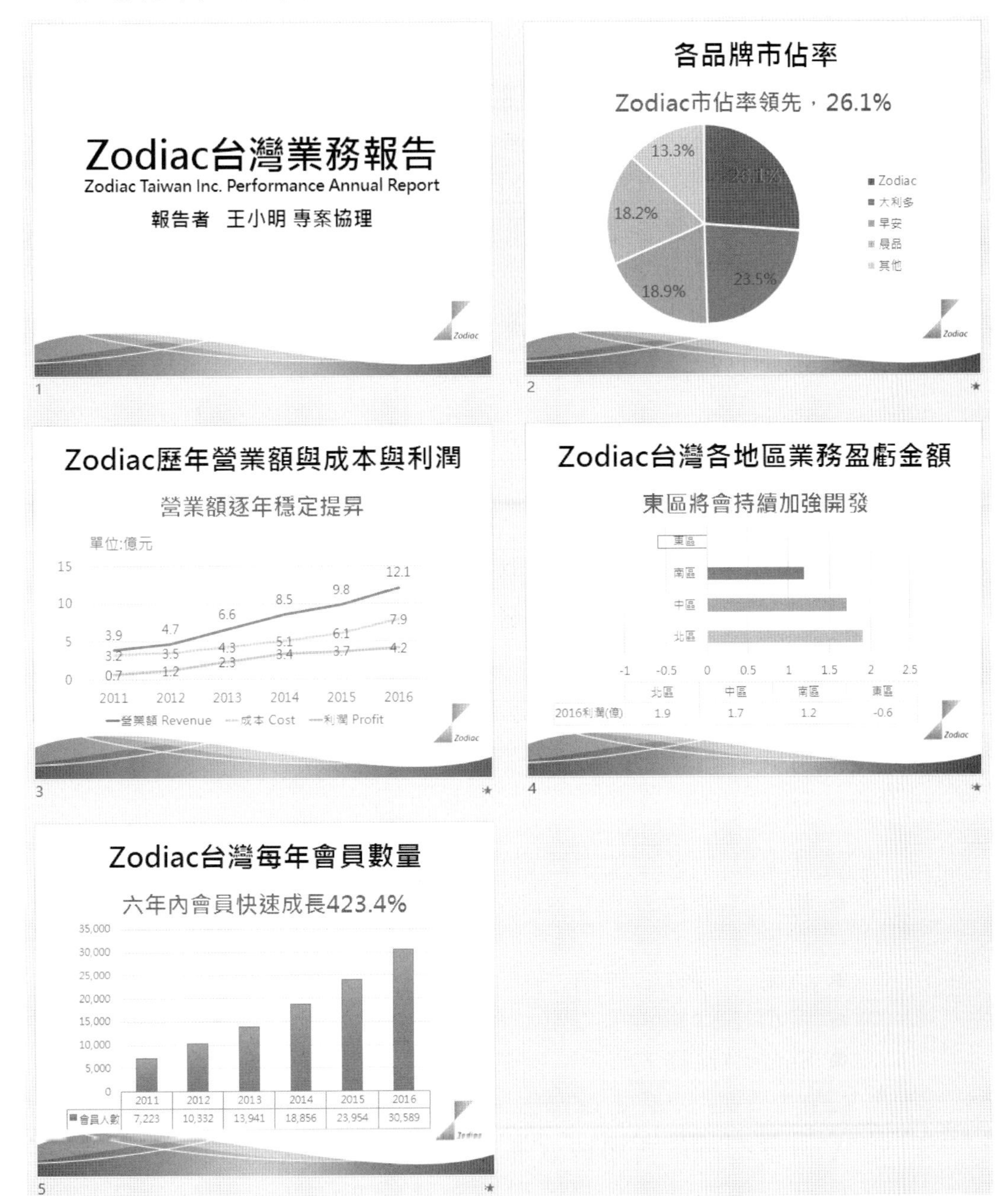
Zodiac台灣業務報告
Zodiac Taiwan Inc. Performance Annual Report
報告者 王小明 專案協理
各品牌市佔率
Zodiac市佔率領先，26.1%
Zodiac
大利多
早安
晨品
其他
Zodiac歷年營業額與成本與利潤
營業額逐年穩定提昇
單位:億元
營業額 Revenue
成本 Cost
利潤 Profit
Zodiac台灣各地區業務盈虧金額
東區將會持續加強開發
東區
南區
中區
北區
2016利潤(億)
Zodiac台灣每年會員數量
六年內會員快速成長423.4%
會員人數
Zodiac

408 智慧型手機現況簡介

易 中 難

一、題目說明：

1.本題是 TCC 公司明年預計進軍智慧型手持裝置的市場，總經理指示企畫部經理小玲在高層主管會議中報告智慧型手機的市場現況，讓各部門對明年公司的策略先有初步的了解。小玲請組員先以品牌經營理念和使用者調查數據切入做出草稿，再由小玲做最後的調整。

2.將表格及圖表做最佳化顯示修改、置入統計資料，並依照簡報順序自訂超連結和投影片放映，完成簡報。

二、作答須知：

1.請至 C:\ANS.CSF\PP04 資料夾，開啟 **PPD04.pptx** 檔案進行設計。完成結果儲存於同一資料夾之下，檔案名稱為 **PPA04.pptx**，**PPA04.ppsx** 與 **PPA04.pdf**。

2.本題各評分點彼此相互關聯，作答不完整，將影響各評分點之得分，請特別注意。

3.作答時如設定錯誤，請使用[復原]功能將該點還原至題目初始狀態後再次作答。

三、設計項目：

1.編輯投影片 5 的文字版面配置區：

- 轉為「集中箭號」SmartArt 圖形，如右圖所示。
- 色彩：「彩色-輔色」。
- 字型：陰影。
- SmartArt 樣式：「鮮明效果」。

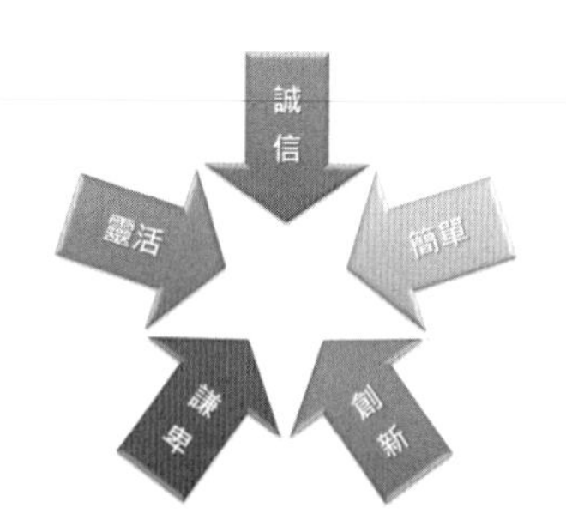

2.編輯投影片 6 的表格如參考結果：

A.將整個表格背景填滿圖片 **Bg-1.jpg**。

B.表示數據的儲存格背景填滿圖片 **Bg-2.jpg**。

3.編輯投影片 7 的圖表：

A.變更圖表：

- 類型為「立體群組直條圖」。
- 套用「圖表樣式」的「樣式 8」。

- 套用「快速版面配置」的「版面配置 5」，並移除「圖表標題」與「座標軸標題」。

B. 動畫圖庫：

- 進入動畫效果：「擦去」。
- 動畫效果選項：「依數列元素」。
- 圖表背景無動畫。

C.設定整個圖表的字型大小：18.5。

4.將 **User.xlsx** 的立體圓形圖，以保持來源格式設定並內嵌資料貼至投影片 8 的內容版面配置區。

5.將投影片 2 之「手機系統比較」圖片連結至 **Os.xlsx** 活頁簿。

6.設定投影片從第 1 張放映至第 5 張。

7.將簡報以 PDF 文件檔匯出，檔名為 **PPA04.pdf**。

8.將完成的簡報，儲存為 PowerPoint 簡報和 PowerPoint 播放檔，檔名皆為 **PPA04**。

四、參考結果如下所示：

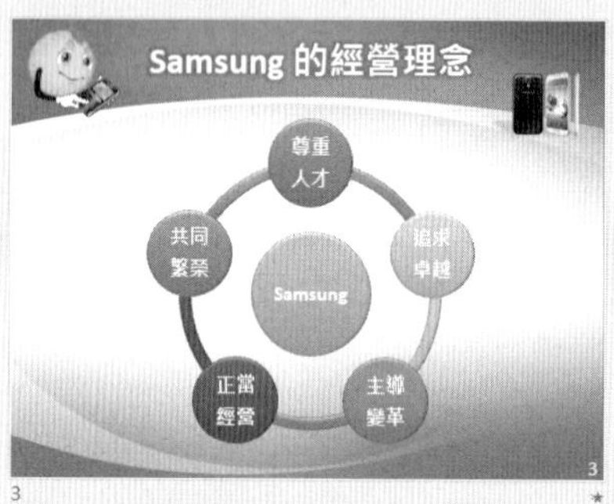

智慧型手機市佔率	Aug-12	Nov-12	變化點
Samsung	25.7%	26.9%	1.2
Apple	17.1%	18.5%	1.4
HTC	6.3%	5.9%	-0.4
LG	18.2%	17.5%	-0.7
Motorola	11.2%	10.4%	-0.8

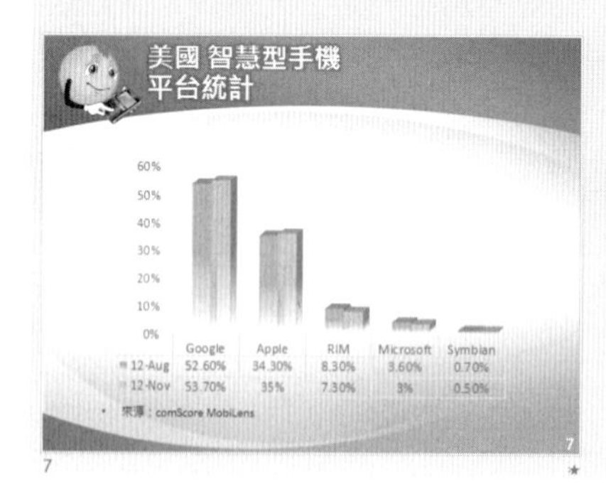

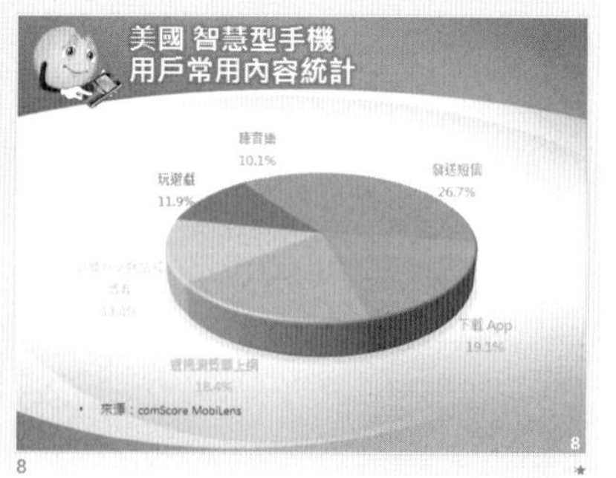

410 105 年員工旅遊公告

易 中 **難**

一、題目說明：

1.本題是 KYI 公司的服委王大明為了向內部同仁們宣傳 105 年國外員工旅遊的行程和報名訊息而做的簡報。已經請旅遊業者先將行程相關資料整理成 Word 檔案寄出，並修正去年的報名和輔助辦法簡報。今年公司嚴格要求服委會必須使用統一的簡報範本，以保持專業形象。王大明已先完成簡報大綱和各章節標題，準備將其他檔案內容整合進來，以方便宣傳和同仁閱讀。

2.將 Word 檔案內容進行大綱整理，再以大綱模式匯入，改變版面配置，從其他 Office 檔案複製表格、SmartArt 圖形和投影片，整合成一份風格一致的簡報，並另存成 PDF 和視訊檔案。

二、作答須知：

1.請至 C:\ANS.CSF\PP04 資料夾，開啟 **PPD04.pptx** 檔案進行設計。完成結果儲存於同一資料夾之下，檔案名稱為 **PPA04.pptx**、**PPA04.pdf**、**PPA04.mp4** 和 **Outline.docx**。

2.本題各評分點彼此相互關聯，作答不完整，將影響各評分點之得分，請特別注意。

3.作答時如設定錯誤，請使用[復原]功能將該點還原至題目初始狀態後再次作答。

三、設計項目：

1.將 **Hokkaido_travel_5D.docx** 中，第一頁的「梯次規劃」表格複製於投影片 4（梯次規劃）的內容版面配置區：
因為旅遊業者的表格呈現設定容易閱讀，在貼上於 PowerPoint 的表格請「保持來源格式設定」。

2.將旅遊業者的「驚艷北海道溫泉美食五日之旅」Word 檔案進行大綱整理後，再匯入 PowerPoint 中：

- 開啟 **Hokkaido_travel_5D.docx**，刪除行程規劃以上所有的內容，僅保留【第 1 天】行程~【第 5 天】行程的所有內容。如圖所示：

【第1天】行程

札幌啤酒廠

在札幌啤酒公司札幌工廠，你可以親眼目睹無人操作、全自動的由汁液、

- 考慮到簡報每頁的閱讀性，故僅留下每日的景點標題和餐食內容。利用「大綱階層」將欲匯入的內容整理成對應的階層，另存新檔為 **Outline.docx**。（提示：可利用樣式）

  參考下表：

階層設定	內容類別
階層 2	景點標題、餐食標題
階層 3	餐食內容（早餐~晚餐的菜單）

- 在投影片 5（行程規劃）後，利用「從大綱插入投影片」方式，使用 **Outline.docx** 文件建立簡報內容，將【第 1 天】行程~【第 5 天】行程的景點和餐食匯入成投影片 6~10。

3.匯入投影片 12 和表格顯示格式：

- 在投影片 11（補助機制）後，將 **104Travel_subsidies_rule.pptx** 簡報投影片 4（輔助金額對照表），匯入成投影片 12。
- 匯入後的色彩需與整體風格一致。

4.匯入投影片 14、15 和版面配置：

- 在投影片 13（報名規則）後，將 **104Travel_subsidies_rule.pptx** 簡報投影片 2（報名規則）匯入成投影片 14，投影片 3（報名規則）匯入成投影片 15。
- 修改投影片 14、15 的版面配置為「標題及物件(項次)」。

5.設定投影片 6~10 的 SmartArt 圖形和版面配置：

- 修改投影片 6~10 的版面配置為「含標題的內容」。
- 開啟 **Hokkaido_travel_5D.docx**，將每日景點的 SmartArt 圖形依順序複製於對應行程的投影片 6~10 的內容版面配置區。

6.全部頁面插入投影片編號，並設定標題投影片中不顯示。

7.為了防止內容和版面有變動，也考慮到每個人 Office 版本和閱讀平台可能各不相同，將簡報存檔為 **PPA04.pptx**，再匯出成不同檔案，提供給內部同仁參考。

A.將檔案匯出成為 PDF 檔，檔名為 **PPA04.pdf**。

B.將檔案建立成視訊檔：設定「HD (720p)」，每張投影片所用秒數為 2 秒，檔名為 **PPA04.mp4**。

四、參考結果如下所示：

心得筆記

6

CHAPTER

第六章 ▶

雲端技術及網路服務 V2

認證題庫

6-1 學科題庫分類及涵蓋技能內容

類別	技能內容
第一類	網路搜尋、瀏覽及應用
	1. 網際網路瀏覽器的種類、功能、設定及運用 2. 入口網站與搜尋引擎的功能及運用 3. 搜尋介面的使用技巧
第二類	個人資訊管理
	1. 個人資訊管理工具設定及應用 2. 電子郵件軟體的設定及應用 3. 線上辦公室應用軟體的設定及應用 4. 行動終端應用
第三類	社交網路與即時訊息軟體
	1. 網路互動的本質 2. 網路社群的定義與特徵 3. 網路社群的種類 4. 參與網路社群的方法 5. 線上即時通訊應用
第四類	網路與雲端資源應用
	1. 網路服務與應用的類型與變革 2. 網際網路的服務與應用 3. 雲端服務基礎知識 4. 雲端服務基礎 5. 雲端服務平台 6. 雲端服務應用 7. 裝置端

類　　別	技　　能　　內　　容
第五類	網際網路發展與通訊技術
	1. 網際網路架構發展與技術 2. TCP/IP 的通訊協定與 IP 位址的概念 3. 網際網路的結構與各類網路裝置的作用 4. 無線網路基礎知識 5. 影音串流技術 6. 點對點傳輸技術
第六類	雲端運算架構與技術
	1. 雲端運算的定義 2. 雲端運算的架構與技術 3. 雲端運算的特性 4. 開放原始碼軟體的評估與使用
第七類	網路禮儀及法律規範
	1. 文章的發表及回覆禮儀 2. 資訊的引用、轉載、收錄注意事項 3. 網路隱私權 4. 涉及網路的著作權問題 5. 網路購物注意事項 6. 網路犯罪 7. 個人資料保護法 8. 跨國法律問題
第八類	資訊安全及病毒防治
	1. 網站運作基本原理 2. 安全技術基本原理 3. 安全傳輸技術

類別	技能內容
	4. 瀏覽器安全性設定 5. 防火牆 6. 使用者隱私保護 7. 安全密碼設定原則 8. 網路釣魚篩選工具 9. 病毒類型與散布方式 10. 病毒偵測與防護 11. 無線上網的安全 12. 資料洩漏防護 13. 雲端服務的隱私及安全性 14. 虛擬化的雲端安全防護

雲端技術及網路服務測驗說明：(實用級)測驗四類，範圍為第一至四類。
(進階級)測驗六類，範圍為第一至四、七、八類。

6-2 CSF 雲端練功坊介紹

雲端技術及網路服務 V2 題庫是透過雲端練功坊進行題目練習，雲端練功坊是本會新發展出的學習輔具，可準確評估練習者的實力，提高練習效率。

練功坊參照試題反應理論（Item Response Theory）與等級反應模式（Graded Response Model），綜合考量認證技能指標與試題難度，運用人工智能計算，針對練習者的作答能力與答題狀況進行評估並自動組題練習，完成後同時提供試題詳解，可快速增進練習者的實力，順利通過認證考試。

6-2-1 使用說明

雲端練功坊會員註冊為完全免費，您可透過「一般註冊」加入會員，即可體驗練功坊的多項優質功能。若您有參加過 ITE/EEC/TQC/TQC+等認證考試，可透過「快速註冊」以既有會員帳密登入練功坊。

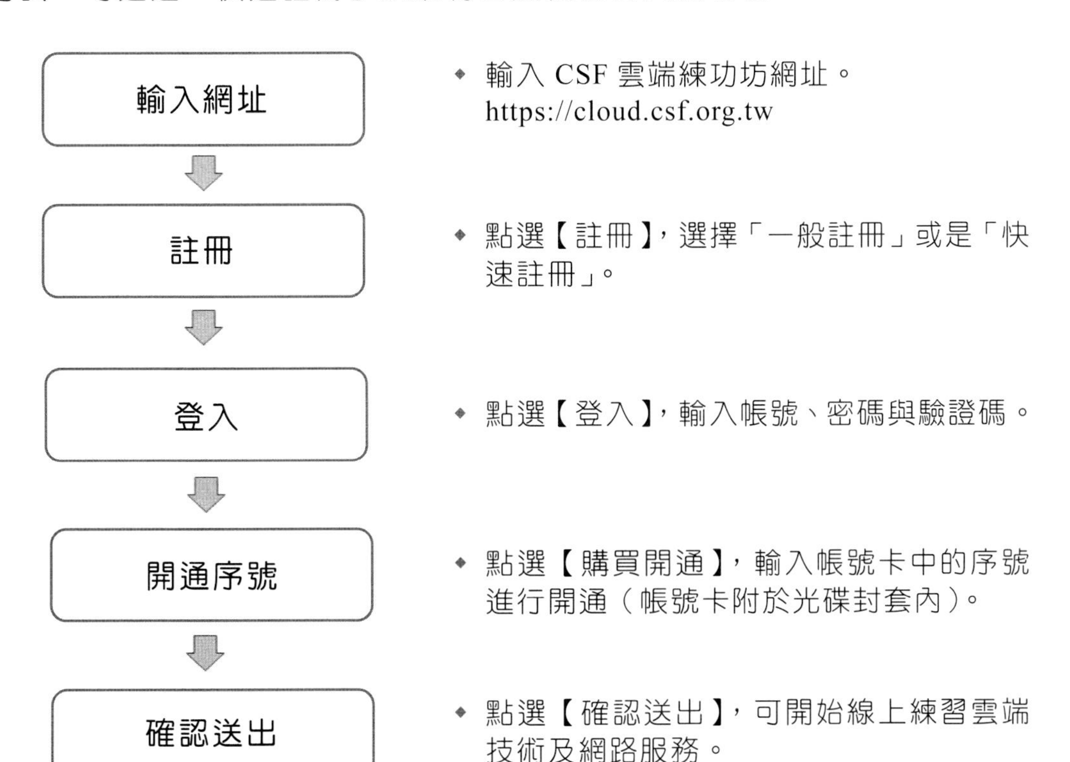

- 輸入 CSF 雲端練功坊網址。
  https://cloud.csf.org.tw
- 點選【註冊】，選擇「一般註冊」或是「快速註冊」。
- 點選【登入】，輸入帳號、密碼與驗證碼。
- 點選【購買開通】，輸入帳號卡中的序號進行開通（帳號卡附於光碟封套內）。
- 點選【確認送出】，可開始線上練習雲端技術及網路服務。

6-2-2 注意事項

本書所附之雲端技術及網路服務 V2 題庫序號，一經開通後，可使用一年。期限到期後將關閉您該科目的題庫練習的功能，但相關統計和常錯題等答題資料，會為您保留一年期限供複習及查閱。

模擬測驗篇

上傳檔案瀏覽

梯次編號：X19911116
試卷編號：X19-2001

離開

本次評分題號：EXCEL 2019 第 1 題
評分日期:2020/11/22 下午 04:58:49
第1題:設定正確，得1分
第2題:設定正確，得2分
第3題:設定正確，得1分
第4題:設定正確，得1分
第5題:設定正確，得1分
第6-A題:設定正確，得1分
第6-B題:設定正確，得1分
第7題:設定正確，得1分
第8題:設定正確，得1分

本題原始配分:10，實得總分為10，經配分調整後實得總分為15

本次評分題號：EXCEL 2019 第 2 題
評分日期:2020/11/22 下午 04:59:09
第1題:設定正確，得2分
第2題:設定正確，得1分
第3題:設定正確，得2分
第4題:設定正確，得2分
第5題:設定正確，得1分
第6題:設定正確，得2分

本題原始配分:10，實得總分為10，經配分調整後實得總分為15

本次評分題號：EXCEL 2019 第 3 題
評分日期:2020/11/22 下午 04:59:18

==

學科小計：
術科小計：　100
總　　分：　100

7

CHAPTER

第七章 ▶

Word 2019 模擬測驗

試卷編號：R19-1001

試卷編號：R19-2001

試卷編號：R19-1001

Word 2019 模擬試卷【實用級】

【認證說明與注意事項】

一、本項考試為術科，所需總時間為 40 分鐘，時間結束前需完成所有考試動作。成績計算滿分為 100 分，合格分數為 70 分。

二、術科為三大題，第一大題至第二大題每題 30 分、第三大題 40 分，總計 100 分。

三、**術科所需的檔案皆於 C:\ANS.CSF\各指定資料夾內讀取。題目存檔方式，請依題目指示儲存於 C:\ANS.CSF\各指定資料夾，測驗結束前必須自行存檔，並關閉 Word，檔案名稱錯誤或未自行存檔者，均不予計分。**

四、**術科每大題之各評分點彼此均有相互關聯，作答不完整，將影響各評分點之得分，請特別注意。題意內未要求修改之設定值，以原始設定為準，不需另設。**

五、試卷內 0 為阿拉伯數字，O 為英文字母，作答時請先確認。所有滑鼠左右鍵位之訂定，以右手操作方式為準，操作者請自行對應鍵位。

六、有問題請舉手發問，切勿私下交談。

術科 100% （第一題至第二題每題 30 分、第三題 40 分）

術科部分請依照試卷指示作答並存檔，時間結束前必須完全跳離操作軟體。

一、靜界溫泉會館

（一）題目說明：

礁溪溫泉聞名全台，溫泉飯店四處林立，「靜界溫泉會館」為了向旅客說明有關礁溪溫泉的特質與泡湯注意事項，要製作一份 DM。為了美化 DM 內容，強調主題與直書/橫書同頁...，請依照設計項目之要求完成這項任務。

（二）作答須知：

請至 C:\ANS.CSF\WP01 資料夾開啟 **WPD01.docx** 檔設計。完成結果儲存於同一資料夾之下，檔案名稱為 **WPA01.docx** 及 **Villa.pdf**。

（三）設計項目：

1.編輯「靜界溫泉會館」標題：

A.標題文字（字與字之間）的距離為 2 點。

B.文字與圖片對齊垂直置中位置。

2.編輯「QUIT WORLD SPA VILLA」：

A.字型格式改為「白色, 背景 1」，套用光暈中「光暈變化」的「光暈: 18pt; 紅色，輔色 2」文字效果。

B.文字總寬度 6 公分。

3.編輯圖片所在的段落，左右縮排-5 字元、與後段距離 0.5 行。

4.編輯以下內容：

- 黑色文字段落的首二字「礁溪」設定首字放大繞邊 3 行高度。
- 除標題外，「溫泉」文字皆以「♨溫泉」取代之。

5.編輯深藍色文字段落：

- 改為「直書」。
- 編號改為橫向（包含數字後的「.」符號）。

6.先將檔案儲存為 **WPA01.docx**，再匯出檔名為 **Villa.pdf** 的 PDF 檔案格式。

（四）參考結果如下所示：

礁溪♨溫泉是台灣♨溫泉中交通最方便最特別的平地♨溫泉，平均水溫為 52°C的中溫♨溫泉，水質呈中性，PH 值在 7.2–7.9 之間，屬於碳酸氫鈉泉，富含鈉、鎂、鈣、鉀、碳酸離子等礦物質，水量豐富，地熱蘊藏豐富，處處湧泉，終年不歇，取用方便，無色無臭，清澈節淨，水溫適中，民眾喜愛，是為品質極佳之♨溫泉；洗過之後皮膚會感覺光滑柔細，絲毫不油膩，具有養顏美容及鎮靜神經的功效，被譽為「♨溫泉中的♨溫泉」。

♨ 泡湯注意事項：

1. 入池之前先在一旁將身體洗淨，以維池子之清潔。
2. 由於為避免危險♨溫泉水溫，先沖洗泉水數次以適應水溫後，從腳開始，然後下半身，再行全身入池。
3. 泡♨溫泉每次不超過十分鐘為限，可因個人體質增加浸泡 時間，一天泡湯不要超過三次，泡湯時如有身體不適時即刻停止泡湯。
4. 注意室內保持通風，避免獨自入浴，應有同伴，以防意外發生。
5. 泡完♨溫泉後應稍作休息。
6. 酒後、飯後及身體過度疲勞時，不可浸泡♨溫泉。
7. 泡♨溫泉前後應適度補充水份，以調整體內新陳代謝。
8. 患有心臟病、肺病、高血壓、糖尿病、潰爛性皮膚病、出血性疾病、循環系統障礙及孕婦皆不宜泡♨溫泉。

二、大專盃羽球賽

（一）題目說明：

這是一份羽球賽的報名名單，共分三組，經抽籤後標示出各校的組別，請依組別分類、依校名筆劃遞增排序，並美化表格，製成對外公布的比賽名單。

（二）作答須知：

請至 C:\ANS.CSF\WP02 資料夾開啟 **WPD02.docx** 檔設計。完成結果儲存於同一資料夾之下，檔案名稱為 **WPA02.docx**。

（三）設計項目：

1.依「組別」將表格調整為 3 欄並建立編號清單：

- 各欄依「校名」筆劃遞增排序。
- 第 1 欄為第 1 組學校、第 2 欄為第 2 組學校、第 3 欄為第 3 組學校。
- 新增標題列，依序輸入標題名稱為「第一組」、「第二組」、「第三組」，字型格式：「黑色，文字 1」。
- 將各欄校名之前的各組編號改為自動編號，設定如下：
  - 格式為「01., 02., 03.,...」。（如：在第 1 欄的校名中，將「第一組：」改為自動編號「01.、02.、03.、...」）
  - 字型格式：Arial、「自動」色，編號與校名間有一間距。（注意：在「字型」對話方塊中「字型」輸入字體）

2.編輯表格及標題列：

A.套用「格線表格 4-輔色 4」表格樣式，取消「首欄」樣式，表格「置中」對齊。

B.表格上、下的外框線格式與「大專盃羽球賽」的下框線相同。（提示：由表格工具的「設計/框線」設定）

C.各欄寬 5 公分。

D.標題列中的文字，設定「置中對齊」。（提示：由表格工具的「版面配置/對齊方式」設定）

（四）參考結果如下所示：

大專盃羽球賽

第一組	第二組	第三組
01. 大同大學	01. 中正大學	01. 中央大學
02. 大葉大學	02. 中華大學	02. 中興大學
03. 中山大學	03. 世新大學	03. 玄奘大學
04. 中原大學	04. 台灣首府大學	04. 東吳大學
05. 中國文化大學	05. 交通大學	05. 東海大學
06. 元智大學	06. 亞洲大學	06. 東華大學
07. 成功大學	07. 宜蘭大學	07. 金門大學
08. 佛光大學	08. 明道大學	08. 政治大學
09. 長庚大學	09. 長榮大學	09. 高雄大學
10. 南華大學	10. 淡江大學	10. 逢甲大學
11. 屏東大學	11. 清華大學	11. 開南大學
12. 真理大學	12. 慈濟大學	12. 義守大學
13. 華梵大學	13. 嘉義大學	13. 臺北大學
14. 陽明大學	14. 實踐大學	14. 臺南大學
15. 臺北市立大學	15. 暨南國際大學	15. 臺灣海洋大學
16. 臺灣大學	16. 臺東大學	16. 銘傳大學
17. 靜宜大學	17. 輔仁大學	17. 聯合大學

三、登革熱衛教三折頁

（一）題目說明：

登革熱是一種發病率高，傳播快且病程短的疾病，目前在全台大爆發，尤其是南部地區談蚊色變，登革熱流行疫情指揮中心積極提供民眾相關的防疫資訊，而各機關也紛紛響應宣導。

本文取自衛生福利部疾病管制署所提供的圖文，欲製作成三折頁的登革熱衛教，但必須再經過以下的編修，才能使文宣更完整的呈現。

（二）作答須知：

1.請至 C:\ANS.CSF\WP03 資料夾開啟 **WPD03.docx** 檔設計。完成結果儲存於同一資料夾之下，檔案名稱為 **WPA03.docx**。

2.本題之圖片替代文字若未設定或錯字，該小題不予計分。（注意：切勿多輸入空白字元或段落）

（三）設計項目：

1.插入 **BGGBO.jpg** 圖片：

- 大小：與紙張大小相同。
- 文繞圖：文字在前。
- 位置：由「版面配置/位置」設定對齊頁面置中。
- 設定替代文字的描述為 BGGBO.jpg。

2.編輯第 2 欄的老夫婦圖案：

- 「矩形」圖案改為「橢圓」圖案。
- 套用「柔邊」50 點圖案效果。

3.編輯小標題「登革熱疫情」上方的 SmartArt 圖案：

- 版面配置改成「基本星形圖」，隱藏線條與中央圓形。
- 文繞圖：文字在後。
- 位置：對齊下邊界置中位置。

4.複製 **WPD03.xlsx** 的「100 至 104 年登革熱確定病例人數」圖表：

- 在小標題「登革熱疫情」下方的段落（第 3 欄的第 2 個段落位置）以圖片格式貼上。（提示：貼上選項為「圖片」）
- 比例縮小至 60%，裁剪下方使高度為 4 公分。
- 設定替代文字的描述為 MOSQUITO.jpg。

5.依序在第 3 欄的四個圓形禁止符號圖案內，分別新增「巡」、「倒」、「清」、「刷」文字，字型格式：微軟正黑體、14 點、粗體、「白色，背景 1」。

（四）參考結果如下所示：

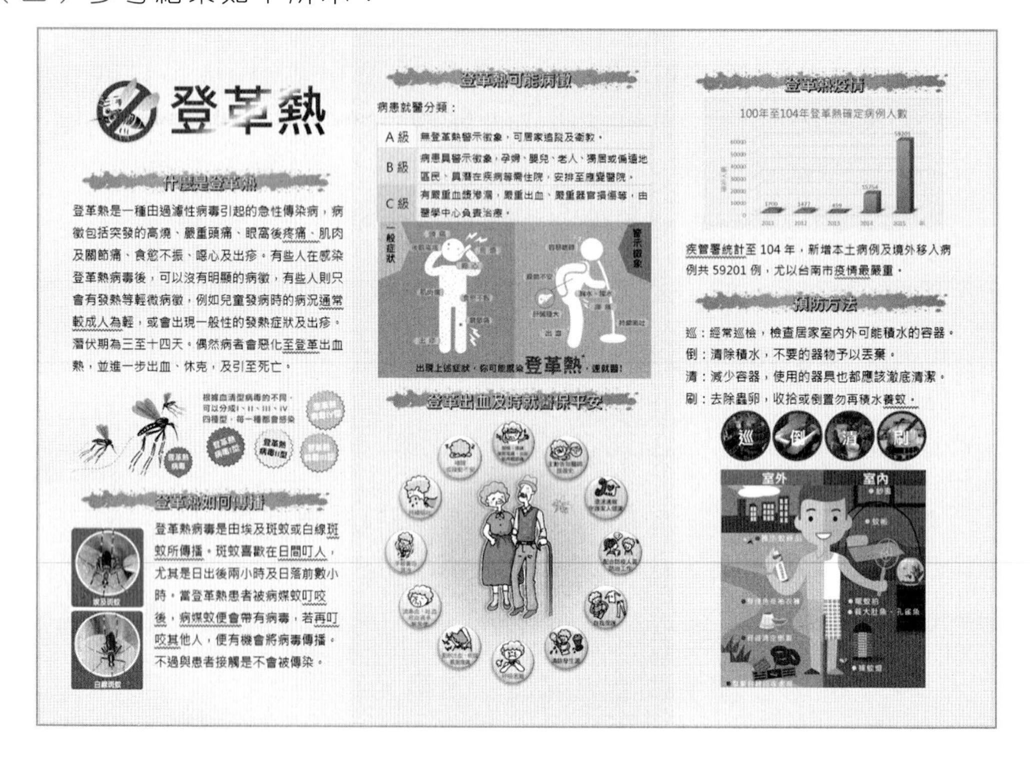

試卷編號：R19-2001

Word 2019 模擬試卷【進階級】

【認證說明與注意事項】

一、本項考試為術科，所需總時間為 60 分鐘，時間結束前需完成所有考試動作。成績計算滿分為 100 分，合格分數為 70 分。

二、術科為五大題，第一大題 15 分、第二大題至第四大題每題 20 分、第五大題 25 分，總計 100 分。

三、**術科所需的檔案皆於 C:\ANS.CSF\各指定資料夾內讀取。題目存檔方式，請依題目指示儲存於 C:\ANS.CSF\各指定資料夾，測驗結束前必須自行存檔，並關閉 Word，檔案名稱錯誤或未自行存檔者，均不予計分。**

四、**術科每大題之各評分點彼此均有相互關聯，作答不完整，將影響各評分點之得分，請特別注意。題意內未要求修改之設定值，以原始設定為準，不需另設。**

五、試卷內 0 為阿拉伯數字，O 為英文字母，作答時請先確認。所有滑鼠左右鍵位之訂定，以右手操作方式為準，操作者請自行對應鍵位。

六、有問題請舉手發問，切勿私下交談。

術科 100% （第一題 15 分、第二題至第四題每題 20 分、第五大題 25 分）

術科部分請依照試卷指示作答並存檔，時間結束前必須完全跳離操作軟體。

一、靜界溫泉會館

（一）題目說明：

礁溪溫泉聞名全台，溫泉飯店四處林立，「靜界溫泉會館」為了向旅客說明有關礁溪溫泉的特質與泡湯注意事項，要製作一份 DM。為了美化 DM 內容，強調主題與直書/橫書同頁...，請依照設計項目之要求完成這項任務。

（二）作答須知：

請至 C:\ANS.CSF\WP01 資料夾開啟 **WPD01.docx** 檔設計。完成結果儲存於同一資料夾之下，檔案名稱為 **WPA01.docx** 及 **Villa.pdf**。

（三）設計項目：

1.編輯「靜界溫泉會館」標題：

A. 標題文字（字與字之間）的距離為 2 點。

B. 文字與圖片對齊垂直置中位置。

2.編輯「QUIT WORLD SPA VILLA」：

A. 字型格式改為「白色, 背景 1」，套用光暈中「光暈變化」的「光暈: 18pt; 紅色，輔色 2」文字效果。

B. 文字總寬度 6 公分。

3.編輯圖片所在的段落，左右縮排-5 字元、與後段距離 0.5 行。

4.編輯以下內容：

- 黑色文字段落的首二字「礁溪」設定首字放大繞邊 3 行高度。
- 除標題外，「溫泉」文字皆以「♨溫泉」取代之。

5.編輯深藍色文字段落：

- 改為「直書」。
- 編號改為橫向（包含數字後的「.」符號）。

6.先將檔案儲存為 **WPA01.docx**，再匯出檔名為 **Villa.pdf** 的 PDF 檔案格式。

（四）參考結果如下所示：

礁溪♨溫泉是台灣♨溫泉中交通最方便最特別的平地♨溫泉，平均水溫為 52°C的中溫♨溫泉，水質呈中性，PH 值在 7.2~7.9 之間，屬於碳酸氫鈉泉，富含鈉、鎂、鈣、鉀、碳酸離子等礦物質，水量豐富，地熱蘊藏豐富，處處湧泉，終年不歇，取用方便，無色無臭，清澈節淨，水溫適中，民眾喜愛，是為品質極佳之♨溫泉；洗過之後皮膚會感覺光滑柔細，絲毫不油膩，具有養顏美容及鎮靜神經的功效，被譽為「♨溫泉中的♨溫泉」。

♨ 泡湯注意事項：

1. 入池之前先在一旁將身體洗淨，以維池子之清潔。
2. 由於為避免危險♨溫泉水溫，先沖洗泉水數次以適應水溫後，從腳開始，然後下半身，再行全身入池。
3. 泡♨溫泉每次不超過十分鐘為限，可因個人體質增加浸泡 時間，一天泡湯不要超過三次，泡湯時如有身體不適時即刻停止泡湯。
4. 注意室內保持通風，避免獨自入浴，應有同伴，以防意外發生。
5. 泡完♨溫泉後應稍作休息。
6. 酒後、飯後及身體過度疲勞時，不可浸泡♨溫泉。
7. 泡♨溫泉前後應適度補充水份，以調整體內新陳代謝。
8. 患有心臟病、肺病、高血壓、糖尿病、潰爛性皮膚病、出血性疾病、循環系統障礙及孕婦皆不宜泡♨溫泉。

二、大專盃羽球賽

（一）題目說明：

這是一份羽球賽的報名名單，共分三組，經抽籤後標示出各校的組別，請依組別分類、依校名筆劃遞增排序，並美化表格，製成對外公布的比賽名單。

（二）作答須知：

請至 C:\ANS.CSF\WP02 資料夾開啟 **WPD02.docx** 檔設計。完成結果儲存於同一資料夾之下，檔案名稱為 **WPA02.docx**。

（三）設計項目：

1.依「組別」將表格調整為 3 欄並建立編號清單：

- 各欄依「校名」筆劃遞增排序。
- 第 1 欄為第 1 組學校、第 2 欄為第 2 組學校、第 3 欄為第 3 組學校。
- 新增標題列，依序輸入標題名稱為「第一組」、「第二組」、「第三組」，字型格式：「黑色, 文字 1」。
- 將各欄校名之前的各組編號改為自動編號，設定如下：
  - 格式為「01., 02., 03.,...」。（如：在第 1 欄的校名中，將「第一組：」改為自動編號「01.、02.、03.、...」）
  - 字型格式：Arial、「自動」色，編號與校名間有一間距。（注意：在「字型」對話方塊中「字型」輸入字體）

2.編輯表格及標題列：

A. 套用「格線表格 4-輔色 4」表格樣式，取消「首欄」樣式，表格「置中」對齊。

B. 表格上、下的外框線格式與「大專盃羽球賽」的下框線相同。（提示：由表格工具的「設計/框線」設定）

C. 各欄寬 5 公分。

D. 標題列中的文字，設定「置中對齊」。（提示：由表格工具的「版面配置/對齊方式」設定）

（四）參考結果如下所示：

大專盃羽球賽

第一组	第二组	第三組
01. 大同大學	01. 中正大學	01. 中央大學
02. 大葉大學	02. 中華大學	02. 中興大學
03. 中山大學	03. 世新大學	03. 玄奘大學
04. 中原大學	04. 台灣首府大學	04. 東吳大學
05. 中國文化大學	05. 交通大學	05. 東海大學
06. 元智大學	06. 亞洲大學	06. 東華大學
07. 成功大學	07. 宜蘭大學	07. 金門大學
08. 佛光大學	08. 明道大學	08. 政治大學
09. 長庚大學	09. 長榮大學	09. 高雄大學
10. 南華大學	10. 淡江大學	10. 逢甲大學
11. 屏東大學	11. 清華大學	11. 開南大學
12. 真理大學	12. 慈濟大學	12. 義守大學
13. 華梵大學	13. 嘉義大學	13. 臺北大學
14. 陽明大學	14. 實踐大學	14. 臺南大學
15. 臺北市立大學	15. 暨南國際大學	15. 臺灣海洋大學
16. 臺灣大學	16. 臺東大學	16. 銘傳大學
17. 靜宜大學	17. 輔仁大學	17. 聯合大學

三、登革熱衛教三折頁

（一）題目說明：

登革熱是一種發病率高，傳播快且病程短的疾病，目前在全台大爆發，尤其是南部地區談蚊色變，登革熱流行疫情指揮中心積極提供民眾相關的防疫資訊，而各機關也紛紛響應宣導。

本文取自衛生福利部疾病管制署所提供的圖文，欲製作成三折頁的登革熱衛教，但必須再經過以下的編修，才能使文宣更完整的呈現。

（二）作答須知：

1.請至 C:\ANS.CSF\WP03 資料夾開啟 **WPD03.docx** 檔設計。完成結果儲存於同一資料夾之下，檔案名稱為 **WPA03.docx**。

2.本題之圖片替代文字若未設定或錯字，該小題不予計分。（注意：切勿多輸入空白字元或段落）

（三）設計項目：

1.插入 **BGGBO.jpg** 圖片：

- 大小：與紙張大小相同。
- 文繞圖：文字在前。
- 位置：由「版面配置/位置」設定對齊頁面置中。
- 設定替代文字的描述為 BGGBO.jpg。

2.編輯第 2 欄的老夫婦圖案：

- 「矩形」圖案改為「橢圓」圖案。
- 套用「柔邊」50 點圖案效果。

3.編輯小標題「登革熱疫情」上方的 SmartArt 圖案：

- 版面配置改成「基本星形圖」，隱藏線條與中央圓形。
- 文繞圖：文字在後。
- 位置：對齊下邊界置中位置。

4.複製 **WPD03.xlsx** 的「100 至 104 年登革熱確定病例人數」圖表：

- 在小標題「登革熱疫情」下方的段落（第 3 欄的第 2 個段落位置）以圖片格式貼上。（提示：貼上選項為「圖片」）
- 比例縮小至 60%，裁剪下方使高度為 4 公分。
- 設定替代文字的描述為 MOSQUITO.jpg。

5.依序在第 3 欄的四個圓形禁止符號圖案內，分別新增「巡」、「倒」、「清」、「刷」文字，字型格式：微軟正黑體、14 點、粗體、「白色，背景 1」。

（四）參考結果如下所示：

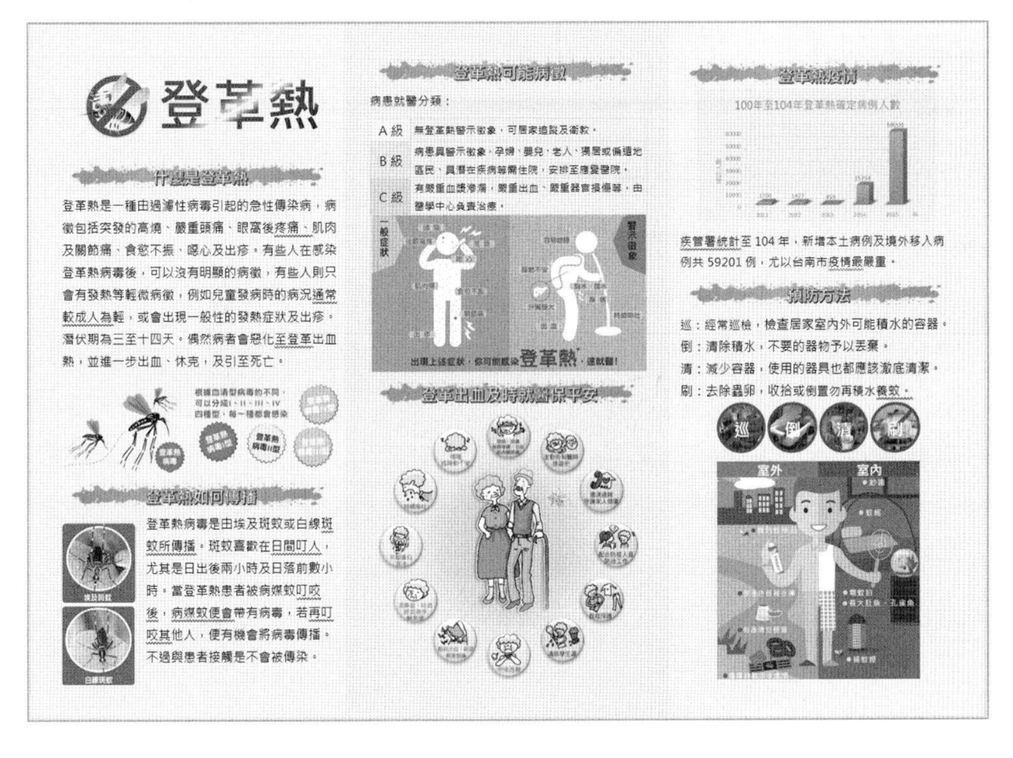

四、狂犬病

(一)題目說明:

這是一篇取自維基百科的長文件,欲將文件中所有超連結文字製作成索引目錄後再移除超連結,新增「狂犬病」清單樣式套用到階層 1、2 及 3 的段落。

(二)作答須知:

請至 C:\ANS.CSF\WP04 資料夾開啟 **WPD04-2.docx** 檔設計。完成結果儲存於同一資料夾之下,檔案名稱依題目指示存檔。

(三)設計項目:

1.複製所有超連結的文字(共 218 項),以「純文字」依序貼到 **WPD04-1.docx** 中,每一項一個段落,再以 **WPA04-1.docx** 存檔。(提示:透過「功能變數」尋找)

2.取消 **WPD04-2.docx** 文件中所有超連結。

3.定義「狂犬病」清單樣式的編號方式:
(提示:設定時,將插入點置於「患者注意事項」段落之前)

階層	數字樣式	字型	位置	編號後置字元	階層連結至樣式
1	一、(繁)	中文字體:微軟正黑體	預設	無	狂犬病一、
2	1.	英文字體:Arial	對齊及文字縮排數值與階層 1 相同	間距	狂犬病 1.
3	⊙	Wingdings (字元編碼 164) 「自動」色 (提示:階層 3 由「新項目符號」設定)	對齊 0.7 公分 文字縮排 1.15 公分	間距	狂犬病-*

4.設定以下內容：

- 以 **WPA04-1.docx** 檔案的內容作為索引的自動標記。（提示：透過「參考資料/索引/插入索引」設定）
- 在文章的最後一個段落插入索引：分三欄、頁碼靠右對齊、無定位點前置字元。（注意：必須在「隱藏編輯標記」狀態下完成）

5.設定索引內容並更新：

- 字型格式：新細明體、Times New Roman、9 點。（注意：在「字型」對話方塊中，分別於「中文字型」及「字型」輸入字體）
- 段落：與前、後段距離 0 行、固定行高 15 點。
- 設定「更新索引 1 以符合選取範圍」後，套用「索引 1」樣式（提示：可透過「樣式」的「選項」開啟所有樣式），再以 **WPA04-2.docx** 存檔。

（四）部分參考結果如下所示：

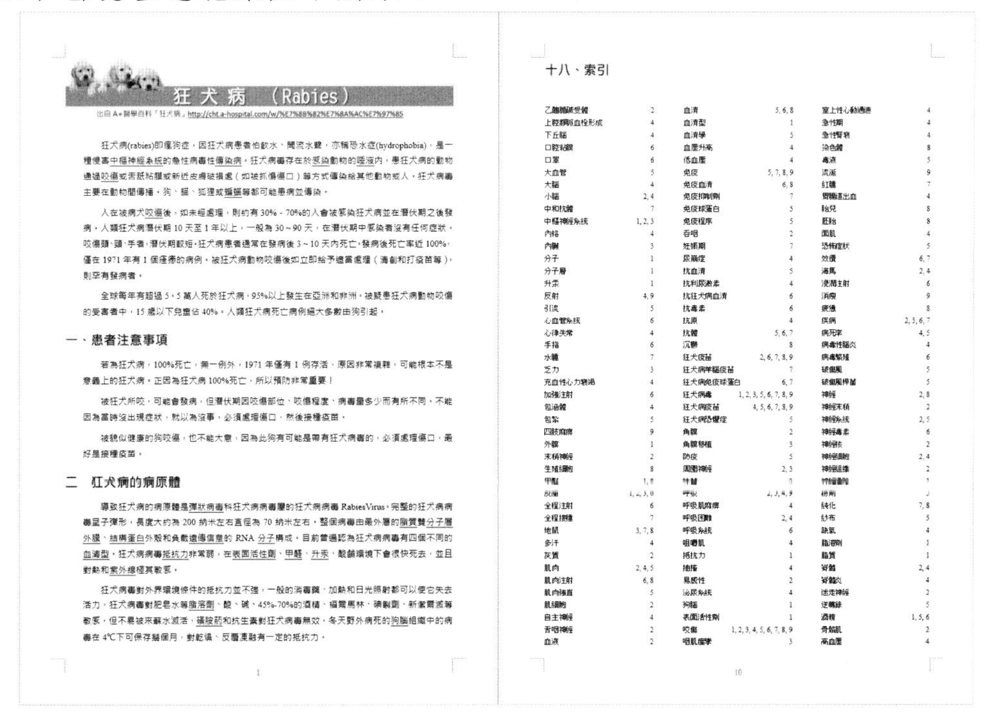

狂犬病 (Rabies)

出自 A+醫學百科「狂犬病」http://cht.a-hospital.com/w/%E7%8B%82%E7%8A%AC%E7%97%85

狂犬病(rabies)即瘋狗症，因狂犬病患者怕飲水、聞流水聲，亦稱恐水症(hydrophobia)，是一種侵害中樞神經系統的急性病毒性傳染病。狂犬病毒存在於受染動物的唾液內，患狂犬病的動物通過咬傷或舌舔粘膜或新近皮膚破損處（如被抓傷傷口）等方式傳染給其他動物或人。狂犬病毒主要在動物間傳播，狗、貓、狐狸或蝙蝠等都可能患病並傳染。

人在被病犬咬傷後，如未經處理，則約有 30%－70%的人會被感染狂犬病並在潛伏期之後發病。人類狂犬病潛伏期 10 天至 1 年以上，一般為 30～90 天，在潛伏期中感染者沒有任何症狀，咬傷頭、頸、手者，潛伏期較短。狂犬病患者通常在發病後 3～10 天內死亡，發病後死亡率近 100%。僅在 1971 年有 1 個痊癒的病例，被狂犬病動物咬傷後如立即給予適當處理（清創和打疫苗等），則罕有發病者。

全球每年有超過 5．5 萬人死於狂犬病，95%以上發生在亞洲和非洲，被疑患狂犬病動物咬傷的受害者中，15 歲以下兒童佔 40%，人類狂犬病死亡病例絕大多數由狗引起。

一、患者注意事項

若為狂犬病，100%死亡，無一例外，1971 年僅有 1 例存活，原因非常複雜，可能根本不是意義上的狂犬病，正因為狂犬病 100%死亡，所以預防非常重要！

被狂犬所咬，可能會發病，但潛伏期因咬傷部位、咬傷程度、病毒量多少而有所不同，不能因為當時沒出現症狀，就以為沒事，必須處理傷口，然後接種疫苗。

被貌似健康的狗咬傷，也不能大意，因為此狗有可能是帶有狂犬病毒的，必須處理傷口，最好是接種疫苗。

二、狂犬病的病原體

導致狂犬病的病原體是彈狀病毒科狂犬病病毒屬的狂犬病病毒 Rabies Virus。完整的狂犬病病毒呈子彈形，長度大約為 200 納米左右直徑為 70 納米左右，整個病毒由最外層的脂質雙分子層外膜、結構蛋白外殼和負載遺傳信息的 RNA 分子構成，目前普遍認為狂犬病病毒有四個不同的血清型，狂犬病病毒抵抗力非常弱，在表面活性劑、甲醛、升汞、酸鹼環境下會很快死去，並且對熱和紫外線極其敏感。

狂犬病毒對外界環境條件的抵抗力並不強，一般的消毒劑，加熱和日光照射都可以使它失去活力，狂犬病毒對肥皂水等脂溶劑、酸、鹼、45%-70%的酒精、福爾馬林、碘製劑、新潔爾滅等敏感，但不易被來蘇水滅活，磺胺藥和抗生素對狂犬病毒無效，冬天野外病死的狗腦組織中的病毒在 4℃下可保存幾個月，對乾燥、反覆凍融有一定的抵抗力。

1

十八、索引

10

五、套印選手餐券及抽獎券

（一）題目說明：

為舉辦國際羽球聯誼賽特別設計的入場券，包含選手個人的照片、選手編號及編號的 QR 碼。

入場券右邊附有選手編號條碼的早、中、晚餐，撕下後掃描可入餐廳；入場券左邊是抽獎聯，撕下後投入摸彩箱，可參加摸彩活動。請利用合併列印套印出所有選手的入場券。

（二）作答須知：

1.請至 C:\ANS.CSF\WP05 資料夾開啟 **WPD05-1.docx** 檔設計。完成結果儲存於同一資料夾之下，檔案名稱依題目指示存檔。

2.主文件作答結果請勿在「預覽結果」的模式下儲存。

3.進行設計項目前，請新增「日文」語言，設定方式：「檔案/選項/語言/[新增其他編輯語言]/日文/新增/確定/請重新啟動 Office，以使您的語言變更生效/確定」，重新開啟 Word，以使變更生效。

4.完成設計項目後，請移除「日文」語言，設定方式：「檔案/選項/語言/編輯語言/日文/移除/確定/請重新啟動 Office，以使您的語言變更生效/確定」，重新開啟 Word，以使變更生效。

5.由於合併完成文件為暫存檔，因此無法合併列印出正確筆數資料，請於完成主文件設定並存檔關閉檔案後，再重新開啟主文件執行合併列印至新文件。

（三）設計項目：

啟動合併列印的「信件」功能，以 **WPD05-1.docx** 作為主文件，**WPD05-2.docx** 作為資料來源。

1.將 ID、NAME 分別改為«PlayerID»、«FullName»合併欄位。

2.欄位中的「Photo」改為顯示選手照片，若無照片者，則自動以 **Wpdno.jpg** 圖片取代。（提示：利用插入功能變數「If...Then...Else」建立，比較欄位下拉式選項設定為「空白」）

3.將「QR」改為«PlayerID QR 碼»條碼功能變數。

4.將「BC」改為«PlayerID Code 39»條碼功能變數，高度：1.2 公分，旋轉 270 度。

5.套用全部紀錄並產生合併列印結果：

- 兩張入場券中間，插入«Next Record»功能變數。
- 將合併前的主文件，以 **WPA05-1.docx** 檔名儲存；將合併列印後的新文件，以 **WPA05-2.docx** 檔名儲存。

（四）部分參考結果如下所示：

心得筆記

8

CHAPTER

第八章 ▶

Excel 2019 模擬測驗

試卷編號：X19-1001

試卷編號：X19-2001

試卷編號：X19-1001

Excel 2019 模擬試卷【實用級】

【認證說明與注意事項】

一、本項考試為術科，所需總時間為 40 分鐘，時間結束前需完成所有考試動作。成績計算滿分為 100 分，合格分數為 70 分。

二、術科為三大題，第一大題至第二大題每題 30 分、第三大題 40 分，總計 100 分。

三、**術科所需的檔案皆於 C:\ANS.CSF\各指定資料夾內讀取。題目存檔方式，請依題目指示儲存於 C:\ANS.CSF\各指定資料夾，測驗結束前必須自行存檔，並關閉 Excel，檔案名稱錯誤或未自行存檔者，均不予計分。**

四、**術科每大題之各評分點彼此均有相互關聯，作答不完整，將影響各評分點之得分，請特別注意。題意內未要求修改之設定值，以原始設定為準，不需另設。**

五、試卷內 0 為阿拉伯數字，O 為英文字母，作答時請先確認。所有滑鼠左右鍵位之訂定，以右手操作方式為準，操作者請自行對應鍵位。

六、有問題請舉手發問，切勿私下交談。

術科 100%（第一題至第二題每題 30 分、第三題 40 分）

術科部分請依照試卷指示作答並存檔，時間結束前必須完全跳離操作軟體。

一、Golf

（一）題目說明：

1.常勝高爾夫球場教練想分析自 1934~2009 年美國高爾夫名人賽（Master）歷年穿綠夾克（第一名）的成績。

2.四天的比賽中，前三天成績以「五分類」格式化條件 標示，藍色直條越多表示桿數越多，最後一天總成績，高於標準桿、平標準桿、低於標準桿，以 符號顯示。

（二）作答須知：

1.請至 C:\ANS.CSF\EX01 資料夾開啟 **EXD01.xlsx** 檔設計。完成結果儲存於同一資料夾之下，檔案名稱為 **EXA01.xlsx** 及 **Golf.ods**。

2.建立或複製公式時需考慮是否需使用絕對位址。除題目要求更改之設定外，不能任意改變原有之設定。

（三）設計項目：

1.在第 1 列與第 2 列之間插入一列，並分別在 C2~E2、F2~H2、I2~K2、L2~N2 依序輸入「Score」、「Position」、「Leader」。

2.合併儲存格：分別合併 A1~A2、B1~B2、C1~E1、F1~H1、I1~K1、L1~N1。

3.設定儲存格 N3 的公式，為儲存格 L3－72*4，之後往下複製公式填滿公式至 N75 儲存格。

4.將儲存格 1~75 列的列高改為 25。

5.將儲存格範圍 A1~N75 設定框線：

- 內框線為最細實線（框線樣式左欄最下方線條樣式），外框線為次粗實線（框線樣式右欄第 5 個線條樣式）。
- 第 2 列與第 3 列之間為雙線。

6.格式化條件：

A.設定「18 Holes」、「36 Holes」、「54 Holes」的「Leader」欄位（E3~E75、H3~H75 與 K3~K75）指定為「五分類」格式化條件。（注意：比較對象為 E3~E75、H3~H75、K3~K75 整個範圍，非單欄比較，表示桿數越多，則藍色直條越多。需按照順序選取 E 欄、H 欄與 K 欄）

B.設定「72 Holes」的「Leader」欄位（N3~N75）：

- 指定為「三旗幟」的圖示集格式化條件。
- 當桿數是低於 10 百分位數，則以綠色旗幟標示。
- 當桿數是低於 20 百分位數且高於 10（含）百分位數，則以黃色旗幟標示。
- 其餘則以不標示。

7.將儲存格 A1~N2 的填滿色彩為「淺綠色」。

8.先將檔案儲存為 **EXA01.xlsx**，再匯出檔名為 **Golf.ods** 的 OpenDocument 試算表檔案格式。

（四）參考結果如下所示：

	A	B	C	D	E	F	G	H	I	J	K	L	M	N
1	Year	Champion	18 Holes			36 Holes			54 Holes			72 Holes		
2			Score	Position	Leader	Score	Position	Leader	Score	Position	Leader	Score	Position	Leader
3	1934	Horton Smith	70	T1	0	142	1	1	212	1	1	284	1	-4
4	1935	Gene Sarazen	68	T2	-1	139	T2	-4	212	4	-3	282	PO	-6
5	1936	Horton Smith	74	T3	-4	145	T4	-6	213	2	-3	285	1	-3
6	1937	Byron Nelson	66	1	3	138	1	3	213	T3	-4	283	2	-5
7	1938	Henry Picard	71	T4	-3	143	T2	-4	215	1	1	285	2	-3
8	1939	Ralph Guldahl	72	T6	-3	140	T2	-1	210	1	1	279	1	-9
9	1940	Jimmy Demaret	67	2	-3	139	T1	0	209	1	1	280	4	-8
10	1941	Craig Wood	66	1	5	137	1	3	208	1	3	280	3	-8
11	1942	Byron Nelson	68	T3	-1	135	1	1	207	1	3	280	PO	-8
12	1946	Herman Keiser	69	T1	0	137	1	5	208	1	5	282	1	-6
13	1947	Jimmy Demaret	69	T1	0	140	T1	0	210	1	3	281	2	-7
14	1948	Claude Harmon	70	T2	-1	140	2	-1	209	1	2	279	5	-9
15	1949	Sam Snead	73	T8	-4	148	T14	-5	215	T2	-1	282	3	-6
16	1950	Jimmy Demaret	70	T2	-1	142	3	-5	214	T3	-4	283	2	-5
17	1951	Ben Hogan	70	4	-2	142	T2	-1	212	3	-1	280	2	-8
18	1952	Sam Snead	70	T3	-1	137	1	3	214	T1	0	286	4	-2
19	1953	Ben Hogan	70	T4	-2	139	1	1	205	1	4	274	5	-14
20	1954	Sam Snead	74	T17	-4	147	T5	-3	217	2	-3	289	PO	1
21	1955	Cary Middlecoff	72	T4	-5	137	1	4	209	1	4	279	7	-9
22	1956	Jack Burke Jr.	72	T11	-6	143	T7	-8	218	T4	-8	289	1	1
23	1957	Doug Ford	72	T2	-1	145	T6	-5	217	T6	-3	283	3	-5

Master History

二、快樂小學學生名冊

（一）題目說明：

1.快樂小學考慮目前學童均有體重過胖問題，想對全校學生進行體重檢測。

2.學校體育組長依據世界衛生組織及中華民國營養學會所使用的公式，男性：（身高公分－標準體重指標）×70%＝標準體重，女性：（身高公分－標準體重指標）×60%＝標準體重，以 Excel 計算每位學生的標準體重，並顯示應增加或減少體重。

（二）作答須知：

1.請至 C:\ANS.CSF\EX02 資料夾開啟 **EXD02.xlsx** 檔設計。完成結果儲存於同一資料夾之下，檔案名稱為 **EXA02.xlsx**。

2.建立或複製公式時需考慮是否需使用絕對位址。除題目要求更改之設定外，不能任意改變原有之設定。

（三）設計項目：

1.依據性別，在儲存格 H7~H61 計算標準體重：

- 使用 ROUNDUP、IF 函數。
- 使用標準體重指標進行標準體重計算。
- 將結果無條件進位，取至整數位。

2.在儲存格 I7~I61 計算增減體重，增減體重＝標準體重－體重。

3.編輯儲存格 F62~I62，滿足以下條件：

- 在 F62~I62 分別使用 AVERAGE 函數計算「身高」、「體重」、「標準體重」、「增減體重」之平均值，勿更改原格式設定。
- 將此區域字體改成 Arial 字體、粗體顯示，背景設為「橙色」填滿。

4.設定儲存格 I7~I62 之自訂數值格式：

- 增減體重為正數，顯示"×公斤"。
- 負數則顯示紅色"減×公斤"。
- 增減體重零，顯示藍色"完美身材"。

● 部分結果應如下圖所示：

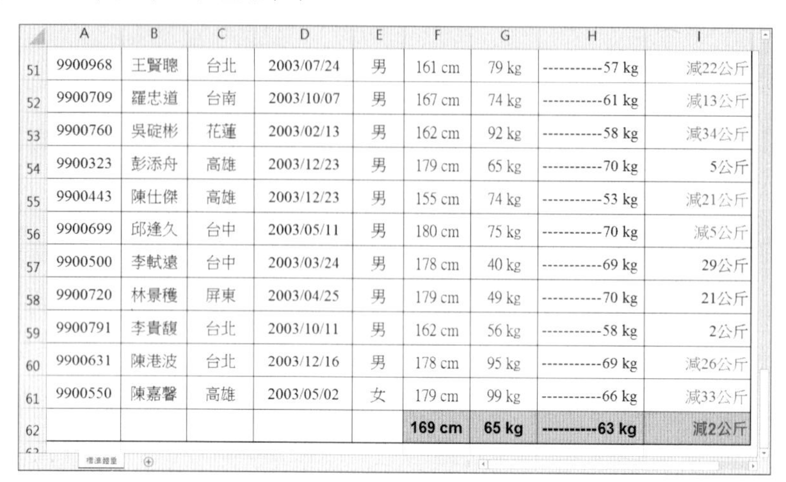

	A	B	C	D	E	F	G	H	I
51	9900968	王賢聰	台北	2003/07/24	男	161 cm	79 kg	-----------57 kg	減22公斤
52	9900709	羅忠道	台南	2003/10/07	男	167 cm	74 kg	-----------61 kg	減13公斤
53	9900760	吳碇彬	花蓮	2003/02/13	男	162 cm	92 kg	-----------58 kg	減34公斤
54	9900323	彭添舟	高雄	2003/12/23	男	179 cm	65 kg	-----------70 kg	5公斤
55	9900443	陳仕傑	高雄	2003/12/23	男	155 cm	74 kg	-----------53 kg	減21公斤
56	9900699	邱逢久	台中	2003/05/11	男	180 cm	75 kg	-----------70 kg	減5公斤
57	9900500	李軾遠	台中	2003/03/24	男	178 cm	40 kg	-----------69 kg	29公斤
58	9900720	林景穫	屏東	2003/04/25	男	179 cm	49 kg	-----------70 kg	21公斤
59	9900791	李賁馥	台北	2003/10/11	男	162 cm	56 kg	-----------58 kg	2公斤
60	9900631	陳港波	台北	2003/12/16	男	178 cm	95 kg	-----------69 kg	減26公斤
61	9900550	陳嘉馨	高雄	2003/05/02	女	179 cm	99 kg	-----------66 kg	減33公斤
62						169 cm	65 kg	----------63 kg	減2公斤

5.設定儲存格 A6~I62 範圍名稱為「學生名冊」。

6.列印設定：

● 指定列印範圍為「學生名冊」。

● 列印標題的範圍為第 6 列。

（四）參考結果如下所示：

學號	姓名	出生地	生日	性別	身高	體重	標準體重	增減體重
9900141	蔡　蓉	台南	2003/02/26	女	152 cm	45 kg	----------50 kg	5公斤
9900185	鄭雅欣	台中	2003/09/24	女	165 cm	58 kg	----------57 kg	減1公斤
9900220	簡伶娟	台北	2003/03/08	男	185 cm	80 kg	----------74 kg	減6公斤
9900222	吳宗諺	台南	2003/08/15	女				
9900226	吳凱翔	高雄	2003/11/12	男				
9900297	邱宗憲	台北	2003/01/14	男				
9900348	陳冠宏	台北	2003/02/01	男				
9900367	黃淂根	台中	2003/05/01	男				
9900425	鄭仁豪	宜蘭	2003/07/05	男				
9900458	李孟翰	嘉義	2003/06/12	男				
9900591	尤琬婷	嘉義	2003/12/07	女				
9900945	王畢南	嘉義	2003/05/31	女				
9900746	程思遠	台北	2003/11/13	男				
9900780	林殷旺	台東	2003/03/14	男				
9900085	孫平發	台南	2003/02/04	男				
9900701	鐘珣樺	台中	2003/05/23	男				
9900422	張履笙	新竹	2003/04/27	男				
9900828	李晬嬌	新竹	2003/01/02	女				
9900317	朱毅杉	高雄	2003/02/14	男				
9900438	陳詩凱	新竹	2003/04/19	男				
9900320	夏子嵐	新竹	2003/12/18	女				
9900516	顏琪清	高雄	2003/04/27	男				
9900890	王富文	台北	2003/09/13	男				
9900577	趙敏虹	高雄	2003/09/04	女				
9900200	祝詩仁	台中	2003/01/03	男				
9900768	李夢蘋	高雄	2003/01/20	男				
9900790	施繼如	宜蘭	2003/03/04	男				
9900139	吳煦隆	台北	2003/08/06	男				
9900870	賴雪莉	台北	2003/06/25	男				
9900274	劉玫萍	嘉義	2003/08/26	男				
9900124	高中信	台北	2003/09/07	男				

學號	姓名	出生地	生日	性別	身高	體重	標準體重	增減體重
9900334	汪寶兒	高雄	2003/06/11	女	170 cm	71 kg	----------60 kg	減11公斤
9900232	張崴沼	台南	2003/09/10	男	176 cm	90 kg	----------68 kg	減22公斤
9900663	張三瑜	高雄	2003/04/14	女	151 cm	40 kg	----------49 kg	9公斤
9900192	陳廷文	台北	2003/12/22	男	179 cm	45 kg	----------70 kg	25公斤
9900874	葉之媛	宜蘭	2003/08/12	男	178 cm	96 kg	----------69 kg	減27公斤
9900207	周苑蒂	台中	2003/01/18	女	178 cm	86 kg	----------65 kg	減21公斤
9900711	王芝嵐	桃園	2003/07/29	男	181 cm	56 kg	----------71 kg	15公斤
9900537	劉明玲	台北	2003/12/09	男	177 cm	45 kg	----------68 kg	23公斤
9900978	陳棟驥	嘉義	2003/09/12	男	184 cm	46 kg	----------73 kg	27公斤
9900270	高斯虞	台北	2003/02/16	男	159 cm	70 kg	----------56 kg	減14公斤
9900981	郭李樹臨	高雄	2003/10/02	男	157 cm	42 kg	----------54 kg	12公斤
9900574	王慶陸	台中	2003/08/10	男	177 cm	52 kg	----------68 kg	16公斤
9900648	陳襄堤	台北	2003/10/17	男	158 cm	52 kg	----------55 kg	3公斤
9900968	王賢聰	台北	2003/07/24	男	161 cm	79 kg	----------57 kg	減22公斤
9900709	羅忠遒	台南	2003/10/07	男	167 cm	74 kg	----------61 kg	減13公斤
9900760	吳啶彬	花蓮	2003/02/13	男	162 cm	92 kg	----------58 kg	減34公斤
9900323	彭添舟	高雄	2003/12/23	男	179 cm	65 kg	----------70 kg	5公斤
9900443	陳仕傑	高雄	2003/12/23	男	155 cm	74 kg	----------53 kg	減21公斤
9900699	邱逢久	台中	2003/05/11	男	180 cm	75 kg	----------70 kg	減5公斤
9900500	李軾遠	台中	2003/03/24	男	178 cm	40 kg	----------69 kg	29公斤
9900720	林景穗	屏東	2003/04/25	男	179 cm	49 kg	----------70 kg	21公斤
9900791	李貴馥	台北	2003/10/11	男	162 cm	56 kg	----------58 kg	2公斤
9900631	陳港波	台北	2003/12/16	男	178 cm	95 kg	----------69 kg	減26公斤
9900550	陳嘉馨	高雄	2003/05/02	女	179 cm	99 kg	----------66 kg	減33公斤
					169 cm	65 kg	---------63 kg	減2公斤

三、體重追蹤表

（一）題目說明：

1.咪咪想對自己的體重進行減重控制，所以在 2013 年 7 月、8 月每天記錄體重，並設定 7 月的目標體重為 55 公斤，8 月的目標體重為 50 公斤。

2.但是光只是看數據卻看不出減重的成效，所以咪咪想以 Excel 圖表繪製體重控制的狀況，並且想標示距離目標體重的差距，於是利用折線圖表達這些資訊。

（二）作答須知：

1.請至 C:\ANS.CSF\EX03 資料夾開啟 **EXD03.xlsx** 檔設計。完成結果儲存於同一資料夾之下，檔案名稱為 **EXA03.xlsx**。

2.建立或複製公式時需考慮是否需使用絕對位址。除題目要求更改之設定外，不能任意改變原有之設定。

（三）設計項目：

1.使用「體重追蹤表」工作表內資料，進行圖表繪製：

- 使用儲存格 A1~C32 資料範圍，插入「含有資料標記的折線圖」圖表，之後將「體重」數列改為區域圖。
- 複製原有的「體重」數列（兩個體重數列的資料內容需一致），之後加入的「體重」數列需設為「含有資料標記的折線圖」，使圖表內最後包含三個資料數列（資料數列依序為體重、目標體重、體重）。
- 三個數列的水平（類別）座標軸皆需設定為「體重追蹤表」工作表之 A2~A32 儲存格。
- 將圖表移動至「7 月份　圖表」工作表。

2.於「7 月份　圖表」工作表，完成圖表設定：

A.將圖表移動到 B7~P33 儲存格內，套用圖表樣式「樣式 8」。

B. 設定圖表標題與座標軸格式：

- 於圖表上方顯示圖表標題，若 B1 儲存格內標題異動，則圖表標題亦隨之異動，名稱顯示為「7 月份　體重追蹤表」。
- 垂直（數值）軸：設定最小值為 52.0。

3. 使用「體重追蹤表」工作表內 E1~G32 儲存格資料範圍，插入「組合圖」，將「體重」數列指定為「區域圖」圖表，「目標體重」數列指定為「折線圖」（資料數列依序為體重、目標體重），最後使用剪下貼上的方式，將圖表移動至「8 月份　圖表」工作表內。

4. 於「8 月份　圖表」工作表，完成圖表設定：

A. 將圖表移動到 B7~P33 儲存格內。

B. 體重（區域圖）之資料數列格式設定：設定框線色彩為「綠色, 輔色 1, 較深 50%」的實心線條、線條寬度 4.5pt。

C. 目標體重(折線圖): 線條為「橙色」實心線條，線條寬度 4.5pt。

D. 顯示圖表標題：

- 名稱為「8 月份　體重追蹤表」，若 B1 儲存格內標題異動，則圖表標題亦隨之異動。
- 字型為「微軟正黑體」、粗體字，字體大小為 20pt。

E. 水平（類別）軸設定：

- 數值格式為 dd(aaa)，使得水平軸顯示結果為「日(週 X)」、「垂直」文字方向。
- 座標軸位置在刻度上。
- 字型為「微軟正黑體」，字體大小為 9pt。

F. 垂直（數值）軸：

- 最小值為 48.0。
- 字型為「微軟正黑體」、字體大小為 12pt。

G. 設定繪圖區格式：

- 漸層填滿：設定「輕度漸層, 輔色 3」的預設漸層色彩。
- 框線設定為「深藍色」外框、線條寬度 3pt。

(四)參考結果如下所示：

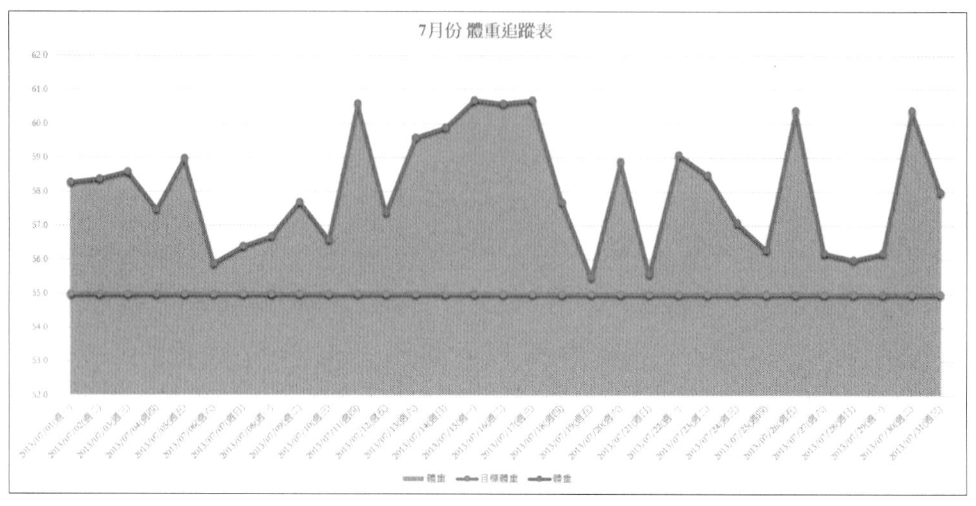
7月份 體重追蹤表
62.0
61.0
60.0
59.0
58.0
57.0
56.0
55.0
54.0
53.0
52.0
體重
目標體重
體重

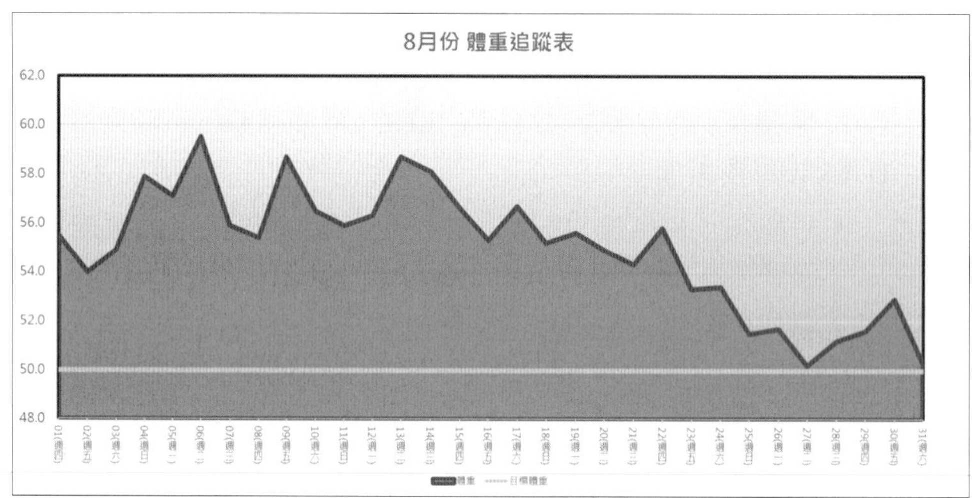
8月份 體重追蹤表
62.0
60.0
58.0
56.0
54.0
52.0
50.0
48.0
體重
目標體重

試卷編號：X19-2001

Excel 2019 模擬試卷【進階級】

【認證說明與注意事項】

一、本項考試為術科，所需總時間為 60 分鐘，時間結束前需完成所有考試動作。成績計算滿分為 100 分，合格分數為 70 分。

二、術科為五大題，第一大題至第二大題每題 15 分、第三大題 20 分、第四大題至第五大題每題 25 分，總計 100 分。

三、**術科所需的檔案皆於 C:\ANS.CSF\各指定資料夾內讀取。題目存檔方式，請依題目指示儲存於 C:\ANS.CSF\各指定資料夾，測驗結束前必須自行存檔，並關閉 Excel，檔案名稱錯誤或未自行存檔者，均不予計分。**

四、**術科每大題之各評分點彼此均有相互關聯，作答不完整，將影響各評分點之得分，請特別注意。題意內未要求修改之設定值，以原始設定為準，不需另設。**

五、試卷內 0 為阿拉伯數字，O 為英文字母，作答時請先確認。所有滑鼠左右鍵位之訂定，以右手操作方式為準，操作者請自行對應鍵位。

六、有問題請舉手發問，切勿私下交談。

術科 100%（第一題至第二題每題 15 分、第三題 20 分、第四題至第五題每題 25 分）

術科部分請依照試卷指示作答並存檔，時間結束前必須完全跳離操作軟體。

一、Golf

（一）題目說明：

1. 常勝高爾夫球場教練想分析自 1934~2009 年美國高爾夫名人賽（Master）歷年穿綠夾克（第一名）的成績。
2. 四天的比賽中，前三天成績以「五分類」格式化條件 標示，藍色直條越多表示桿數越多，最後一天總成績，高於標準桿、平標準桿、低於標準桿，以 符號顯示。

（二）作答須知：

1. 請至 C:\ANS.CSF\EX01 資料夾開啟 **EXD01.xlsx** 檔設計。完成結果儲存於同一資料夾之下，檔案名稱為 **EXA01.xlsx** 及 **Golf.ods**。
2. 建立或複製公式時需考慮是否需使用絕對位址。除題目要求更改之設定外，不能任意改變原有之設定。

（三）設計項目：

1. 在第 1 列與第 2 列之間插入一列，並分別在 C2~E2、F2~H2、I2~K2、L2~N2 依序輸入「Score」、「Position」、「Leader」。
2. 合併儲存格：分別合併 A1~A2、B1~B2、C1~E1、F1~H1、I1~K1、L1~N1。
3. 設定儲存格 N3 的公式，為儲存格 L3－72*4，之後往下複製公式填滿公式至 N75 儲存格。
4. 將儲存格 1~75 列的列高改為 25。
5. 將儲存格範圍 A1~N75 設定框線：
   - 內框線為最細實線（框線樣式左欄最下方線條樣式），外框線為次粗實線（框線樣式右欄第 5 個線條樣式）。
   - 第 2 列與第 3 列之間為雙線。

6.格式化條件：

A. 設定「18 Holes」、「36 Holes」、「54 Holes」的「Leader」欄位（E3~E75、H3~H75 與 K3~K75）指定為「五分類」格式化條件。（注意：比較對象為 E3~E75、H3~H75、K3~K75 整個範圍，非單欄比較，表示桿數越多，則藍色直條越多。需按照順序選取 E 欄、H 欄與 K 欄）

B. 設定「72 Holes」的「Leader」欄位（N3~N75）：

- 指定為「三旗幟」的圖示集格式化條件。
- 當桿數是低於 10 百分位數，則以 綠色旗幟標示。
- 當桿數是低於 20 百分位數且高於 10（含）百分位數，則以 黃色旗幟標示。
- 其餘則以不標示。

7.將儲存格 A1~N2 的填滿色彩為「淺綠色」。

8.先將檔案儲存為 **EXA01.xlsx**，再匯出檔名為 **Golf.ods** 的 OpenDocument 試算表檔案格式。

（四）參考結果如下所示：

	A	B	C	D	E	F	G	H	I	J	K	L	M	N
1	Year	Champion	18 Holes			36 Holes			54 Holes			72 Holes		
2			Score	Position	Leader	Score	Position	Leader	Score	Position	Leader	Score	Position	Leader
3	1934	Horton Smith	70	T1	0	142	1	1	212	1	1	284	1	-4
4	1935	Gene Sarazen	68	T2	-1	139	T2	-4	212	4	-3	282	PO	-6
5	1936	Horton Smith	74	T3	-4	145	T4	-6	213	2	-3	285	1	-3
6	1937	Byron Nelson	66	1	3	138	1	3	213	T3	-4	283	2	-5
7	1938	Henry Picard	71	T4	-3	143	T2	-4	215	1	1	285	2	-3
8	1939	Ralph Guldahl	72	T6	-3	140	T2	-1	210	1	1	279	1	-9
9	1940	Jimmy Demaret	67	2	-3	139	T1	0	209	1	1	280	4	-8
10	1941	Craig Wood	66	1	5	137	1	3	208	1	3	280	3	-8
11	1942	Byron Nelson	68	T3	-1	135	1	1	207	1	3	280	PO	-8
12	1946	Herman Keiser	69	T1	0	137	1	5	208	1	5	282	1	-6
13	1947	Jimmy Demaret	69	T1	0	140	T1	0	210	1	3	281	2	-7
14	1948	Claude Harmon	70	T2	-1	140	2	-1	209	1	2	279	5	-9
15	1949	Sam Snead	73	T8	-4	148	T14	-5	215	T2	-1	282	3	-6
16	1950	Jimmy Demaret	70	T2	-1	142	3	-5	214	T3	-4	283	2	-5
17	1951	Ben Hogan	70	4	-2	142	T2	-1	212	3	-1	280	2	-8
18	1952	Sam Snead	70	T3	-1	137	1	3	214	T1	0	286	4	-2
19	1953	Ben Hogan	70	T4	-2	139	1	1	205	1	4	274	5	-14
20	1954	Sam Snead	74	T17	-4	147	T5	-3	217	2	-3	289	PO	1
21	1955	Cary Middlecoff	72	T4	-5	137	1	4	209	1	4	279	7	-9
22	1956	Jack Burke Jr.	72	T11	-6	143	T7	-8	218	T4	-8	289	1	1
23	1957	Doug Ford	72	T2	-1	145	T6	-5	217	T6	-3	283	3	-5

Master History

二、快樂小學學生名冊

（一）題目說明：

1.快樂小學考慮目前學童均有體重過胖問題，想對全校學生進行體重檢測。

2.學校體育組長依據世界衛生組織及中華民國營養學會所使用的公式，男性：（身高公分－標準體重指標）×70%＝標準體重，女性：（身高公分－標準體重指標）×60%＝標準體重，以 Excel 計算每位學生的標準體重，並顯示應增加或減少體重。

（二）作答須知：

1.請至 C:\ANS.CSF\EX02 資料夾開啟 **EXD02.xlsx** 檔設計。完成結果儲存於同一資料夾之下，檔案名稱為 **EXA02.xlsx**。

2.建立或複製公式時需考慮是否需使用絕對位址。除題目要求更改之設定外，不能任意改變原有之設定。

（三）設計項目：

1.依據性別，在儲存格 H7~H61 計算標準體重：

- 使用 ROUNDUP、IF 函數。
- 使用標準體重指標進行標準體重計算。
- 將結果無條件進位，取至整數位。

2.在儲存格 I7~I61 計算增減體重，增減體重＝標準體重－體重。

3.編輯儲存格 F62~I62，滿足以下條件：

- 在 F62~I62 分別使用 AVERAGE 函數計算「身高」、「體重」、「標準體重」、「增減體重」之平均值，勿更改原格式設定。
- 將此區域字體改成 Arial 字體、粗體顯示，背景設為「橙色」填滿。

4.設定儲存格 I7~I62 之自訂數值格式：

- 增減體重為正數，顯示"×公斤"。
- 負數則顯示紅色"減×公斤"。
- 增減體重零，顯示藍色"完美身材"。

- 部分結果應如下圖所示：

	A	B	C	D	E	F	G	H	I
51	9900968	王賢聰	台北	2003/07/24	男	161 cm	79 kg	-----------57 kg	減22公斤
52	9900709	羅忠道	台南	2003/10/07	男	167 cm	74 kg	-----------61 kg	減13公斤
53	9900760	吳碇彬	花蓮	2003/02/13	男	162 cm	92 kg	-----------58 kg	減34公斤
54	9900323	彭添舟	高雄	2003/12/23	男	179 cm	65 kg	-----------70 kg	5公斤
55	9900443	陳仕傑	高雄	2003/12/23	男	155 cm	74 kg	-----------53 kg	減21公斤
56	9900699	邱逢久	台中	2003/05/11	男	180 cm	75 kg	-----------70 kg	減5公斤
57	9900500	李軾遠	台中	2003/03/24	男	178 cm	40 kg	-----------69 kg	29公斤
58	9900720	林景穫	屏東	2003/04/25	男	179 cm	49 kg	-----------70 kg	21公斤
59	9900791	李貴馥	台北	2003/10/11	男	162 cm	56 kg	-----------58 kg	2公斤
60	9900631	陳港波	台北	2003/12/16	男	178 cm	95 kg	-----------69 kg	減26公斤
61	9900550	陳嘉馨	高雄	2003/05/02	女	179 cm	99 kg	-----------66 kg	減33公斤
62						**169 cm**	**65 kg**	**----------63 kg**	**減2公斤**

5.設定儲存格 A6~I62 範圍名稱為「學生名冊」。

6.列印設定：

- 指定列印範圍為「學生名冊」。
- 列印標題的範圍為第 6 列。

（四）參考結果如下所示：

學號	姓名	出生地	生日	性別	身高	體重	標準體重	增減體重
9900141	蔡　蓉	台南	2003/02/26	女	152 cm	45 kg	----------50 kg	5公斤
9900185	鄭雅欣	台中	2003/09/24	女	165 cm	58 kg	----------57 kg	減1公斤
9900220	簡伶娟	台北	2003/03/08	男	185 cm	80 kg	----------74 kg	減6公斤
9900222	吳宗諺	台南	2003/08/15	女				
9900226	吳凱翔	高雄	2003/11/12	男				
9900297	邱宗憲	台北	2003/01/14	男				
9900348	陳冠宏	台北	2003/02/01	男				
9900367	黃溥根	台中	2003/05/01	男				
9900425	鄭仁豪	宜蘭	2003/07/05	男				
9900458	李孟翰	嘉義	2003/06/12	男				
9900591	尤琬婷	嘉義	2003/12/07	女				
9900945	王畢南	嘉義	2003/05/31	女				
9900746	程思遠	台北	2003/11/13	男				
9900780	林殷旺	台東	2003/03/14	男				
9900085	孫平瑩	台南	2003/02/04	男				
9900701	鐘珣樺	台中	2003/05/23	男				
9900422	張履笙	新竹	2003/04/27	男				
9900828	李昨嫦	新竹	2003/01/02	女				
9900317	朱毅杉	高雄	2003/02/14	男				
9900438	陳詩凱	新竹	2003/04/19	男				
9900320	夏子嵐	新竹	2003/12/18	女				
9900516	顏期清	高雄	2003/04/27	男				
9900890	王富文	台北	2003/09/13	男				
9900577	趙敏虹	高雄	2003/09/04	女				
9900200	祝詩仁	台中	2003/01/03	男				
9900768	李夢蘋	高雄	2003/01/20	男				
9900790	施繼如	宜蘭	2003/03/04	男				
9900139	吳煦陞	台北	2003/08/06	男				
9900870	賴雪莉	台北	2003/06/25	男				
9900274	劉玫萍	嘉義	2003/08/26	男				
9900124	高中信	台北	2003/09/07	男				

學號	姓名	出生地	生日	性別	身高	體重	標準體重	增減體重
9900334	汪寶兒	高雄	2003/06/11	女	170 cm	71 kg	----------60 kg	減11公斤
9900232	張崴滔	台南	2003/09/10	男	176 cm	90 kg	----------68 kg	減22公斤
9900663	張三瑜	高雄	2003/04/14	女	151 cm	40 kg	----------49 kg	9公斤
9900192	陳廷文	台北	2003/12/22	男	179 cm	45 kg	----------70 kg	25公斤
9900874	葉之媛	宜蘭	2003/08/12	男	178 cm	96 kg	----------69 kg	減27公斤
9900207	周苑蒂	台中	2003/01/18	女	178 cm	86 kg	----------65 kg	減21公斤
9900711	王芝嵐	桃園	2003/07/29	男	181 cm	56 kg	----------71 kg	15公斤
9900537	劉明玲	台北	2003/12/09	男	177 cm	45 kg	----------68 kg	23公斤
9900978	陳棟驥	嘉義	2003/09/12	男	184 cm	46 kg	----------73 kg	27公斤
9900270	高斯虞	台北	2003/02/16	男	159 cm	70 kg	----------56 kg	減14公斤
9900981	郭李樹臨	高雄	2003/10/02	男	157 cm	42 kg	----------54 kg	12公斤
9900574	王慶陸	台中	2003/08/10	男	177 cm	52 kg	----------68 kg	16公斤
9900648	陳襄堤	台北	2003/10/17	男	158 cm	52 kg	----------55 kg	3公斤
9900968	王賢聰	台北	2003/07/24	男	161 cm	79 kg	----------57 kg	減22公斤
9900709	羅忠道	台南	2003/10/07	男	167 cm	74 kg	----------61 kg	減13公斤
9900760	吳碇彬	花蓮	2003/02/13	男	162 cm	92 kg	----------58 kg	減34公斤
9900323	彭添舟	高雄	2003/12/23	男	179 cm	65 kg	----------70 kg	5公斤
9900443	陳仕傑	高雄	2003/12/23	男	155 cm	74 kg	----------53 kg	減21公斤
9900699	邱逢久	台中	2003/05/11	男	180 cm	75 kg	----------70 kg	減5公斤
9900500	李軾遠	台中	2003/03/24	男	178 cm	40 kg	----------69 kg	29公斤
9900720	林景稷	屏東	2003/04/25	男	179 cm	49 kg	----------70 kg	21公斤
9900791	李貴馥	台北	2003/10/11	男	162 cm	56 kg	----------58 kg	2公斤
9900631	陳港波	台北	2003/12/16	男	178 cm	95 kg	----------69 kg	減26公斤
9900550	陳嘉馨	高雄	2003/05/02	女	179 cm	99 kg	----------66 kg	減33公斤
					169 cm	**65 kg**	**---------63 kg**	減2公斤

三、體重追蹤表

(一)題目說明:

1.咪咪想對自己的體重進行減重控制,所以在 2013 年 7 月、8 月每天記錄體重,並設定 7 月的目標體重為 55 公斤,8 月的目標體重為 50 公斤。

2.但是光只是看數據卻看不出減重的成效,所以咪咪想以 Excel 圖表繪製體重控制的狀況,並且想標示距離目標體重的差距,於是利用折線圖表達這些資訊。

(二)作答須知:

1.請至 C:\ANS.CSF\EX03 資料夾開啟 **EXD03.xlsx** 檔設計。完成結果儲存於同一資料夾之下,檔案名稱為 **EXA03.xlsx**。

2.建立或複製公式時需考慮是否需使用絕對位址。除題目要求更改之設定外,不能任意改變原有之設定。

(三)設計項目:

1.使用「體重追蹤表」工作表內資料,進行圖表繪製:

- 使用儲存格 A1~C32 資料範圍,插入「含有資料標記的折線圖」圖表,之後將「體重」數列改為區域圖。
- 複製原有的「體重」數列(兩個體重數列的資料內容需一致),之後加入的「體重」數列需設為「含有資料標記的折線圖」,使圖表內最後包含三個資料數列(資料數列依序為體重、目標體重、體重)。
- 三個數列的水平(類別)座標軸皆需設定為「體重追蹤表」工作表之 A2~A32 儲存格。
- 將圖表移動至「7 月份 圖表」工作表。

2.於「7 月份 圖表」工作表,完成圖表設定:

A.將圖表移動到 B7~P33 儲存格內,套用圖表樣式「樣式 8」。

B. 設定圖表標題與座標軸格式：

- 於圖表上方顯示圖表標題，若 B1 儲存格內標題異動，則圖表標題亦隨之異動，名稱顯示為「7 月份 體重追蹤表」。
- 垂直（數值）軸：設定最小值為 52.0。

3.使用「體重追蹤表」工作表內 E1~G32 儲存格資料範圍，插入「組合圖」，將「體重」數列指定為「區域圖」圖表，「目標體重」數列指定為「折線圖」(資料數列依序為體重、目標體重)，最後使用剪下貼上的方式，將圖表移動至「8 月份 圖表」工作表內。

4.於「8 月份 圖表」工作表，完成圖表設定：

A. 將圖表移動到 B7~P33 儲存格內。

B. 體重（區域圖）之資料數列格式設定：設定框線色彩為「綠色, 輔色 1, 較深 50%」的實心線條、線條寬度 4.5pt。

C. 目標體重(折線圖): 線條為「橙色」實心線條，線條寬度 4.5pt。

D. 顯示圖表標題：

- 名稱為「8 月份 體重追蹤表」，若 B1 儲存格內標題異動，則圖表標題亦隨之異動。
- 字型為「微軟正黑體」、粗體字，字體大小為 20pt。

E.水平（類別）軸設定：

- 數值格式為 dd(aaa)，使得水平軸顯示結果為「日(週 X)」、「垂直」文字方向。
- 座標軸位置在刻度上。
- 字型為「微軟正黑體」，字體大小為 9pt。

F. 垂直（數值）軸：

- 最小值為 48.0。
- 字型為「微軟正黑體」、字體大小為 12pt。

G. 設定繪圖區格式：

- 漸層填滿：設定「輕度漸層, 輔色 3」的預設漸層色彩。
- 框線設定為「深藍色」外框、線條寬度 3pt。

（四）參考結果如下所示：

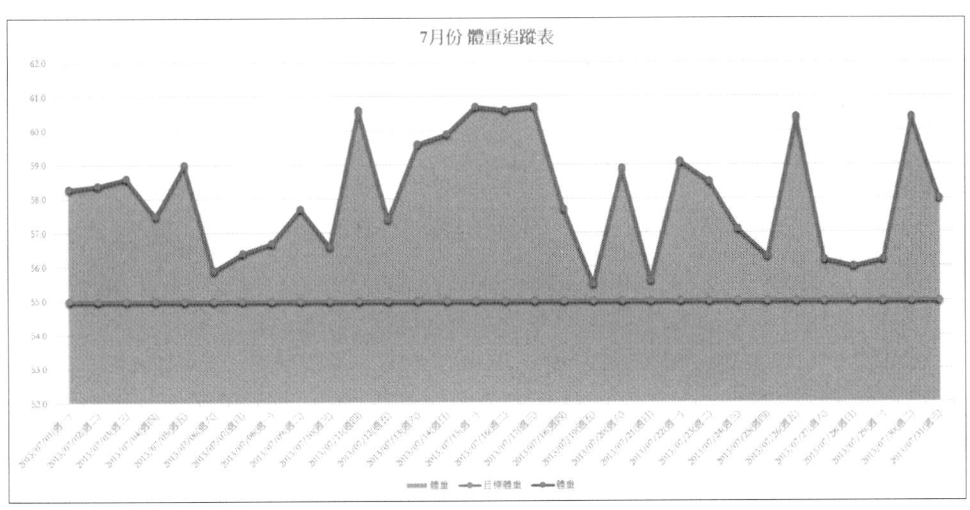
7月份 體重追蹤表
62.0
61.0
60.0
59.0
58.0
57.0
56.0
55.0
54.0
53.0
52.0
體重 目標體重 體重

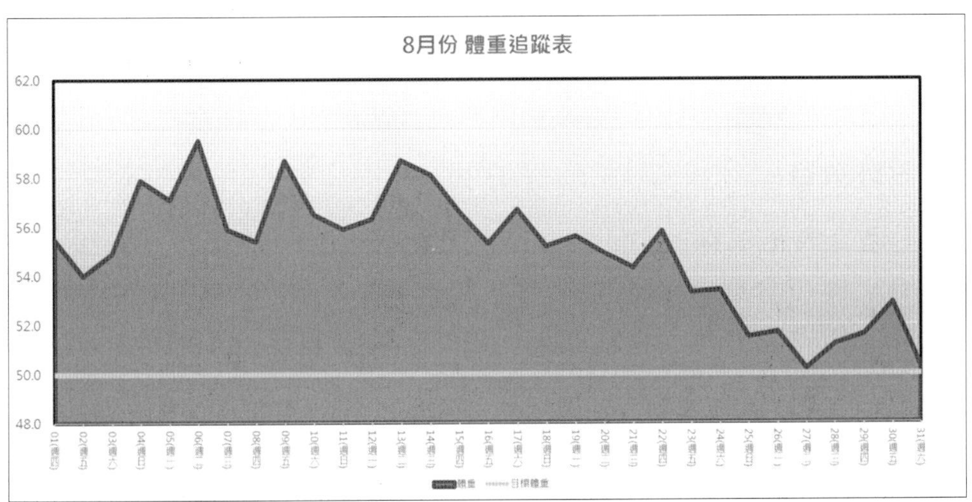
8月份 體重追蹤表
62.0
60.0
58.0
56.0
54.0
52.0
50.0
48.0
體重 目標體重

四、關聯式樞紐分析表製作

(一)題目說明:

1.業務助理收到一份從 Access 導出的資料，主管要求列出每一年度中每個月份的銷售總額。

2.列出年度銷售總表後，利用年度總表產生年度明細。

3.在資料來源中，發現資料分佈在不同的工作表，因此將資料格式化為表格後進行關聯，產生關聯式樞紐分析報表。

(二)作答須知:

1.請至 C:\ANS.CSF\EX04 資料夾開啟 **EXD04.xlsx** 檔設計。完成結果儲存於同一資料夾之下，檔案名稱為 **EXA04.xlsx**。

2.建立或複製公式時需考慮是否需使用絕對位址。除題目要求更改之設定外，不能任意改變原有之設定。

(三)設計項目:

1.建立表格名稱:

A.將「訂單資料」工作表的儲存格 A1~K290 格式化為表格，套用「淺藍, 表格樣式淺色 20」，勾選有標題的表格，並將此表格的表格名稱輸入「訂單資料」。

B.將「產品分類」工作表的儲存格 A1~D77 格式化為表格，套用「淺綠, 表格樣式淺色 21」，勾選有標題的表格，並將此表格的表格名稱輸入「產品分類」。

2.建立使用「訂單資料」表格與「產品分類」表格設定關聯圖:選擇關聯要用的表格及欄視窗，表格為「訂單資料」，欄(外部)選擇「產品編號」，關聯表格使用「產品分類」表格，關聯欄(主要)選擇「產品編號」。

3.建立關聯式樞紐分析表:

A.使用「訂單資料」表格與「產品分類」表格建立樞紐分析表:

- 樞紐分析表放置於新的工作表，取名「年度各類產品銷售報表」。
- 列標籤使用「訂單資料」的「產品」欄位。

- 欄標籤使用「訂單資料」的「訂單日期」欄位，並以「年」和「季」組成群組（不需加入「月」群組）。
- 值欄位使用「訂單資料」的「小計」欄位，並進行「加總」運算，若為空白儲存格，顯示 0。
- 篩選欄位使用「產品分類」的「類別名稱」欄位。

B. 修正欄標籤與列標籤，並進行篩選與小計設定：

- 欄標籤重新更名為「年度」，列標籤重新更名為「產品」，以欄標籤篩選出「2015」年度的所有記錄。
- 需展開 2015 年群組，使儲存格 B5~E5 為季 1~季 4。
- 取消「2015 合計欄位」（群組小計不顯示之意）。

C. 插入交叉分析篩選器：

- 使用「產品分類」表格的「類別名稱」作為篩選欄位，此篩選器置於第 3 列~第 14 列之間。

D. 美化報表：

- 樞紐分析表套用「淺綠, 樞紐分析表樣式中等深淺 21」。
- 交叉分析篩選器套用「淺綠, 交叉分析篩選器樣式淺色 6」。

E. 利用交叉分析篩選器選擇「海鮮」類。

4.建立樞紐分析報表：

- 利用「年度各類產品銷售報表」工作表中的樞紐分析表顯示 2015 年度「第 1 季」海鮮類的詳細資料，並將新產生的工作表命名為「2015 年第 1 季海鮮」，資料由 A3 儲存格開始顯示。

（四）參考結果如下所示：

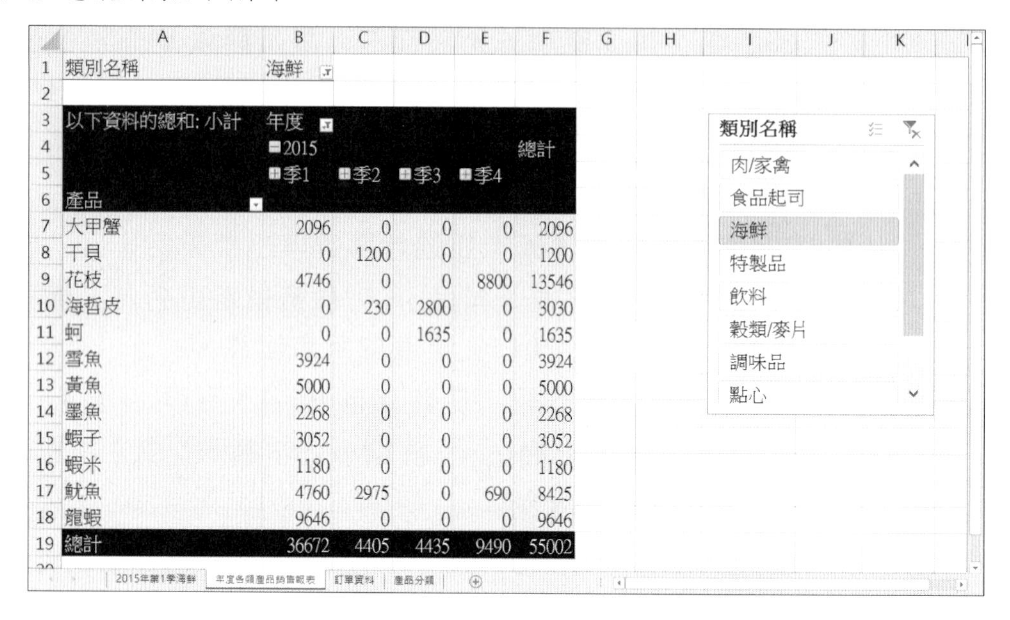

類別名稱	海鮮				
以下資料的總和: 小計	年度				
	2015				總計
	季1	季2	季3	季4	
產品					
大甲蟹	2096	0	0	0	2096
干貝	0	1200	0	0	1200
花枝	4746	0	0	8800	13546
海哲皮	0	230	2800	0	3030
蚵	0	0	1635	0	1635
雪魚	3924	0	0	0	3924
黃魚	5000	0	0	0	5000
墨魚	2268	0	0	0	2268
蝦子	3052	0	0	0	3052
蝦米	1180	0	0	0	1180
魷魚	4760	2975	0	690	8425
龍蝦	9646	0	0	0	9646
總計	36672	4405	4435	9490	55002

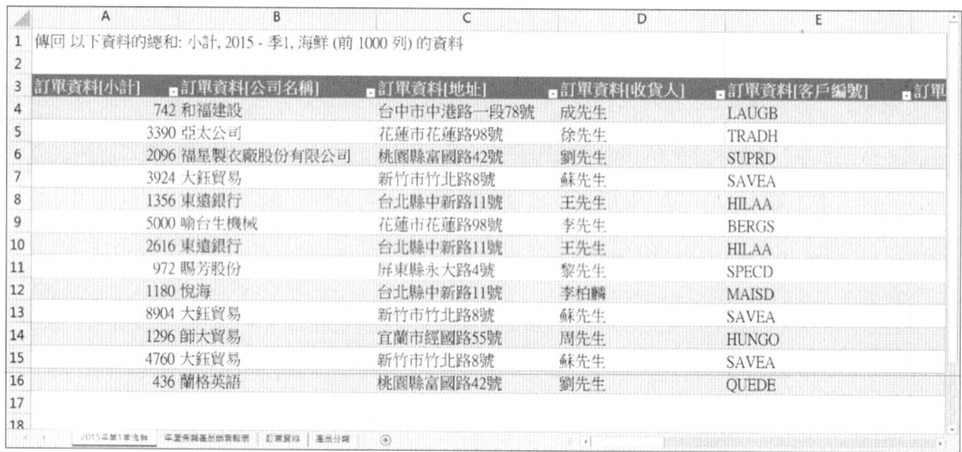

傳回 以下資料的總和: 小計, 2015 - 季1, 海鮮 (前 1000 列) 的資料

訂單資料[小計]	訂單資料[公司名稱]	訂單資料[地址]	訂單資料[收貨人]	訂單資料[客戶編號]
742	和福建設	台中市中港路一段78號	成先生	LAUGB
3390	亞太公司	花蓮市花蓮路98號	徐先生	TRADH
2096	福星製衣廠股份有限公司	桃園縣富國路42號	劉先生	SUPRD
3924	大鈺貿易	新竹市竹北路8號	蘇先生	SAVEA
1356	東遠銀行	台北縣中新路11號	王先生	HILAA
5000	喻台生機械	花蓮市花蓮路98號	李先生	BERGS
2616	東遠銀行	台北縣中新路11號	王先生	HILAA
972	賜芳股份	屏東縣永大路4號	黎先生	SPECD
1180	悅海	台北縣中新路11號	李柏麟	MAISD
8904	大鈺貿易	新竹市竹北路8號	蘇先生	SAVEA
1296	師大貿易	宜蘭市經國路55號	周先生	HUNGO
4760	大鈺貿易	新竹市竹北路8號	蘇先生	SAVEA
436	蘭格英語	桃園縣富國路42號	劉先生	QUEDE

（註：因版本更新後，「2015 年第 1 季海鮮」工作表產生的資料順序可能與參考結果圖不同。）

五、土木工程學會會員資料

（一）題目說明：

1. 建築土木技師學會需要彙整學員資料，從過去資料中卻發現只有文字檔的會員資料，會務人員正在煩惱應該如何將文字匯入到 Excel 中。
2. 匯入的時候需將日期指定為西元，年齡不匯入。完成後必須隱藏年薪欄位資料。

（二）作答須知：

1. 請在 C:\ANS.CSF\EX05 資料夾內，建立一名為 **EXA05.xlsx** 的新檔案進行設計，完成結果儲存於同一資料夾之下。
2. 建立或複製公式時需考慮是否需使用絕對位址。除題目要求更改之設定外，不能任意改變原有之設定。

（三）設計項目：

1. 使用[Tab]鍵作為分隔符號，匯入 Unicode 文字檔 **EXD05.txt**，工作表名稱改為「會員資料」，從 A1 儲存格開始匯入資料：
   - 「會員編號」欄位（A2~A49）：設定為文字型態欄位。
   - 生日：西元日期型態。（注意：匯入時必須是西元日期 YMD 資料型態）
   - 年齡：不匯入。
2. 將匯入資料的儲存格範圍 A1~K49 轉換為表格，表格樣式為「藍色，表格樣式中等深淺 9」，將所有欄位調整成最適欄寬。
3. 更改「地址」欄位（F2~F49）資料：
   - 將所有開頭為"北市"的字串改為"台北市"。
   - "北縣"字串改為"新北市"。
   - 只要是含有"新北市"的地址，第六個文字均須改為"區"。
4. 刪除「電子郵件」欄位所有的空白。

5.使用自訂數字格式來隱藏「年薪」欄位資料（J2~J49），無論是數值或文字均須隱藏，使得儲存格內容顯示為隱藏狀態，部分結果應如下圖所示：

	G	H	I	J	K
1	電話	工作地點	生日	年薪	電子郵件
2	(02)2935-1409	嘉義	1970/12/10		hei@ms16.hinet.net
3	(02)2759-4767	桃園	1971/8/1		ching@mail.hp.com.tw
4	(02)2375-9234	嘉義	1970/6/3		toto@mail.systex.com.tw
5	(02)2755-1573	台北	1978/9/16		john@mail.clock.com.tw
6	(02)2952-0278	台中	1980/8/12		king@mail.lan.com.tw
7	(02)2909-4560	台北	1979/7/27		juimi@mail.csf.org.tw
8	(02)2422-2931	高雄	1977/2/16		yun@tpts5.seed.net.tw
9	(02)2872-7672	嘉義	1981/3/31		rudy@mail.ntu.edu.tw

6.在「李軾遠」（儲存格 B33）插入註解，名稱為"會長"，在「李絲純」（儲存格 B40）插入註解，名稱為"副會長"。

7.列印設定：

- 自訂邊界左右為 0.6，列印標題的範圍為第 1 列。
- 調整成 1 頁寬，2 頁高，橫向列印。
- 頁尾中央設定格式為「第×頁，共×頁」。

8.同時設定「允許使用者編輯範圍」為 D2~I49、K2~K49，之後保護工作表，勾選「保護工作表與鎖定的儲存格內容」，不設密碼。

（四）參考結果如下所示：

會員編號	姓名	畢業學校	公司	職務	地址	電話	工作地點	生日	年齡	電子郵件
00110	賴雪莉	東南工專電機科	長發工程股份有限公司	工程師	台北市松山路515巷2弄19號2樓	(02)2935-1409	嘉義	1970/12/10		hei@ms16.hinet.net
00593	張三瑜	華夏工專電機科	三普建設股份有限公司	工地主任	新北市土城區中央路二段270巷22號4樓	(02)2759-4767	桃園	1971/8/1		ching@mail.hp.com.tw
00140	孫平晉	南亞技術學院土木科	信東營造股份有限公司	工程員	台北市松德路117號3樓之1	(02)2375-9234	嘉義	1970/6/3		toto@mail.systex.com.tw
00348	汪寶兒	淡江大學土木系	森城建設股份有限公司	主任	台北市西寧南路4號7樓之12	(02)2755-1573	台北	1978/9/16		john@mail.clock.com.tw
00764	陳楓騏	大漢工商專土木科	元洲營造工程股份有限公司	工地主任	台北市復興南路一段237號4樓之1	(02)2952-0278	台中	1980/8/12		king@mail.lan.com.tw
00791	林景穩	南亞工專土木科	工井營造有限公司	工地主任	台北市天母東路61巷10號3樓	(02)2909-4560	台北	1979/7/27		juimi@mail.csf.org.tw
00220	高中信	瑞芳高工機工科	森城建設股份有限公司	副主任	台北市尊賢街264巷3之2號1樓	(02)2422-2931	高雄	1977/2/16		yun@tpts5.seed.net.tw
00900	鐘珣偉	健行工專土木科	元洲營造工程股份有限公司	工地主任	花蓮縣玉里鎮中山路一段166號	(02)2872-7672	嘉義	1981/3/31		rudy@mail.ntu.edu.tw
00419	羅忠道	中國技術學院土木科	田峰營造有限公司	工程員	台北市溪洲街12號4樓之10	(02)2822-2426	台北	1981/8/8		wuwu@cathlife.com.tw
00863	周苑蒂	大漢工商專土木科	群孚營造有限公司	負責人	新北市泰山區楓江路25巷7號5樓	(02)2888-3284	花蓮	1966/2/15		nini@ms3.hinet.net
00214	王慶陸	中原大學土木系	台灣電力公司	土木工程監工	台北市金華街211號	(02)2391-5761	新竹	1981/1/4		tomy@mail.microsoft.com
00980	李貴殷	南亞工專建築科	三普建設股份有限公司	工地主任	台北市康樂街72巷4號5樓	(02)2292-1173	台北	1980/10/13		yune@mis.im.tku.edu.tw
00961	郭李樹臨	中原大學建築系	三普建設股份有限公司	工務經理	台北市浙江路331巷10號2樓	(02)2917-9283	台中	1981/3/26		vivi@mail.computer.org.tw
00394	趙敏虹	台北工專建築設計科	威雅各建築師事務所	設計師	台北市忠孝東路五段372巷29弄39號7樓	(02)2651-5532	高雄	1980/1/23		pau@ms16.hinet.net
00462	邱達久	新竹高工家具木工科	威雅各建築師事務所	設計師	新北市板橋區雙十路二段69巷16號14樓之1	(02)2590-0460	高雄	1981/6/13		didi@ms17.hinet.net
00583	陳震堤	淡江大學土木所	杜風工程顧問有限公司	設計部經理	新北市永和區復漢街217巷27號2樓	(02)2923-3773	台中	1969/1/21		wait@mail.epson.com
00578	程思涵	中原大學建築系	國功營造事業股份有限公司	正工程師	基隆市順安街198巷20號5樓	(02)2941-6465	台東	1972/2/2		linlin@ms15.hinet.net
00173	彭添舟	聯華工專電機科	啟搗建築師事務所	機電主任	台北市青田街7巷4號7樓	(02)2977-5167	台東	1969/3/16		lin@mail.tku.edu.tw
00979	林卡輝	屏東技術學院土木系	頂天營造有限公司	工程師	新北市汐止區湖前街33號3樓	(02)2728-3760	屏東	1969/4/27		ling@ms25.hinet.net
00956	王華南	逢甲大學土木系	昱程營造有限公司	主任	新北市新店區新坡一街13號	(02)2260-7126	台中	1980/5/13		frank@grand.bank.com.tw
00408	吳夠殷	淡江大學建築系	太一營造有限公司	主任	台北市三民路96巷5號4樓	(02)2921-9986	宜蘭	1982/3/7		pipi@mis.tku.edu.tw
00297	劉明玲	台北科大土木系	林口鄉公所	監工	新北市三重區成功路40號10樓之1	(02)2631-3263	新竹	1977/12/20		coco@mail.bond.com.tw
00185	李昨嬅	四海工商專土木科	鼎祐營造有限公司	工程師	新北市板橋區四川路一段283巷17號2樓	(02)2515-3250	台南	1976/2/7		sala@ms35.hinet.net
00367	陳嘉馨	中央大學地質所	杜風工程顧問有限公司	工程師	新北市中和區中安街178巷13弄2號3樓	(02)8788-3429	台中	1979/1/6		young@mail.rock.com.tw
00459	吳碇彬	台北工專材資科	理成營造工程股份有限公司	工程師	桃園縣蘆竹鄉外社村1鄰4號	(02)2456-2390	台北	1980/9/9		ming@mail.ntu.edu.tw
00646	朱毅杉	台北工專材資科	理成營造工程股份有限公司	工程師	新北市新店區北宜路一段121之6號10樓	(02)2968-8310	台北	1980/2/19		susu@mail.csf.org.tw
00490	江滌源	中原大學土木系	亞新工程顧問股份有限公司	工程師	新北市三重區福德南路36號13樓之3	(02)2896-2545	高雄	1976/4/16		gogo@mail.csf.org.tw
00484	劉玫萍	萬能工商專土木科	亞新工程顧問股份有限公司	技術員	新北市三重區重新路四段214巷5弄3號2樓	(02)2393-4259	台南	1969/9/12		juju@tpts5.seed.net.tw
00198	王艾禎	台灣大學農工系	羅富杰建築師事務所	負責人	基市崇孝街42巷48弄5號4樓	(02)2933-7350	新竹	1970/4/30		chen@mail.kk.com.tw
00711	李夢薇	台灣工業技術學院機工	交通部台灣鐵路管理局	工務員	新北市板橋區林園街1號5樓	(02)2521-1449	高雄	1978/10/5		nacy@ms15.hinet.net
00951	陳詩帆	逢甲大學會計系	佳樂營造有限公司	負責人	台北市公館路231巷7弄8號4樓	(02)2602-0907	高雄	1980/12/25		bone@tpts5.seed.net.tw
00548	李軾涵	嘉義高工建築科	宏樂工程股份有限公司	監工	台北市和平東路一段456號7樓	(02)2269-4541	台北	1975/12/25		pau@mail.csf.org.tw
00688	林殷旺	高雄工學院土木系	金石營造有限公司	監工	台北市青田街8巷14號2樓之2	(02)2324-3743	宜蘭	1970/11/19		maria@mail.ligh.com.tw
00631	温斯禮	高雄工商專土木科	林口鄉公所	副工程師	台北市羅斯福路五段176巷3弄6號4樓	(02)2917-5086	嘉義	1980/9/14		tony@mail.nyu.edu
00982	張耀星	台北科大土木系	春原營造股份有限公司	工程師	台北市民權西路10巷2之1號3樓	(02)2977-6956	台北	1969/12/18		sandy@mis.tku.edu.tw
00256	倪詩仁	逢甲大學交管系	春原營造股份有限公司	工程師	新北市林口區中山路145號7樓	(02)2975-3790	新竹	1981/4/21		popo@city.cy.edu.tw
00989	王芝惠	萬能工商專土木科	春原營造股份有限公司	估算工程師	新北市土城區中央路四段56之7號2樓	(02)7861-7147	高雄	1970/5/5		family@cpc.com.tw
00782	陳仕傑	台北工專土木科	春原營造股份有限公司	工程師	台北市凱旋路31號	(02)2968-3596	台北	1976/10/19		keny@ms13.hinet.net
00947	李綠純	宜蘭農工專土木科	博允土木技師事務所	工程師	台北市和平東路37號	(02)2821-8311	高雄	1979/12/26		mimi@mail.ntc.edu.tw
00141	葉之發	東南工專土木科	博允土木技師事務所	工程師	台北市民生東路一段15號7樓	(02)2432-4307	台北	1976/11/15		milin@mail.cy.gov.tw
00582	張崴滔	淡江大學土木系	太一營造有限公司	工程師	台北市東興街42號6樓	(02)2225-1647	宜蘭	1965/8/14		yuki@ms7.hinet.net

第 1 頁，共 2 頁

會員編號	姓名	畢業學校	公司	職務	地址	電話	工作地點	生日	年齡	電子郵件
00355	施繼如	中原大學建築系	三星建設股份有限公司	技術員	新北市板橋區中正路413巷2弄26號2樓	(02)2794-8336	高雄	1979/9/7		alex@mail.sony.com.tw
00619	夏子風	中原大學土木系	萬得孚建設股份有限公司	主任	台北市石牌路二段31號4樓	(02)2863-8219	台北	1981/12/11		sun@mis.im.tku.edu.tw
00458	陳廷文	嘉義高工建築科	首佰開發股份有限公司	工程師	基隆市革命一路208巷14號2樓	(02)2587-2314	嘉義	1984/8/28		jacky@ms11.hinet.net
00448	陳鴻陞	台北科大土木系	佳樺工程股份有限公司	工程師	新北市新店區王光街100號	(02)2945-3709	台北	1976/6/27		pop@moea.gov.tw
00347	王畫文	台北工專土木科	創紘開發有限公司	工程師	基隆市信一路40號	(02)7644-4051	高雄	1980/4/29		june@im2.im.tku.edu.tw
00839	陳港波	東南工專土木科	啟餘建設股份有限公司	工程師	新竹市百齡五路76號7樓	(02)2233-7917	台南	1969/10/9		willie@ms11.hinet.net
00186	顏熙清	淡江大學建築系	富德建設有限公司	工程師	台北市基隆路三段264號10樓	(02)2377-2168	台中	1968/5/25		jerry@ms11.hinet.net

第 2 頁，共 2 頁

心得筆記

9

CHAPTER

第九章 ▶

PowerPoint 2019

模擬測驗

試卷編號：P19-1001

試卷編號：P19-2001

試卷編號：P19-1001

PowerPoint 2019 模擬試卷【實用級】

【認證說明與注意事項】

一、本項考試為術科，所需總時間為 40 分鐘，時間結束前需完成所有考試動作。成績計算滿分為 100 分，合格分數為 70 分。

二、術科為二大題，每題 50 分，總計 100 分。

三、**術科所需的檔案皆於 C:\ANS.CSF\各指定資料夾內讀取。題目存檔方式，請依題目指示儲存於 C:\ANS.CSF\各指定資料夾，測驗結束前必須自行存檔，並關閉 PowerPoint 和題目中有使用到的 Office 軟體，檔案名稱錯誤或未自行存檔者，均不予計分。**

四、**術科每大題之各評分點彼此均有相互關聯，作答不完整，將影響各評分點之得分，請特別注意。題意內未要求修改之設定值，以原始設定為準，不需另設。**

五、試卷內 0 為阿拉伯數字，O 為英文字母，作答時請先確認。所有滑鼠左右鍵位之訂定，以右手操作方式為準，操作者請自行對應鍵位。

六、有問題請舉手發問，切勿私下交談。

術科 100% （第一題至第二題每題 50 分）

術科部分請依照試卷指示作答並存檔，時間結束前必須完全跳離操作軟體。

一、王小明的自我介紹

（一）題目說明：

1. 王小明剛進大學，要利用 3 分鐘的簡報向老師同學們做自我介紹，但因為準備的時間有限，所以快速地利用「心智圖」構思出簡報的內容，現在請將這份心智圖，透過簡單的美術設計，快速地製作出簡潔而有重點的簡報。
2. 小明依據原始規劃的心智圖將節點上的文字輸入在純文字中，再利用以大綱模式匯入已經調整完字型和大小的母片，變成一張張的投影片，再依目的進行排版與樣式設計，簡潔且清楚地表達出重點。

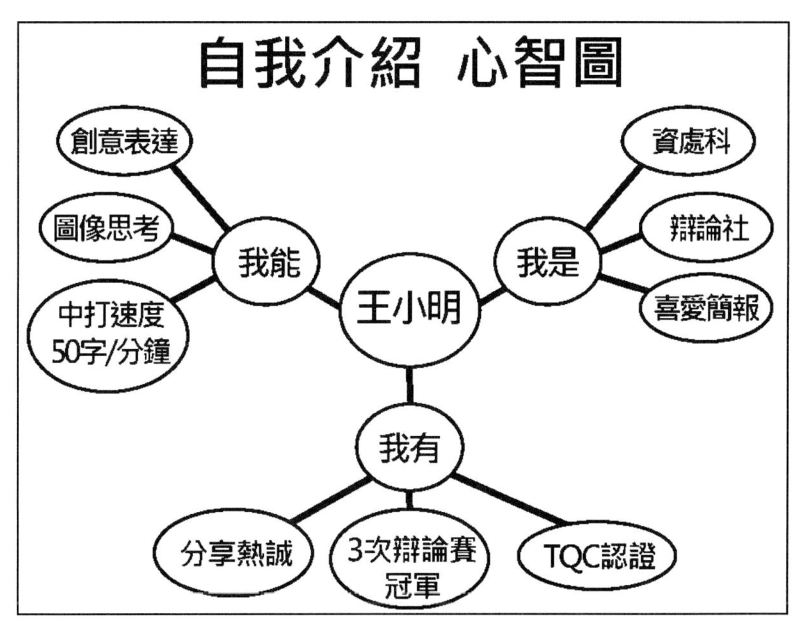

（二）作答須知：

1. 請至 C:\ANS.CSF\PP01 資料夾，開啟 **PPD01.pptx** 檔案進行設計。完成結果儲存於同一資料夾之下，檔案名稱為 **PPA01.pptx**。

2.本題各評分點彼此相互關聯，作答不完整，將影響各評分點之得分，請特別注意。

3.作答時如設定錯誤，請使用[復原]功能將該點還原至題目初始狀態後再次作答。

（三）設計項目：

1.小明將心智圖的各節點儲存在純文字檔案中，現在請以「一張投影片，一個節點文字」的方式匯入到投影片上：
利用「從大綱插入投影片」方式，由心智圖各節點的純文字檔案（**01_Mind_mapping.txt**）建立簡報內容。

2.建立簡報的大綱，可讓聽眾預先了解重點項目：

- 請在投影片 1（王小明）之後，新增一張「only content」版面配置的投影片，成為投影片 2。
- 輸入「我是」、「我有」、「我能」三段文字在同一個內容版面配置區，並設定編號（1. 2. 3.），如圖所示：

1.我是
2.我有
3.我能

- 調整全部文字的字元間距為「非常寬鬆」（加寬間距值：6pt）。

3.編輯投影片的順序：小明檢視全部投影片後，為了要呈現更流暢的簡報劇本，將投影片的順序進行調整，如下表所示：

順序	投影片內容	順序	投影片內容
1	王小明	8	TQC 認證
2	1.我是 2.我有 3.我能	9	3 次 辯論賽冠軍
3	我是	10	分享熱誠
4	資處科	11	我能
5	辯論社	12	中打速度 50 字/分鐘
6	喜愛簡報	13	圖像思考
7	我有	14	創意表達

4.變更指定投影片的版面配置：

除了投影片 2（1.我是 2.我有 3.我能）、投影片 9（3 次 辯論賽冠軍）、投影片 10（分享熱誠）和投影片 12（中打速度 50 字/分鐘），其餘投影片全部套用「只有標題」版面配置。

5.投影片 2（1.我是 2.我有 3.我能）的內容版面配置區新增動畫：「淡出」進入動畫效果、期間為 2 秒。

6.投影片 10（分享熱誠）新增圖案：

- 刪除「按一下以新增文字」的文字版面配置區。
- 插入一「心形」圖案，設定其樣式為「溫和效果-紅色，輔色 5」。
- 圖案大小：高度 6.27 公分，寬度 7.51 公分。
- 圖案位置：皆從左上角、水平位置 8.95 公分、垂直位置 10.51 公分。

7.將投影片 3（我是）、投影片 7（我有）和投影片 11（我能）的文字，設定「文字陰影」、字型色彩為「紅色，輔色 5」。

8.設定所有投影片轉場以「隨機」效果，期間為 0.5 秒。

（四）參考結果如下所示：

1	2	3
王小明	1.我是 2.我有 3.我能	我是

4	5	6
資處科	辯論社	喜愛簡報

7	8	9
我有	TQC認證	3次 辯論賽冠軍

10	11	12
分享熱誠 	我能	中打速度 50字/分鐘

13	14
圖像思考	創意表達

二、小明的旅遊儲蓄計畫

（一）題目說明：

1.小明要向班上同學簡報自己的旅遊儲蓄計畫，當中利用有力的圖像呈現出旅遊目的地，並使用表格呈現七月份的收支狀況，包含收入、支出、餘額與各項收支的明細，最後以旅費與每月儲蓄金額估算出計畫時程。

2.在 PowerPoint 投影片中已經有現成的文字、影像與資料表，請依目的進行排版與樣式設計，簡潔且清楚地表達出重點。

（二）作答須知：

1.請至 C:\ANS.CSF\PP02 資料夾，開啟 **PPD02.pptx** 檔案進行設計。完成結果儲存於同一資料夾之下，檔案名稱為 **PPA02.pptx**。

2.本題各評分點彼此相互關聯，作答不完整，將影響各評分點之得分，請特別注意。

3.作答時如設定錯誤，請使用[復原]功能將該點還原至題目初始狀態後再次作答。

（三）設計項目：

1.編輯投影片 1 的圖片和投影片背景：

A.拖曳小豬撲滿圖片（內容版面配置區）的右下角，以鎖定長寬比的方式放大至投影片的右下角，如圖所示：

B.編輯投影片的背景，實心填滿為「黑色, 文字 1」。

2.編輯投影片 2 的 101 大樓圖片（圖片版面配置區），圖片框線寬度為 5pt。

3.編輯投影片 3 中的表格樣式，突顯出資料重點：

A.表格樣式選項勾選「標題列」，並修改表格樣式為「中等深淺樣式 2」。

B.在不改變整體表格寬度的條件下，「收入」、「支出」和「餘額」3 欄的寬度均相等。

C.修改「餘額」欄，內容為「680」的儲存格樣式：

- 字型：粗體、大小為 28、色彩為紅色（R:255、G:0、B:0）。
- 網底：色彩為玫瑰紅（R:242、G:220、B:219）。

D.儲存格內的文字對齊方式（包含沒有文字的儲存格）：

- 「收入」、「支出」和「餘額」3 欄均為靠右對齊。
- 「備註說明」欄為靠左對齊。
- 所有欄位標題文字則維持置中對齊。

4.編輯投影片 4 中「4000 元」的「反射」文字效果：

- 透明度：60%。
- 距離：2pt。

5.編輯投影片 5 的顯示格式：

A.「6 個月」的「反射」文字效果：

- 透明度：60%。
- 距離：2pt。

B.圖案 ➗（除號）的圖案外框：無外框。

C.複製投影片 4 中文字「4000 元」的動畫效果，到投影片 5 中的文字「6 個月」上。

（四）參考結果如下所示：

1

101

- 好高
- 好玩
- 好新奇

2

7月份 收支表

收入	支出	餘額	備註說明
1,200			每週爸媽固定給的零用錢
500			奶奶給的
800			考試100分媽媽的獎勵
1,500			打工的薪水
	135		松山到新竹的車資
	600		六福村
	80		3支原子筆
	300		小華的生日禮物
	500		隨身碟
	100		麥當勞
	800		周杰倫演唱會
	1,200		電腦書2本+故事書3本
		680	

3

旅費

4000元

4

4000元 ÷ 680元/每月

6個月

5

試卷編號：P19-2001

PowerPoint 2019 模擬試卷【進階級】

【認證說明與注意事項】

一、本項考試為術科，所需總時間為60分鐘，時間結束前需完成所有考試動作。成績計算滿分為 100 分，合格分數為 70 分。

二、術科為四大題，每題 25 分，總計 100 分。

三、術科所需的檔案皆於 C:\ANS.CSF\各指定資料夾內讀取。題目存檔方式，請依題目指示儲存於 C:\ANS.CSF\各指定資料夾，測驗結束前必須自行存檔，並關閉 PowerPoint 和題目中有使用到的 Office 軟體，檔案名稱錯誤或未自行存檔者，均不予計分。

四、術科每大題之各評分點彼此均有相互關聯，作答不完整，將影響各評分點之得分，請特別注意。題意內未要求修改之設定值，以原始設定為準，不需另設。

五、試卷內 0 為阿拉伯數字，O 為英文字母，作答時請先確認。所有滑鼠左右鍵位之訂定，以右手操作方式為準，操作者請自行對應鍵位。

六、有問題請舉手發問，切勿私下交談。

術科 100% （第一題至第四題每題 25 分）

術科部分請依照試卷指示作答並存檔，時間結束前必須完全跳離操作軟體。

一、王小明的自我介紹

（一）題目說明：

1.王小明剛進大學，要利用 3 分鐘的簡報向老師同學們做自我介紹，但因為準備的時間有限，所以快速地利用「心智圖」構思出簡報的內容，現在請將這份心智圖，透過簡單的美術設計，快速地製作出簡潔而有重點的簡報。

2.小明依據原始規劃的心智圖將節點上的文字輸入在純文字中，再利用以大綱模式匯入已經調整完字型和大小的母片，變成一張張的投影片，再依目的進行排版與樣式設計，簡潔且清楚地表達出重點。

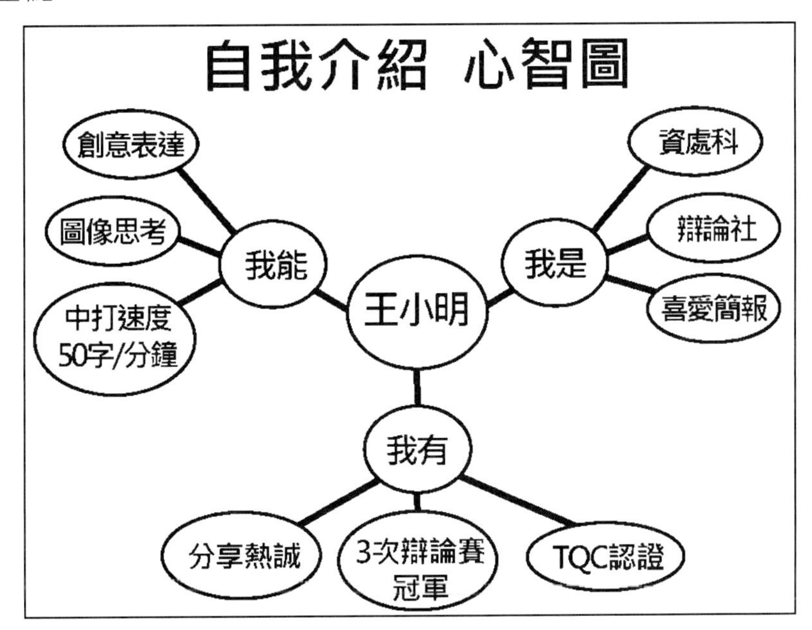

（二）作答須知：

1.請至 C:\ANS.CSF\PP01 資料夾，開啟 **PPD01.pptx** 檔案進行設計。完成結果儲存於同一資料夾之下，檔案名稱為 **PPA01.pptx**。

2.本題各評分點彼此相互關聯，作答不完整，將影響各評分點之得分，請特別注意。

3.作答時如設定錯誤，請使用[復原]功能將該點還原至題目初始狀態後再次作答。

（三）設計項目：

1.小明將心智圖的各節點儲存在純文字檔案中，現在請以「一張投影片，一個節點文字」的方式匯入到投影片上：

利用「從大綱插入投影片」方式，由心智圖各節點的純文字檔案（**01_Mind_mapping.txt**）建立簡報內容。

2.建立簡報的大綱，可讓聽眾預先了解重點項目：

- 請在投影片 1（王小明）之後，新增一張「only content」版面配置的投影片，成為投影片 2。
- 輸入「我是」、「我有」、「我能」三段文字在同一個內容版面配置區，並設定編號（1. 2. 3.），如圖所示：

1.我是
2.我有
3.我能

- 調整全部文字的字元間距為「非常寬鬆」（加寬間距值：6pt）。

3.編輯投影片的順序：小明檢視全部投影片後，為了要呈現更流暢的簡報劇本，將投影片的順序進行調整，如下表所示：

順序	投影片內容	順序	投影片內容
1	王小明	8	TQC 認證
2	1.我是 2.我有 3.我能	9	3 次 辯論賽冠軍
3	我是	10	分享熱誠
4	資處科	11	我能
5	辯論社	12	中打速度 50 字/分鐘
6	喜愛簡報	13	圖像思考
7	我有	14	創意表達

4.變更指定投影片的版面配置：

除了投影片 2（1.我是　2.我有　3.我能）、投影片 9（3 次　辯論賽冠軍）、投影片 10（分享熱誠）和投影片 12（中打速度　50 字/分鐘），其餘投影片全部套用「只有標題」版面配置。

5.投影片 2（1.我是　2.我有　3.我能）的內容版面配置區新增動畫：「淡出」進入動畫效果、期間為 2 秒。

6.投影片 10（分享熱誠）新增圖案：

- 刪除「按一下以新增文字」的文字版面配置區。
- 插入一「心形」圖案，設定其樣式為「溫和效果-紅色，輔色 5」。
- 圖案大小：高度 6.27 公分，寬度 7.51 公分。
- 圖案位置：皆從左上角、水平位置 8.95 公分、垂直位置 10.51 公分。

7.將投影片 3（我是）、投影片 7（我有）和投影片 11（我能）的文字，設定「文字陰影」、字型色彩為「紅色，輔色 5」。

8.設定所有投影片轉場以「隨機」效果，期間為 0.5 秒。

（四）參考結果如下所示：

王小明 1	1.我是 2.我有 3.我能 2	我是 3
資處科 4	辯論社 5	喜愛簡報 6
我有 7	TQC認證 8	3次 辯論賽冠軍 9
分享熱誠  10	我能 11	中打速度 50字/分鐘 12
圖像思考 13	創意表達 14	

二、小明的旅遊儲蓄計畫

（一）題目說明：

1.小明要向班上同學簡報自己的旅遊儲蓄計畫，當中利用有力的圖像呈現出旅遊目的地，並使用表格呈現七月份的收支狀況，包含收入、支出、餘額與各項收支的明細，最後以旅費與每月儲蓄金額估算出計畫時程。

2.在 PowerPoint 投影片中已經有現成的文字、影像與資料表，請依目的進行排版與樣式設計，簡潔且清楚地表達出重點。

（二）作答須知：

1.請至 C:\ANS.CSF\PP02 資料夾，開啟 **PPD02.pptx** 檔案進行設計。完成結果儲存於同一資料夾之下，檔案名稱為 **PPA02.pptx**。

2.本題各評分點彼此相互關聯，作答不完整，將影響各評分點之得分，請特別注意。

3.作答時如設定錯誤，請使用[復原]功能將該點還原至題目初始狀態後再次作答。

（三）設計項目：

1.編輯投影片 1 的圖片和投影片背景：

A.拖曳小豬撲滿圖片（內容版面配置區）的右下角，以鎖定長寬比的方式放大至投影片的右下角，如圖所示：

B.編輯投影片的背景，實心填滿為「黑色, 文字 1」。

2.編輯投影片 2 的 101 大樓圖片（圖片版面配置區），圖片框線寬度為 5pt。

3.編輯投影片 3 中的表格樣式，突顯出資料重點：

A. 表格樣式選項勾選「標題列」，並修改表格樣式為「中等深淺樣式 2」。

B. 在不改變整體表格寬度的條件下，「收入」、「支出」和「餘額」3 欄的寬度均相等。

C. 修改「餘額」欄，內容為「680」的儲存格樣式：

- 字型：粗體、大小為 28、色彩為紅色（R:255、G:0、B:0）。
- 網底：色彩為玫瑰紅（R:242、G:220、B:219）。

D. 儲存格內的文字對齊方式（包含沒有文字的儲存格）：

- 「收入」、「支出」和「餘額」3 欄均為靠右對齊。
- 「備註說明」欄為靠左對齊。
- 所有欄位標題文字則維持置中對齊。

4.編輯投影片 4 中「4000 元」的「反射」文字效果：

- 透明度：60%。
- 距離：2pt。

5.編輯投影片 5 的顯示格式：

A. 「6 個月」的「反射」文字效果：

- 透明度：60%。
- 距離：2pt。

B. 圖案 ÷（除號）的圖案外框：無外框。

C. 複製投影片 4 中文字「4000 元」的動畫效果，到投影片 5 中的文字「6 個月」上。

（四）參考結果如下所示：

1

101

- 好高
- 好玩
- 好新奇

2

7月份 收支表

收入	支出	餘額	備註說明
1,200			每週爸媽固定給的零用錢
500			奶奶給的
800			考試100分媽媽的獎勵
1,500			打工的薪水
	135		松山到新竹的車資
	600		六福村
	80		3支原子筆
	300		小華的生日禮物
	500		隨身碟
	100		麥當勞
	800		周杰倫演唱會
	1,200		電腦書2本+故事書3本
		680	

3

旅費

4000元

4

4000元 ÷ 680元/每月

6個月

5

三、餐廳 MENU

（一）題目說明：

1.美式創意料理餐廳不滿意廣告公司所設計的簡報式菜單，希望換個設計風格，並可隨時更換菜單也不會破壞投影片的美觀與一致性，還要求可讓顧客透過觸控螢幕的方式來翻閱菜單。

2.設計公司依以上的需求，更改了餐廳 MENU 的套用範本及新增放映設定，完成一份簡單精美的餐廳 MENU。

（二）作答須知：

1.請至 C:\ANS.CSF\PP03 資料夾，開啟 **PPD03.pptx** 檔案進行設計。完成結果儲存於同一資料夾之下，檔案名稱為 **PPA03.pptx**。

2.本題各評分點彼此相互關聯，作答不完整，將影響各評分點之得分，請特別注意。

3.作答時如設定錯誤，請使用[復原]功能將該點還原至題目初始狀態後再次作答。

（三）設計項目：

1.將 **PPD03.pptx** 簡報套用 **PPD03.potx** 範本檔，投影片 2~8 套用「MENU」版面配置。

2.刪除未使用到投影片母片的版面配置，並在「備忘稿」左半部繪製一矩形：

- 大小：高度為 19 公分、寬度為 17 公分。
- 圖案樣式：無框線，填滿 80%透明度的黑色。
- 替代文字：描述輸入「shape」。
- 位於紋理化後的白色底圖（圖片 6）上一層。

3.編輯投影片母片的「MENU 版面配置」:

- 第 2 張投影片右下角的圖片（圖片 8）移到「MENU 版面配置」的相同位置。
- 調整標題配置區（Title）: 右縮寬度到對齊左邊內容版面配置區的右框線。

- 標題配置與內容版面配置區之間的橫線：寬度改為 12.5 公分。
- 調整左邊的內容版面配置區（Content Placeholder）：取消項目符號，置中對齊。
- 調整右邊的圖片版面配置區：對齊投影片垂直置中位置。

4.設定所有投影片皆以「頁面捲曲」轉場效果手動切換，播放時停留在第一張投影片（其餘投影片的切換由下一題設計）。

5.新增自訂放映 B2~B8，每一個自訂放映所包含的投影片依序為：「B2：投影片 2」、「B3：投影片 3」、「B4：投影片 4」、「B5：投影片 5」、「B6：投影片 6」、「B7：投影片 7」、「B8：投影片 8」。

6.利用超連結功能設定，當按下第一張投影片右邊的任何圓角矩形區時，投影片即切換至相對應標題的投影片，等放映完後又返回到第一張投影片。

（四）參考結果如下所示：

BIDUI
Food & Drinks
筆堆
筆堆美式創意料理餐廳
筆堆歐姆蛋系列 OMELETT
前菜系列 STARTERS
健康沙拉系列 SALAD
義大利麵系列 PASTA
主廚好推薦 SPECIAL MEAL
燉飯系列 RISOTTO
帕尼尼系列 PANINI
1
筆堆歐姆蛋系列
OMELET
Veggie Omelet
Bacon & mushroom
Denver Omelet
Spinach & Smoked Salmon
2
前菜系列
STARTERS
Fries w / Garlic Ailoli Sauce
Calaman
Pulled Pork Cheese Fries
Pulled Pork Nachos
Smoked Salmon Carpacio
Bidui's Chicken Wings
Buidi's Combo
3
健康沙拉系列
SALAD
Bidui's Salad
Greek Salad with Lemon Vinaigrette
Ceasar Salad
Two choices of meat
A. Chicken breast
B. Salmon Steak
4
義大利麵系列
PASTA
Tomato & Basil Spaghetti
Clam un White Wine
Chicken Pesto Cream
Carbonara
Shrimp Scampi
Porcini Mushroom and Truffle
Seafood Arabiata
Bacon & Mussel Cream
Beef Bourguignon
5
主廚推薦
SPECIAL MEAL
Norwegian Salmon Lemon & Garlic Cream Sauce
Bidui BBQ Ribs
(24 oz + -)
Crispy Pata
(64 oz + -)
6
燉飯系列
RISOTTO
Porcini Mushroom Truffle Risotto
Seafood Tomato Risotto
Squid Risotto Negra
Seafood Pesto Cream Risotto
7
帕尼尼系列
PANINI
Ham & Cheese Melt
BBQ Pulled pork
Nacho Cuban
Mushroom overload
Chicken saltimbocca
Meat Lover
Roast beef onion
Grilled Salmon Steak Cream Cheese
8

四、瑞秋的例會報告

（一）題目說明：

1.本題是業務部例會報告前，林小恩經理指派瑞秋彙整來自組員們所完成的圖表檔案。組員小妮與小明各使用不同的 Office 軟體，因此產生了不同風格的圖表。經理要求瑞秋所彙整的圖表檔案必須與部門範本的色彩具有一致性，並且根據經理報告的方式設定圖表動畫效果。

2.將 Excel 及 Word 檔案分別進行複製，並採取正確方式貼上於 PowerPoint 投影片中，最後依目的進行圖表動畫效果設定。

（二）作答須知：

1.請至 C:\ANS.CSF\PP04 資料夾，開啟 **PPD04.pptx** 檔案進行設計。完成結果儲存於同一資料夾之下，檔案名稱為 **PPA04.pptx**、**Market.odp**、**PPA04.docx** 和 **PPA04.ppsx**。

2.本題各評分點彼此相互關聯，作答不完整，將影響各評分點之得分，請特別注意。

3.作答時如設定錯誤，請使用[復原]功能將該點還原至題目初始狀態後再次作答。

（三）設計項目：

1.選用正確的貼上方式，將小明工作報告（**Ming_WorkReport.xlsx**）中的圖表複製於投影片 3 的內容版面配置區。貼上於 PowerPoint 的圖表，必須具備以下兩個條件：

- 條件一：貼上圖表的色彩、大小與位置必須與投影片 2 相同，以達成簡報風格的一致性。
- 條件二：貼上的圖表資料必須與 Excel 檔案進行連結，以便 Excel 資料修正時，投影片的圖表資料能進行同步更新。

2.設定投影片 3 的圖表動畫：

- 動畫圖庫：「擦去」進入動畫效果。
- 順序：採取能讓圖表資料依北部、中部、南部群組方式出現的動畫效果。

- 方向：自下。

3.於投影片 3 的備忘稿處加入文字說明，內容如下：「北部 T640-A 型產品銷售創下歷史新高」。

4.選用正確的貼上方式，將小妮工作報告（**Jenny_WorkReport.docx**）中的圖表複製於投影片 4 的內容版面配置區。貼上於 PowerPoint 的圖表色彩、大小與位置，必須與投影片 2 相同，以達成簡報風格的一致性。

5.設定投影片 4 的圖表動畫：

- 動畫圖庫：「淡出」進入動畫效果。
- 順序：採取能讓圖表資料依 T650-A 型、T650-B 型、T650-C 型、T650-D 型群組方式出現的動畫效果。

6.於投影片 4 的備忘稿處加入文字說明，內容如下：「T650-C 型產品因競爭者出現導致銷售業績下跌」。

7.因考量跨平台及軟體版本的問題，所以將簡報檔案轉換成開放文件格式（OpenDocument Format，ODF），以利於跨平台、版本分享，檔名為 **Market.odp**。

8.將完成的簡報，傳送到 Word 建立講義，選取備忘稿位於投影片下方的輸出模式，並將檔名儲存為 **PPA04.docx**。

9.將完成的簡報，儲存為 PowerPoint 簡報和 PowerPoint 播放檔，檔名皆為 **PPA04**。

（四）參考結果如下所示：

請見 **Reference_result.mp4**，切換效果不需設定。

附錄

CHAPTER

附錄 ▶

TQC 技能認證報名簡章

雲端練功坊 APP

問題反應表

TQC 技能認證報名簡章

壹、目的

為符合資訊技術發展趨勢與配合國家政策，有效提升全民應用資訊的能力，建立國內訓、考、用合一的資訊應用技能認證體系，定義出全民資訊能力的指標，以公平、公正、公開的原則辦理認證，並提供企業選用適任人才的標準。

貳、主辦單位

財團法人中華民國電腦技能基金會。

參、協辦單位

一、Microsoft 台灣微軟股份有限公司技術支援。

二、autodesk 台灣歐特克股份有限公司技術支援。

肆、報名對象

具各類電腦軟體學習經驗的在學學生，或同等學習資歷之社會人士。

伍、報名日期

即日起均可報名。

陸、報名方式

請參閱 TQC 考生服務網，網址：http://www.TQC.org.tw（各項測驗之相關規定及內容，以網站上公告為準），或至 TQC 個人線上報名網站報名，網址：http://exam.TQC.org.tw/TQCexamonline/default.asp。

柒、繳費方式

一、考場繳費：請至您報名的考場繳費。

二、使用 ATM 轉帳：報名後，系統會產生一組繳費帳號，您必須使用提款機將報名費直接轉帳至該帳號，即完成繳費；ATM 轉帳因有作業程序，請考生耐心等候處理時間；若遺忘該帳號，請由 TQC 個人線上報名網站登入/報名進度查詢/ATM 帳號，即可查詢繳費帳號。

三、至基金會繳費：請至本會各區推廣中心繳費。

北區	105-59 台北市八德路 3 段 32 號 8 樓	(02) 2577-8806
中區	406-51 台中市北屯區文心路 4 段 698 號 24 樓	(04) 2238-6572
南區	807-57 高雄市三民區博愛一路 366 號 7 樓之 4	(07) 311-9568

四、應考人完成報名手續後，請於繳費截止日前完成繳費，否則視同未完成報名，考試當天將無法應考。

五、應考人於報名繳費時，請再次上網確認考試相關科目及級別，繳費完成後恕不受理考試項目、級別、地點、延期及退費申請等相關異動。

六、繳費完成後，本會將進行資料建檔、試場及監考人員、安排試題製作等相關考務作業，故不接受延期及退費申請，但若因本身之傷殘、自身及一等親以內之婚喪、或天災不可抗拒之因素，造成無法於報名日期應考時，得依相關憑證辦理延期手續（但以一次為限）。

七、繳費成功後，請自行上 TQC 個人線上報名網站確認。

八、即日起，凡領有身心障礙證明報考 TQC 各項測驗者，每人每年得申請全額補助報名費四次，科目不限，同時報名二科即算二次，餘此類推，報名卻未到考者，仍計為已申請補助。符合補助資格者，應於報名時填寫「身心障礙者報考 TQC 認證報名費補助申請表」後，黏貼相關證明文件影本郵寄至本會申請補助。

捌、測驗內容

一、五大類別：

序	類 別 名 稱
01	專業知識領域 (TQC-DK)
02	作業系統類 (TQC-OS)
03	辦公軟體應用類 (TQC-OA)
04	資料庫應用類 (TQC-DA)
05	影像處理類 (TQC-IP)

二、TQC 專業人員：

序	專 業 人 員
01	專業中文秘書人員
02	專業英文秘書人員
03	專業日文秘書人員
04	專業企畫人員
05	專業財會人員
06	專業行銷人員
07	專業人事人員
08	專業文書人員
09	專業 e-office 人員
10	專業資訊管理工程師
11	專業網站資料庫管理工程師

序	專 業 人 員
12	專業行動裝置應用工程師
13	專業 Linux 系統管理工程師
14	專業 Linux 網路管理工程師
15	雲端服務商務人員
16	行動商務人員
17	物聯網商務人員
18	物聯網應用服務人員
19	物聯網產品企畫人員
20	物聯網產品行銷人員
21	物聯網產品管理人員

三、詳細內容請參考 TQC 考生服務網 http://www.TQC.org.tw。

玖、應考須知

一、應考人可於**測驗前三日**上網確認考試時間、場次、座號。

二、應考人如於測驗當天發現考試報名錯誤（級別、科目），於考試當天恕不受理任何異動。

三、應考人應攜帶身分證明文件並於進場前完成報名及簽到手續。（如學生證、身分證、駕照、健保卡等有照片之證件）。進場後請將身分證明置於指定位置，以利監場人員核對身分，未攜帶者不得進場應考。

四、考場提供測驗相關軟、硬體設備，除輸入法外，應考人不得隨意更換考場相關設備，亦不得使用自行攜帶的鍵盤、滑鼠等。

五、應考人應按時進場，公告之測驗時間開始十五分鐘後，考生不得進場；考生繳件出場後，不得再進場；公告測驗時間開始廿分鐘內不得出場。

六、應考人考試中如遇任何疑問，為避免考試權益受損，應立即舉手反應予監場人員處理，並於考試當天以 E-MAIL 寄發本會客服，以利追蹤處理，如未及時反應，考試後恕不受理。

拾、應考人有下列情事之一者得予以扣考，不得繼續應檢，其成績以零分計算

一、冒名頂替者或與個人身分證件不符者。

二、傳遞資料或信號者。

三、協助他人或託他人代為作答者。

四、互換位置者。

五、夾帶書籍、文件、檔案，而具行動電話及其他資訊電子相關產品未關機者，個人相關物品請依監考人員指示放置。

六、攜帶寵物，擾亂試場內外秩序者。

七、未遵守本規則，不接受監評人員勸導，擾亂試場內外秩序者。

拾壹、成績公告

一、測驗成績將於應試兩週後公布在網站上，考生可於原報名之「TQC 個人線上報名網站」以個人帳號密碼登入成績查詢，或洽考場查詢。

二、本認證各項目達合格標準者，由主辦單位於公布成績兩週後核發合格證書。

三、欲申請複查成績者，可於 TQC 個人線上報名網站成績公布後兩週內，下載複查申請表向主辦單位申請複查，並隨附複查工本費及貼足郵票之回郵信封（請參閱 TQC 認證網站資訊），逾期不予受理，且成績複查以一次為限。

拾貳、其他

申請換發人員別證書及補證費用工本費，請逕向主辦單位各區推廣中心洽詢或至 TQC 考生服務網/考生服務/證照申請參閱相關說明。

拾參、本辦法未盡事宜者，主辦單位得視需要另行修訂

本會保有修改報名及測驗等相關資料之權利，若有修改恕不另行通知，最新資料歡迎查閱本會網站！

（TQC 各項測驗最新的簡章內容及出版品服務，以網站公告為主）

本會網站：http://www.CSF.org.tw

TQC 考生服務網：http://www.TQC.org.tw

問題反應表

親愛的讀者：

感謝您購買「TQC 2019 企業用才電腦實力評核-辦公軟體應用篇」，雖然我們經過縝密的測試及校核，但總有百密一疏、未盡完善之處。如果您對本書有任何建言或發現錯誤之處，請您以最方便簡潔的方式告訴我們，作為本書再版時更正之參考。謝謝您！

讀者資料			
公司行號		姓名	
聯絡住址			
E-mail Address			
聯絡電話	（O）	（H）	
應用軟體使用版本			
使用的PC		記憶體	
對本書的建言			

勘誤表		
頁碼及行數	不當或可疑的詞句	建議的詞句
第　　頁		
第　　行		
第　　頁		
第　　行		
第　　頁		
第　　行		

覆函請以傳真或逕寄：台北市 105 八德路三段 32 號 8 樓
中華民國電腦技能基金會 內容創新中心 收

TEL：(02)25778806　分機 760
FAX：(02)25778135
E-MAIL：master@mail.csf.org.tw

謝謝！

國家圖書館出版品預行編目資料

TQC 2019 企業用才電腦實力評核. 辦公軟體應用篇/財團法人中華民國電腦技能基金會編著. -- 初版. -- 新北市 : 全華圖書股份有限公司, 2021.02
面 ; 公分
ISBN 978-986-503-545-7(平裝附光碟片)

1.OFFICE 2019(電腦程式)

312.49O4 109021536

TQC 2019 企業用才電腦實力評核-辦公軟體應用篇

(附練習光碟)

作者 / 財團法人中華民國電腦技能基金會
發行人 / 陳本源
執行編輯 / 王詩蕙
封面設計 / 戴巧耘
出版者 / 全華圖書股份有限公司
郵政帳號 / 0100836-1 號
印刷者 / 宏懋打字印刷股份有限公司
圖書編號 / 19409007
初版一刷 / 2021 年 02 月
定價 / 新台幣 450 元
ISBN / 978-986-503-545-7(平裝附光碟片)
全華圖書 / www.chwa.com.tw
全華網路書店 Open Tech / www.opentech.com.tw
若您對本書有任何問題，歡迎來信指導 book@chwa.com.tw

臺北總公司(北區營業處)
地址：23671 新北市土城區忠義路 21 號
電話：(02) 2262-5666
傳真：(02) 6637-3695、6637-3696

中區營業處
地址：40256 臺中市南區樹義一巷 26 號
電話：(04) 2261-8485
傳真：(04) 3600-9806(高中職)
(04) 3601-8600(大專)

南區營業處
地址：80769 高雄市三民區應安街 12 號
電話：(07) 381-1377
傳真：(07) 862-5562